未讀 | 探索家

UNREAD

[美] 威廉·C. 伯格 著

吴勐 译

生命大趋势

从生物多样性到人类文明的未来

COMPLEXITY

The Evolution of Earth's
Biodiversity and the Future of Humanity

海峡出版发行集团 | 海峡书局
THE STRAITS PUBLISHING & DISTRIBUTING GROUP

图书在版编目（CIP）数据

生命大趋势：从生物多样性到人类文明的未来 /（美）威廉·C.伯格著；吴勐译. -- 福州：海峡书局，2021.6（2022.3重印）

书名原文：COMPLEXITY：The Evolution of Earth's Biodiversity and the Future of Humanity

ISBN 978-7-5567-0826-0

Ⅰ.①生… Ⅱ.①威… ②吴… Ⅲ.①生物—进化—研究 Ⅳ.①Q11

中国版本图书馆CIP数据核字(2021)第087887号

图字：13-2021-025号

出 版 人：林彬
责任编辑：廖飞琴　杨思敏
装帧设计：吾然设计工作室

生命大趋势：从生物多样性到人类文明的未来
SHENGMING DA QUSHI：CONG SHENGWU DUOYANGXING DAO RENLEI WENMING DE WEILAI

作　　者：（美）威廉·C.伯格
出版发行：海峡书局
地　　址：福州市白马中路15号海峡出版发行集团2楼
邮　　编：350001
印　　刷：三河市冀华印务有限公司
开　　本：710mm×1000mm，1/16
印　　张：19.5
字　　数：270千字
版　　次：2021年6月第1版
印　　次：2022年3月第2次
书　　号：ISBN 978-7-5567-0826-0
定　　价：68.00元

未读 DR 探索家

关注未读好书

未读 CLUB
会员服务平台

本书若有质量问题，请与本公司图书销售中心联系调换
电话：(010) 5243 5752

目 录

序章　当讨论生物多样性时，我们首先要谈些什么　001

第一章　以昆虫为例：为什么它们的种类和数量都这么多　019

第二章　从细菌、真核细胞到有性生殖：生命的巨大进步　039

第三章　推动新物种形成的原因　061

第四章　物种丰富度的全球地理格局　081

第五章　生物在地球上分布的一般规律　103

第六章　区域生物多样性的维持机制　133

第七章　穿越回地球生物多样性发展的起点　163

第八章　生物多样性和复杂性都随时间提高的原动力　193

第九章　生物复杂性的巨大成就：人类思维　229

第十章　复杂程度的新层次：人类文化的发展　255

第十一章　40亿年的史诗　269

第十二章　数万亿根晶体管：人类不确定的未来　283

序章

当讨论生物多样性时，
我们首先要谈些什么

地球拥有丰富的生物多样性，诸如成群结队的昆虫、种类繁多的鸟类、遍地盛开的花朵……都是这种多样性比较明显的外在表现。[①]更值得注意的是，随着地质时代的变迁，植物和动物的种类似乎也越来越多样，形态也越来越复杂。现今，人类已经发展出了多种文明和上千种语言，可我们仍在不断利用高速发展的技术手段让世界变得更加复杂。其实，人类成功的基础正是自然世界的多样性。本书最后一章会来讨论人类对地球多样性的贡献，在此之前，我们还是先来看看自然世界的多样性如何衡量和分布，又是如何变成今天我们看到的样子的。

数百年来，理解生物多样性这一概念和无数种生物共处的机制一直是生物学科的一个难题。生态学、生物地理学、系统分类学、系统发生学等学科都曾试图理解生物多样性，但这一概念其实涵盖了上述所有领域。另外，古生物学向我们展示了生物多样性在各地质时代中的发展和增加，保育生物学则告诉我们如何保护生境。要是没有丰富的生物资源作为发展的基础，人类的成功断然无从谈起。

从最广泛的意义上来说，生物多样性包括遗传多样性、人类文化多样性以及所有生物之间的相互影响。“多样性”的概念，即“事物的数量”，并不等同于我们印象里的“复杂性”。“复杂性”取决于事物的精细程度和组成一个特定系统的部件数量。因此，甲壳虫就比水母更加复杂，雨林也比冻原更加复杂。除此之外，人类活动还给我们的星球带来了更大的复杂性。但我们要先从非人类世界谈起——当我们讨论生物多样性时，是指什么呢？

统计物种

不管动物还是植物，物种（或简称“种”）都是讨论生物多样性时的常

① 生态系统多样性的最佳定义方式，即一个系统内各种生态元素的数量。例如，拥有更多物种的一片栖息地或一个属，就比拥有更少物种的栖息地或属的多样性高。

用术语。考量某地的生物多样性时，物种数量是我们参考的首要数据。由于生物本身一些生理需求的限制，每个物种都有特定的活动范围，有些物种也许能遍布某一大洲，有些却只能生活在特定的区域中。一片地域内的所有物种综合在一起，就形成了可用来描述该地域特征的特定生物群。不过在生物学中，我们该如何界定和描述**“生物种”**这一概念呢？基本的定义必须能够让人们利用它有效识别该区域的物种，且能在全世界范围内进行比较。一般来说，一种生物能通过与同种生物繁殖来分享遗传信息，但不能与别的物种繁殖。正因为不同物种之间不交换基因，所以即便是亲缘关系较近的不同物种，也可以通过外形进行区分。关于这一点我们会在第三章中详细讨论，不过物种确实可以视为分类学中最基础且最具象的元素。民间对生物的分类常常和研究者的分类一致，这也证明了物种的概念是实用的。生物学家恩斯特·迈尔在新几内亚的阿尔菲卡山区研究鸟类时，发现当地土著能辨别出136个种，而他经过仔细研究后，最终鉴别出137个种。大部分物种的区分依据看起来真实存在，而非见仁见智。这个世界上确实存在着数量庞大的不同物种。

种是生物分类的最低一级，越高的分类等级包含的生物种类越多，也代表着生物世界更大的群体。我们将几个拥有相似特征的种放在一起，归为属，相似的属归为科，相似的科归为目，相似的目归为纲。最终，纲还要隶属于一个更大的分类单位——门（植物：division；动物：phyla）。植物都是植物界的成员，动物都是动物界的成员，真菌、细菌以及众多微生物都分属于不同的界。这就是我们的生物分类系统，是我们对自然世界分门别类，加以了解的一种方法。过去200年来，这种方法收到了令人非常满意的效果。举例来说，狼这种生物就被认定为一个单独的种，隶属于犬属。该属还包括豺、家犬，它们又都隶属于犬科、哺乳纲，是脊索动物门（狭义来说就是拥有脊椎的动物）的一员。每个更高的等级都更大，更“包容”。尽管这种分类方法早在“进化”的概念出现前就诞生了，但它还是能和上亿年的生物发展史轻松契合。从演化的角度来看，越高、越“包容”的分类等级（如目或门）就越古老，也会越早地拥有自己名下的成员。动物界下最大的分类单位是门，不同的门之间差异巨大，鱼类（脊索动物门）就和水母（刺胞动物门）大相径庭，两者又都跟蛤（软体动物门）截然不同。这些主要的门早在5亿年前就已经走上了不同的发展道路。与此相对，种则被视为进化树上最新长出的细枝。在本书中，我们最常谈到的还是物种。

然而，靠统计物种数量来度量生物多样性还有一个问题——哪些动植物该被优先统计呢？我们既没有足够的时间、金钱，也没有能力去寻找并统计全部的生物种。如今，约有180万种生物被记载并公布，远远超过任何调查所能承受的数量。[①]若要高效，我们就要尽量少费力气。事实上，我们只在几个主要类别上有比较准确的数据。昆虫就别想数清楚了，它们种类太多，身体太小，抽样又太不完善，鉴别起来也太麻烦。除了蝴蝶相对容易一些，想给全世界各种昆虫来个大清算目前来看还不可行。没办法，我们只好去统计其他常见的生物，在陆地上，可以选择鸟类、哺乳动物、爬行动物、两栖动物，或较高等的维管植物。

鸟类是衡量地域生物多样性时一种尤为常用的指示生物，这主要基于两个原因：首先，对鸟类的研究已经非常完善，在所有动物中，我们对鸟类最为了解；其次，鸟类一般色彩艳丽、鸣叫不停，且大都在白天活动，十分容易观测。许多哺乳动物与鸟类相反，只在夜晚出没，因此成功避开了人们的监测。而植物虽然不会动，还很显眼，但它们会带来其他的难题。观测高等植物一般需要找到它们的花、果实和种子——说起来容易做起来难。某些热带植物可能要等好多年才会开花结果，沙漠植物也类似，由于只有在充足的降水后才会开花，它们通常一年有大半时间都处于无叶无花的状态。若降雨量不够，许多沙漠植物甚至根本不会开花。你只能等到明

① 目前有一项多国联合进行的研究项目，正在给全部180万种生物建立档案。参见“Encyclopedia of Life”。

年的雨季时再来试试看。鉴于上述原因，观测、统计植物需要人们多年不间断的努力。当然，完整统计鸟类、哺乳动物、爬行动物或两栖动物的数量不花上几年时间来铺设雾网、制作陷阱和观测记录，肯定也不行。总之，完善一片地域的动植物统计数据需要付出大量时间和精力，不间断地进行研究，其间还经常有新发现。最近一份关于澳大利亚壁虎和马达加斯加蛙类的研究，就证明了世界上还有许多未被发现和记录的物种，等待我们去认识。

生物多样性背后的能量

一般来说，植物多样性是生物多样性的基础，原因有二。植物能够将阳光中的物理能量转化为化学能量，支持其栖息地的食物链。生物的生存和繁殖离不开持续的能量供给，而陆地植物、藻类和蓝细菌（旧称蓝绿藻）的光合作用，正是这种能量的来源。在海中，微小的浮游植物吸收了大部分太阳的能量，而在陆地上，绿色植物则是整条食物链的“地基”。

除了获取能量，大型植物还以其本身特定的外部形态构成陆地环境。一片地域的鸟类多样性尤其受制于该地区有多少适合筑巢的地点。而可筑巢地点的数量，正取决于当地树木的数量。同时，不同种类的植物越多，果实、种子、嫩芽的种类和数量也就越多，这正是许多昆虫、鸟类和哺乳动物所需要的。大部分情况下，一片栖息地中陆生动物数量和高等植物种数都是正相关的。

谈生物多样性离不开栖息地。在本书中，我们将这些栖息地与其中的生物合称为不同的生物群系。从本质上来说，生物群系就是当地所有植物和其他生物组成的群体。划分不同的生物群系似乎是武断的，但人们确实需要一些手段来描述世界上多种多样的生物群系。很明显，北极冻原、索诺兰沙漠和热带雨林的植被情况就有千差万别。通过观察植被的外形、密度、生产力和年周期生命活动特征，我们就可以区分不同的生物群系。许多生物群系由于在很大程度上受到环境压力的制约，其内部的物种数量也相差巨大。另外，在讨论生物群系时，常常被提及的还有两个概念：生物带和生态系统。爬一座热带的高山，你就能体验不同的"生物带"——起点是湿润炎热的热带雨林，途中会经过气候凉爽的山地云雾林，最终到达没有树木的高山草甸。生物群系和生物带都是生物世界的重要概念，我们将在本书第四章和第五章中详细讨论。接下来，就让我们先放下生物多样性不谈，来看看超乎斑斓的地球之外，更大维度上的多样性。

宇宙层面上的多样性

我们早已发现，多样性无处不在。恒星的大小、亮度，甚至连颜色都不同，星系的形状和大小也是各有千秋。借助行星际探测器，20世纪后半叶人类最重大的发现，就是我们的太阳系内部居然也存在差异性。之前从没人想到过，木星和土星周围的众多巨大卫星竟然千差万别。木星卫星"欧罗巴"的表面似乎覆盖着一层光滑坚硬的冰，冰面之下很可能存在液态海洋。[①]而木星另一个卫星"伊娥"的外表色彩斑斓，原因是其表面频繁而剧烈的火山活动。土星的卫星也是类似情况。在科幻小说里经常被描绘得热气腾腾、布满森林的金星，实际上却拥有厚重的大气层和炎热的地面。火星也一样，不同于人们的想象，它表面隐约的颜色变化并不是季节性的植被更替，而是冰冷的沙漠上偶然刮起的沙尘暴。就连从天而降的石头——陨石，结构和成分也不一样。以上这些天文发现，和每个星球各自的历史发展都是相关联的。

① 在《揭秘欧罗巴：在木星的"海洋卫星"上寻觅生命》一书中，作者理查德·格林伯格为我们提供了一个有趣且强有力的观点。这位亢奋的作者甚至还想象过动物们在木卫二冰盖的裂缝附近匍匐前进的景象。

每颗大行星以及它们的无数卫星，都有着独一无二的历史，没有哪两者的历程是重合的。地球也有其独特的历史轨迹。大冲击假说声称，曾有一个火星大小的物体和早期地球擦肩而过，而那次撞击给地球增加了质量，甚至还在地球轨道上遗留了一些碎片。这些碎片经过压缩，集合成了今天美丽的**月球**。月球大概每28天环绕地球旋转一周，同时牵制着地球的轴向回转（Axial Gyrations）。地球的自转轴与其围绕太阳公转的轨道面成大约67度的倾角，这个倾斜角度让地球拥有了四季，而且能够每年不断重复、循环。如果没有月亮，地球的自转轴就可能在几百万年的历史中左右摆动，变动的角度能达到40度之多。多亏了月亮，地轴摆动的角度才能被控制在2度以内。通过牵制这种摆动，月亮为地表生物创造了更加稳定的地球环境。同时，大冲击假说还认为，早期太阳系的环境十分混乱。

月球和水星的表面遍布环形山，这些环形山记录了它们被小行星和彗星不断撞击的早期历史。天文学家把这段时期称为后期重轰炸期。这一时期约在38亿年至41亿年前，产生原因可能是太阳系内的巨行星位置重新分布导致的轨道共振。这些太阳系内彗星、小行星的撞击说不定也是地球史上的幸事，地球因此能不断接收来自太阳系更远处的物体和碎片。说它好是因为，越靠近太阳系外边缘的地方湿度越大，这样的撞击相当于给地球注入了大量水分。要是没有这些珍贵的水（而且量还很大），地球表面也不会被海洋所覆盖，降雨也不会润泽广袤的陆地，而我们人类，自然也不会诞生。

一个更有趣的结论是，太阳系形成之初的环境极其复杂，所以地球能拥有适宜生命生存的环境，纯属幸运——这个"幸运"，指的是有几颗岩质行星比地球更接近太阳，同时还有巨大的气态行星在更远处。天文学家曾发现热木星（太阳系外的一些类木行星）的公转轨道极为接近其宿主恒星，这也证明了行星轨道的相互作用能在很大程度上影响着行星的构造。事实上，木星的存在很可能就是地球拥有丰富生物多样性的另一个原因。木星是太阳系行星家族中体形最大的一个，它围绕太阳公转的轨道几乎是个完美的圆形。如果它的轨道扁一些，离心率会越大，越可能影响其他行星的轨道，让整个太阳系变成另外一番模样。幸好这颗巨行星围绕正圆轨道公转，而且与太阳之间的距离正好是日地距离的5倍，太阳系才能在很长一段时间内拥有相对稳定的发展环境。另外，木星和土星还发挥了吸尘器的作用，利用自身引力将不规则的小行星和彗星全部扫走，进一步降低了地球在后来遭到撞击的可能性。

一颗幸运的行星

> 到底是类地行星普遍存在，还是太阳系形成时的一系列独特事件造就了我们这个独一无二的家园，这一点依然有待考证。
>
> ——约翰·钱伯斯、杰奎琳·密顿

我们出现在地球上其实源于一系列幸运的事件，这些偶然事件让地球变成了适宜生存的家园。首先，地球环绕太阳公转，且处于太阳系的“金发姑娘地带”（或称宜居带）。“金发姑娘地带”源于一则童话。在童话中，挑剔的金发姑娘想要自己的粥既不太凉，也不太烫，而是要刚刚好，而地球表面与太阳之间的距离，正好能让地球表面的温度既不太热也不太冷——刚好符合金发姑娘的要求。多亏了地球表面一层薄薄的温室气体锁住了太阳的热量，大部分地表的水才得以保持液态。还有一点也很重要——地球的轨道接近正圆。如果地球轨道更接近椭圆形（轨道离心率更高）的话，地球的季相变化就会更明显。虽然温带地区确实会有冬冷夏热的现象，但这是由于地轴存在偏角而产生的现象，和地球轨道离心率无关。

早期的地球曾被月球撞击，这可能也是一大幸事，因为正是这次撞击让地轴产生了约23度的倾斜。这个倾斜偏角的作用可大了。从赤道上看，太阳光在地球上的直射点从7月至12月向南移动，而在1月至6月向北移动。在地球上，热带辐合带内的热带降雨区域每年都会跟随太阳入射点的变化来回变化，也正因为如此，热带季风才会每年在同样的时间规则地出现。如果地轴没有倾斜，将只有赤道附近一条极窄的带状区域会不断降雨，但地轴的偏角让降雨区域扩展到整个热带地区。这个偏角还让北极地区在短暂的夏季白天变长，温暖了北极冻原上的植被，让西伯利亚的森林得以存活，也让加拿大阿尔伯塔地区长出了小麦。[①]规则的季相变化是地表生物多样性产生的一个重要因素，而这一切都源于地轴倾斜。

此外，地球的大小也刚刚好！如果体积更大的话，引力也会更强，使得像猴子这样灵活的陆生动物无法存在。体积更大的行星还会拥有更厚重的大气，比如金星的大气层，而这有可能会让地表生物无法呼吸。相应地，体积小的行星引力也小，大气层也相对较薄，而这对地表生物的存活至关重要。不仅如此，地球的自转速度还使得白天不会太热，夜晚也不会太冷。如果地球自转速度加快，就有可能形成不停歇的飓风，斩断陆地植物的活路，而自转速度减慢则会导致夜晚寒冷漫长，而白天炎热炙烤。在这种情况下，海洋生物也许还有一条活路，但陆地上肯定毫无生机了。

地球能在太阳系中独树一帜，还有一个重要的原因，那就是**板块构造**。地球的水域面积很大，在水中溶解的矿物在海底被加热，最终形成了不断运动的地球地壳。大约在30亿年前，地壳开始逐渐分裂成为几块巨大的大陆板块，岩浆从海床里喷出，填满板块之间的缝隙并把板块向两边推开，这些板块就被推动着，在地球表面漂移。当两个板块相遇时，一块就会挤压另一块，压制其下的海床并在陆地上形成高耸的山峰。后面，我们会谈到山峰对陆地生物多样性的益处。同时，大陆漂移也让陆地始终稳定在海平面以上，这很重要。加拿大、澳大利亚和格陵兰岛的部分地区在30亿年前就已经形成，要不是因为板块构造，这些陆地早就被海水侵蚀殆尽，沉

① 其实，地轴倾斜角度的变化、地球轨道偏心率的变化以及每一年我们与太阳位置最接近的时间的变化，共同决定了近期冰川循环的周期。

到8000里深的海底去了，而我们也可能都是鱼了！

板块构造还有一个重大作用。雨水能够吸收空气中的二氧化碳，形成酸性很弱的碳酸，它又与岩石发生反应，形成碳酸盐。碳酸盐又被一些海洋动物吸收，用来制造或加固它们的壳。这一系列化学反应的结果，便是二氧化碳从空气中被除去，并最终固定在了海底。这其实很不利，因为二氧化碳在大气层中的含量会越来越少。一旦没有这种温室气体，地球表面的温度会急剧下降至冰点。但这时候，大陆漂移了！在某些大陆板块的底部海床被其他前进的板块碰撞并挤压时，海床上沉积的岩石就会在海底受热融化，逐渐形成火山，把二氧化碳再次喷回空气中！[①]这个向大气层返还二氧化碳的过程，在过去30亿年里一直维持着地球的温度和生命。综上所述，板块构造使得陆地高于海平面并保持着干燥状态，制造了高耸的山脉，并以循环的方式将二氧化碳带回大气层。这还不算完，大陆板块交汇形成火山的同时，一些矿物元素也趁机进行化合、浓缩，形成富矿。我们的几个行星兄弟里，没有谁存在类似的过程，也没有谁有这个本事在近表面的区域内形成矿物（因此在月球或火星上采矿是天方夜谭）。没有板块构造，我们基本上也就无法冶金了。

我们越了解地球和太阳系，就越会发现它们的特殊性。外太空近乎真空，温度只比绝对零摄氏度稍高一点点。在太空行走时如果不穿宇航服会被当场冻死。与宇宙的寒冷形成鲜明对比的是，恒星内部的高温能达到千百万摄氏度，其发光的外表也有几千摄氏度。我们头顶的苍穹虽然茫茫无际，但温度适宜的类地行星实在寥寥无几。

更为神奇的是，我们的恒星太阳也不是个平凡的家伙。首先，太阳是一颗独立的恒星，没有与之构成多星系统的其他恒星来干扰太阳系行星的轨道。太阳也是一颗体积较大的恒星，它的体积和释放的能量大于80%的恒

① 埃里克·罗斯顿认为板块构造是地球上生命赖以生存的核心原因，其重要性仅次于阳光。

星。如果恒星体积小，想让水保持液态，行星就得离恒星更近，但这样就会产生问题。行星过于贴近恒星，很可能就会被恒星潮汐锁定，即永远只有一面面对恒星。而在这种情况下，围绕较小的恒星运转的行星上就几乎不可能出现类似于地球的生物。（月球就被地球潮汐锁定了，因此我们永远只能看到月球美丽的侧脸。水星和金星也和太阳贴得过近，因此自转速度极慢。[①]）

还有一条来自宇宙的好消息：因为太阳比较大，所以它远比很多小恒星更稳定。太阳形成于45.6亿年前，在过去几十亿年里，它打个嗝都能让地球上的生命全军覆没。其他恒星就没这么乖了，它们动不动就爆炸一次。另外，太阳与拥挤而危险的银河系中心也保持着一段安全的距离。谁知道附近的一颗超新星爆炸会给生物圈造成多大的浩劫呢！太阳保持了40多亿年的稳定，地球也因此不断孕育出更加繁盛的物种。从更宏观的天文视角来看，我们能够生存在这个稀有、特殊的星球上，其实无比幸运。

许多人宣称，银河系内存在无数颗类地行星，那么类似的文明想必也非常普遍，然而我们了解得越深入，就越发现这不太可能。搜寻地外文明项目（SETI）一直在搜索天幕，寻找来自太空的无线电信号，然而40多年过去了，还没截获一条可供解读的信息。[②]而且，复杂的生命体也没有进化到能穿越太空，开展星际旅行的程度。如果星际旅行者确实存在的话，他们也只能是那种能够“沉睡”数千年的机器人。要知道，恒星之间计算距离的单位都是光年，而光一秒钟能跑30万千米，所以于生命体而言，进行星际穿越目前仍是幻想。好了，“天体生物学”（一门没有研究对象的科学）就先讨论到这儿，我们还是回到地球上来吧。[③]

① 金星没有被太阳潮汐锁定，是因为它有厚重且不稳定的大气层。如果没有这层温室气体，金星就会被潮汐锁定，始终有一面面对炽热的太阳，另一面则终日严寒。不过不管金星有没有大气层，其上都不会有生命产生。

② 我已经说过，由于历史上的众多幸运巧合，地球很可能是目前银河系中唯一拥有射电望远镜的星球。

③ “天体生物学”在我看来就是个精明的噱头，让那些航天工业巨头能不断从国家财政预算里“吸血”。

生命演化的史诗

过去5个世纪，科学为我们揭示了我们的物种、星球以及宇宙本身的宏伟历史。综合全部信息，我们就能梳理出一条清晰可见的时间线，或者说一部**生命演化的史诗**。这种科学的尝试十分类似以前的神话史诗。为了解释周围的世界，世界各地的人类曾创造过各种神话史诗。我们的科学史诗虽然没有它们那种目标和深意，但也充满了丰富的细节，具有广阔的时间和空间跨度。科学为我们揭示了小到原子核的内部结构，大到宇宙中飞向远方的星系，宇宙的宽广和复杂，超越了以前人类的所有想象。

虽然科学家可能对这种庞大的历史视角很满意，但许多普通人并不这么觉得。宇宙的起源尚无解释，与备受尊崇的神圣经典关系不大，看起来也杂乱无章、漫无目的——所以大部分人还是愿意在宗教里寻求慰藉。但科学不一样，它的目的只是想寻求一种实际、准确的方法来理解世间万物。不过，许多科学家虽是通过谨慎、可控的实验来探索真实世界，可生物多样性的起源和细节是历史问题。在这种情况下，我们只能构想历史场景，然后从自然界中寻找证据，来验证这些场景的真伪——其实和侦探探案差不多。19世纪末，英国博物学家托马斯·赫胥黎曾提出假设，认为人类起源于非洲，而原因很简单，与我们亲缘关系最近的大猩猩和黑猩猩就生活在非洲。经过100余年的努力，我们终于证明了赫胥黎的猜想是正确的。来自地下的化石证据和来自我们体内的DNA检测结果，都表明人类起源于非洲。

对于这部生命演化的史诗，宗教信徒的回应是，这么复杂的生态系统只可能是上帝“设计”出来的杰作。这对很多人来说没问题，但在科学上说不过去：如此笼统的假设，要如何检验或者评价呢？更何况，如果真的是上帝用某种魔法或神奇工具设计了一切，那人类永远都无法了解宇宙，因为我们不会魔法。反过来讲，如果造物主创世时用的是我们可以看到的各种自然规律，那么科学就有机会理解这个世界。如果上帝创造宇宙后，又将一套自然规律（重力、光速、核力、自然选择学说等）赋予它的话，那我们应该也能搞懂这个世界。靠着这种思辨，信仰不同的科学家找到了探索世界的共同基础。

所谓科学，在英国科学作家尼古拉斯·韦德看来，“大体上由事实、法则和学说组成。事实就是科学事实，法则是总结无数事实中呈现的规律，学说则是对法则的阐释”。不论是地球还是生命形式的进化，都是古生物学的事实。相比之下，“**自然选择导致的进化**”则是一种理论，目的是解释我们在大自然中看到的“设计”。把两者合起来看，进化的事实和研究进化的理论就为我们提供了一种合乎逻辑的叙述。其实想想也对，毕竟世界只有一个！借助同位素测年法对陨石进行研究，人们发现太阳系的寿命已经高达45.6亿岁左右，这么长的历史给了生命充裕的时间来进化和繁衍。对冷却的岩浆岩进行的同位素测年，结果也和古生物学为我们描绘的地球历史相符。同时，含有化石的沉积岩还为我们记录了长久以来生命的变化、扩增和偶尔的衰退（但生命都从这些衰退中恢复了过来，最终变得更加丰富多样了）。各地的地质时代都是线性且一致的。乳齿象和人类曾在最近一次大冰期同时存在，但在恐龙住在地球的时代，地球上还没有它们。类似的，石炭纪的煤层中含有蟑螂、蜻蜓和少数两栖动物，但恐龙或哺乳动物在这些较为古老的矿床中没有出现。宗教信徒声称美国的亚利桑那州大峡谷是被一次大洪水冲刷出来的，但他们并不能解释在大峡谷上千尺的岩壁上为什么会连续排列多种地质层，更无法说明大峡谷最下面的地质层中为什么找不到生物化石，而上部地质层中有恐龙化石。今天，我们可以毫不犹豫地认为，地球悠久的历史提供了充足的时间、好运气和许多机会——以及一些灾难——才让生命变得如我们今天所见到的这样丰富多彩。

生物多样性：陆地上与大海中

对于生物多样性，还有一个令人惊讶的事实，那就是陆地动植物的物种数量要比海洋动植物多得多。要知道，若考虑可居住容积，把最深的海和最高的山全算上，全世界有超过90%的可居住容积位于水下。可为什么如此广大的生物栖息地物种却更少呢？诚然，海洋生物的门有很多，海中有各种水母、蠕虫、甲壳动物、软体动物、鱼，还有能在海底找到的长得像植物的苔藓动物。生命起源于大海，所以我们能在大海中找到数量最多的古老动植物门类。绿藻、褐藻、红藻、硅藻和许多微生物都在大海中繁衍不息，这些生物门类本身就代表着最古老的分类。然而，最低生物分类等级的多样性，也就是种的数量，却不是这么回事。光昆虫一项就有约80万个确定物种，数目远超已确定的海洋动物的物种，而后者只有25万种。海洋生物学家辩称，海底还有许多未被承认的物种。这话没错，但我们也无需担心，因为这类海洋生物主要是仍在等着被确认的微生物。在本书中，我们主要还是会集中讨论体形较大的陆地生物的多样性和数量。

虽然陆地只约占地球总面积的29%，但科学家估计，全球超过一半的光合作用都发生在陆地上。光合作用就是指绿色植物、各种藻类和蓝细菌从阳光中获取能量，合成富含能量的碳水化合物和其他产物的过程。在陆地和水下进行的光合作用让全世界99%的生命有了持续的能量供给。能量是生命之源，不管你是细菌还是芭蕾舞演员，只要能量没了，生命就会终止。尽管海水储量丰富，海洋面积广大，但海洋环境中的光合作用能力有限。深海中光线不足，所以无法进行光合作用，而且许多水域中几乎没有养分。更糟的是，海底还有许多大大小小的动物等着吃掉那些进行光合作用的生物。此外，水下主要几种能进行光合作用的生物都是微生物，生命周期短，像海草、海带和大型藻类这样的植物并不常见。不管是蓝细菌还是其他微型藻类，都无法提供陆地上的草木所能提供的那种物质和养分支持。总的来说，海洋的生物量（某一时刻空间中所含生物体的总干重）在50亿—100亿吨，而陆地生物量却在5600亿吨上下。二者的巨大差距，正是陆地物种数量比海洋多得多的一个主要原因。据加拿大环境科学家瓦茨拉夫·斯米尔估测，现在的陆地植物量很可能是海洋植物量的200倍之多。[①]

不过，研究陆地生物多样性，光考虑光合能力可不够。陆地生境从寒冷的极地到干燥的沙漠，再到常绿雨林，差别非常显著。它们中有热带海岸边的红树林，有沙漠边缘的荆棘植物群，还有各种森林和高山草甸。陆地生态系统的巨大差异性也会影响其居民生存竞争的激烈程度。如果生活在海底，你根本不用担心脱水，但这对大部分陆地生命来说是个很现实的大问题。同样，你在海底也体会不到温度的剧变，生存压力和生活在美国中西部大草原上的动物更没法比，那里夜晚温度会降到零下30摄氏度，白天却能高达40摄氏度。很明显，在陆地生活面临的挑战要比在水中多多了。同时，陆地本身的结构也各不相同，有肥沃的土壤，有软烂的黏土，还有干燥的沙子、坚硬的岩石。事实上，1克泥土本身就很可能是好几千种细菌的家园。

另一个致使陆地生物多样性增加的原因是陆地被广阔的大洋隔开了。这种隔离导致距离遥远的不同大洲上形成了各具特色的陆地生物群系。在海洋中，珊瑚礁中的鱼群也可能复杂多样，但它们很有可能游过上千里地去和另一片珊瑚礁内的同类进行交流。但这在陆地上是行不通的，很少有雨林生物能跨越海洋。刚果的热带雨林看起来好像和亚马孙雨林或者亚洲的雨林差不多，但你仔细看就会发现其中的动植物种类大不相同。有些陆地原本就有多种动植物，但在它们被大大小小的海洋隔离开来后，常常又会形成许多动植物新物种。[②]

---

① 引自瓦茨拉夫·斯米尔：《地球生物圈：演变、动力和变化》。他同时还指出，海洋生物量中的大部分都来自微生物。

② 罗伯·R. 邓恩在论著《万物众生：人类对生命分类的执着追求，从纳米细菌说到新世界猿猴》中回顾了人类为了解生物多样性付出的努力。支持者的声音促进了近来的科学突破，邓恩为这些孤独的声音奔走，再加上他本人丰富的研究经验，才让这本通俗易懂的论著得以面世。可惜的是，他大量着墨于假设的“纳米细菌”和“天体生物学”，让他书中的科幻情节多于科学事实。

除了被海洋隔开的陆地能形成地理隔离，更大的陆地区域本身也可能存在隔离。如果你已经适应了生活在高山上，那你的后代可能很难到另一座遥远的山顶上去定居。如果你是一条生活在山脉西侧河水中的淡水鱼，那你的后代也很难跨过这座山游到山脉东侧的河里。地球上大概共有31000种鱼类，其中超过三分之一是淡水鱼，而淡水总面积却只占地球水体的1%。据估计，亚马孙河流域鱼类的物种数量很可能和整个太平洋里一样多！鉴于我们自己就是陆生动物，而且陆地生物本身的多样性如此丰富，在接下来的讨论中，我们将只着眼于陆地生物的多样性和我们自己的历史。

本书为我们阐述了一个简单的事实：随着历史长河的流淌，我们的地球变得越来越复杂了，地质环境、生命形态以及人类技术都在不断朝着更加多样的方向变化。在这本书中，我们将探索在过去40亿年的时光里，到底是什么力量将这部多样性的传奇史诗一直书写下去。

为了更好地理解地球生物多样性，我们会提出一系列问题。在第一章，我们会先去探索昆虫世界，看看它们为什么能在生存竞争中取得如此的成功。在第二章，我们要来解答细菌的相关问题，包括它们和生物多样性的关系，并由此展开，看看有细胞核的真核生物的出现为什么是生命史上的一大进步。这些问题看起来可能有点儿深奥，但生命本身就是复杂难解的，为了判明生命进化的动力，我们必须了解这些基本的历史。在第三章，我们将讨论推动新物种形成的原因。[①]接下来的第四章和第五章，我们会去调查全球不同区域的物种数量，寻找一般规律，尝试理解为什么在某些地区某些生物群的数量会异常多。在第六章，我们会解答一个疑问：如此众多

① 对全体生物物种数量的估测数据还有很大争议，许多估测数字看起来都过高了。

的物种是如何生活在一起的。

从第七章开始，我们的视线将从当代生态学转到古生物学，探寻过去60亿年间生物多样性不断丰富的发展历程。在第八章，我们会讨论驱使生物多样性发展的原因。在第九章，我们来看看人脑这个自然界最复杂的器官。人类有了大脑，后来又和某些动植物形成了互惠的关系，于是就产生了文化的启蒙和进步。第十章将揭示人类在安顿下来，形成聚落后，是如何发展技术的。第十一章将回顾过去40亿年中人类逐渐称霸的历史。在本书最后一章，我们将探究人类技术的发展和人口数量的暴增是如何影响生物圈的（通常是坏影响）。

我们的旅程即将从这里开始，首先，让我们先来看看这个巨大而成功的六足动物家族：昆虫。

第一章

以昆虫为例：为什么它们的种类和数量都这么多

生物学家中间流传着这么一个老梗，说英国著名生物学家J.B.S.霍尔丹参加过一场鸡尾酒会，酒会上，一位主教当面问了他一个奇怪的问题。从此，打20世纪30年代算起，但凡谈到地球上生物的多样性，这场问答就一定会被人提起。主教的问题是这样的："霍尔丹博士，您是研究生物学的，那您说说上帝的本质究竟是什么？"面对这么一个大问题，我们的大科学家不假思索、直截了当地答道："上帝酷爱甲壳虫！"

这话一点没错！我看造物主就是喜欢甲壳虫（鞘翅目昆虫），不然你说为什么它们的种类这么多？根据2006年的统计，已被发现的甲壳虫大概有38万种。也就是说，那些研究昆虫的学生要想定义一个新种、给它们起新的拉丁文学名并配上相符的标本，再把这些成果写成论文发表是相当费劲的。现如今，昆虫学家一般会在发表关于新物种的论文时配上照片，并习惯把新种的标本（也称模式标本）收藏进公共博物馆或大学研究室里。[①]全世界的昆虫学家经过不懈努力，最终为我们揭示了38万种不同的甲壳虫。和其他生物相比，现存的哺乳动物约有5500种，鸟类多一些，约有1万种。再看看植物世界，地球资源如此丰富，陆地植物超过31万种，而这已经是非常保守的数字了，其中还包括了苔藓、地钱、蕨类和它们的近亲，以及所有种类的针叶树和20多万种开花植物。但所有这些绿植加在一起依然无法和甲壳虫的数量匹敌。说回动物世界，甲壳虫的种数似乎比海洋里所有的非微生物的种数加在一起还要多，而这里面已经包括了水母、多种水生的蠕虫、全体软体动物和各种螃蟹、数千种鱼。38万种物种啊，我说，这也太多了！更麻烦的是，这个群体的数量还在不断增长。在热带雨林高高的树冠上，甚至在你身边的土壤中，科学家还在不断发现新的、从未被记载过的新物种。

① 模式标本在给动植物命名时意义重大，一个新物种的名称将用于和它的模式标本联系在一起。同种生物的不同个体可能会有差异，类似的物种可能会聚在一起，不同人对语言描述的理解可能会不同，因此只有模式标本能准确地对应一个科学命名。

甲壳虫的种类为什么这么多？

除了上帝喜欢，甲壳虫能有这么多种的原因究竟是什么呢？和其他生物学问题一样，这个问题也有许多答案。显而易见的原因是，甲壳虫都很小。即使最大的甲壳虫，也和老鼠差不多重，最小的还不如苍蝇。给你看个强烈的对比——地球上现存最大和最重的陆生动物犀牛和大象，却都不足10个种，因为它们各自都需要好几平方千米的地盘来生存和繁衍。甲壳虫就不一样了，几平方米就足够让它们了此一生。从这里你能看出生物世界的一个规律了吧？生物的种数和个体数都和该种生物的体形大小成反比。很明显，娇小的体形让小空间里可以容纳更多的甲壳虫。

但体形小只是甲壳虫种类繁多的其中一个原因。甲壳虫生活在多种不同的栖息地，它们的生活习性也大不相同。大部分甲壳虫生活在温带和热带地区，小部分在冻原和高山地带也能生存，而极地则没有甲壳虫。赤拟谷盗会入侵你家的厨房，皮蠹会毁掉你的毛毯，而日本丽金龟则会啃食你花园里的植物。在六月温暖的傍晚，六月鳃角金龟会飞到纱窗上，而萤火虫则会在傍晚发出明亮的信号。除了物种的数量巨大，某些种类的甲壳虫本身数量就已成千上万。

在美国西部，瓢虫会迁徙到山地并聚在一起越冬。20世纪早期，捕虫人会到加利福尼亚州马德雷山脉的高地上收集这些沉睡的瓢虫，然后把它们卖给农户来治理蚜虫（瓢虫的幼虫和成虫均以蚜虫为食）。整个20世纪的每个冬天，这样的捕虫行动都能收获成吨的瓢虫（你没看错，是吨）。计算一下，每吨约有4434.4万只。这也太多了吧。事实上，甲壳虫有38万种，而每种的数量就可能高达数百万甚至数千万只，如果说地球总共养活着百亿甚至万亿只甲壳虫，真是一点也不夸张。那么，甲壳虫家族如此繁盛的秘诀到底是什么呢？

在生命的历史长河中，物种灭绝一直是一股强大的破坏力。无数化石证据表明，大约98%曾经存活于世的生命都灭绝了。气候剧变、干旱、疾病大流行和几次较大的地质变化是绝大多数动植物无法渡过的难关。因此，看到像甲壳虫这么成功的家族，我们就能明白它们的环境适应性有多强。其实你只要看一眼就能知道它们最显眼的一个特征——硬。穿越枝繁叶茂的丛林，你的每一步都可能踩到甲壳虫，但它们完全可以在你抬起脚时逃之夭夭。坚硬的外骨骼承担了保护柔软躯体的责任，甲壳虫过人的创新之处，就在于它们把一对前翅演变成了一组鞘翅，从而能保护它的整个胸腹部。除此之外，甲壳虫的身体前后也都有“装甲”保护，有些种类的甲壳虫甚至活像一辆迷你坦克车。“大众甲壳虫”这款汽车之所以得名，也正是因为这款车长得像极了某些甲壳虫。最绝的是，甲壳虫坚硬的鞘翅还可以抬起，让真正用于飞行的后翅展开，进行飞翔。不过，虽然大部分甲壳虫都会飞，但选择变硬就意味着它们无法兼得飞行的速度和灵活性。这也就是为什么大型甲壳虫只在夜间活动，因为它们需要避开白天在外捕食的猛禽。飞行和盔甲让甲壳虫在生存竞争中有了两个巨大的优势，但甲壳虫的优越之处绝不止于此。

崎岖的生命之路

甲壳虫属于一生需要经历四个阶段的昆虫，这种昆虫被称为完全变态昆虫。完全变态类昆虫的一生的四个阶段完全独立，且差异十分巨大。首先是卵。这一时期相对较短，或者说，变成这种形态只是甲壳虫用以度过严冬或旱季的手段。在合适的时间，卵会被里面的“小居民”——幼虫打破。幼虫期是完全变态昆虫生命的下一个精彩时期，在这个时期，幼虫的唯一任务就是吃，还有生长。甲壳虫的幼虫形态各异，从小小的蠕虫到你在土壤和腐木中常见的大肉虫都有，甚至其中许多还喜欢主动出击捕食。不过，无论是好动还是喜静的，完全变态昆虫这个阶段的意义就在于为日后变为成虫积蓄必要的能量。

甲壳虫从肥大的肉虫到精致的成虫之间还要经历一个独立的阶段——蛹化期。在所有的完全变态昆虫中，你可能对蝴蝶或蛾的蛹最熟悉。在蛹壳里面，幼虫的大部分身体会溶解。你没看错，几乎蛹里面所有的组织都会液化，然后这些液体会再被蛹内部的一些特殊组织转化，最终变为一只完整的成虫。仔细想想，这样的转化过程简直堪称奇迹，而这正是许多昆虫在进化上占有优势的关键原因。成虫的形态和幼虫完全不同，它们能飞，能寻找异性交配繁殖，简直是改头换面，生活焕然一新。从这个意义上来讲，甲壳虫拥有两段生命：一是幼虫期，主要负责吃；二是成熟的成虫期，主要负责旅行和繁衍。这是件好事。但这种生命循环方式也有一个严重缺陷，那就是在成虫阶段，昆虫将不会再有任何生长，当它从蛹里爬出来，就再也不会长个儿了。

屎壳郎和埋葬虫

还有一个成就甲壳虫种类繁多的原因，那就是它们彼此间有着天壤之别的生活方式，这一特征让不同种类的甲壳虫能在同一生境中生活而互不干扰。比如，屎壳郎，或者叫蜣螂，会出门去寻找新鲜粪便，找到之后，一对蜣螂（蜣螂爸爸和蜣螂妈妈）会不知疲倦地把粪便做成一个圆形的粪球，再把粪球滚到一个方便掩埋的地方。这个粪球会成为蜣螂幼虫温暖的家和营养来源。因为生活方式不同，埋葬虫（又名葬甲）和蜣螂就很难有什么交集——葬甲此时正忙着找老鼠或者小鸟的死尸呢。和蜣螂一样，葬甲独特的生活方式中也有一整套复杂的行为——一切都是为了下一代嘛。

我小时候喜欢收集生物，几乎所有的生物。有一次，我在小屋外的树林里看见了一只死老鼠，就想把它变成一具骨骼标本，然后收藏起来。为了防止食腐动物会来掠夺我的战利品，我先是用一根细电线把老鼠尸体绑在了附近的木桩上，然后又仔细地盖上一层落叶，做了进一步保护。我心想，勤劳的蚂蚁肯定能帮我把尸体清理干净，最后给我留下一具完美的标本。结果一天之后，当我来检查时，却发现老鼠尸体消失了，落叶下面空无一物，但那根电线还在，并且一直深入地下。我的老鼠被人给埋了！经过仔细观察，我发现了一对正在挖土的葬甲，它们还想把我的老鼠埋得更深。和之前讲过的蜣螂夫妇类似，这只被深埋地下的老鼠也将为葬甲的下一代提供养料。

这对葬甲夫妇会继续以尸体为食，并同时看顾幼虫的成长，它们甚至还会分泌抗生素抑制尸体中细菌的活动。与之相对，蜣螂只会在每个粪球中产下一枚卵，然后就把粪球埋掉，继续寻找新的粪便，产新的卵。多亏了它们，非洲大草原才没被成群的斑马和无数种羚羊的粪便淹没。非洲大草原其实是200多种蜣螂的家园，它们帮忙掩埋了大量的粪便，在生态学上发挥了无可替代的作用。地表的粪便（比如牛粪）会抑制植物的生长，还会滋生成群的蚊蝇，传播寄生虫和疾病。除了将地表的粪便埋在地下，这些繁忙的蜣螂爸爸妈妈还高效地给土壤施了肥，并疏松了坚硬的土地。

蜣螂的重要性在澳大利亚表现得尤为突出。为了发展牛肉产业，澳大利亚曾引进肉牛，这对汉堡生产商是件好事，但对环境的破坏就很大了。一段时间后，澳大利亚就因为没有足够的大蜣螂而根本无法处理肉牛留下的排泄物，很快，牧场的土地就被一层石头般干燥、坚硬的牛粪给盖住了。牛粪仿佛一层水泥，进一步减少了土地对本就稀少的雨水的吸收，抑制了牧草的生长，最终导致了土地大量减产。很明显，大型蜣螂正是被澳大利亚内陆地区忽视的关键。

甲壳虫的物种多样性十分丰富，而这种丰富绝不仅仅体现在数量繁多这一点上。不论幼虫还是成虫，龙虱都是湖泊与池塘里贪婪的肉食者；瓢虫由于能消灭蚜虫，成了花园里人类的好朋友；萤火虫能借助自身发出的黄绿色光芒为我们带来快乐……但除此之外，昆虫世界还有无数其他门类的成员，比如危险的黄蜂携带着剧毒的毒液和蜇针，优雅的蜻蜓会沿着河堤和小溪飞行，还有散发着恶臭的臭虫、花间采蜜的蜜蜂、惹人讨厌的苍蝇等等。让我们把甲壳虫的话题先放下，来讨论一下昆虫这个家族的整体状况吧。

昆虫的数量

如果要寻找物种数量较多的生物门类，你会发现找来找去还是离不开昆虫大家族。作为双翅目昆虫的苍蝇，大约有15万种；鳞翅目昆虫的蝴蝶和蛾，大约有12万种。这两个目加上鞘翅目的所有种甲壳虫和其他数量相对较少的门类，昆虫纲中目前被发现的物种已接近100万种，而这还仅仅是人类目前的研究发现。作为膜翅目昆虫的蚂蚁、蜜蜂和黄蜂目前已知的约有11.5万种，可曾有专家估计，光这一个目的昆虫，在地球上的真实数量就接近了100万种！

以上说的是某些生物门类内包含的物种数量多，更甚的是，某些物种个体的数量也多到数不过来。关于这一点最具代表性的实例就是蝗灾。除了数量众多，蝗虫的飞行能力也很强，它们能毁坏庄稼，造成饥荒。在蝗虫家族中，最臭名昭著的要数沙漠蝗，它们广泛分布于北非和印度之间，名声臭到连《圣经》都曾预言过它带来的灾害。在2月的埃塞俄比亚东部，我和我的学生做田野调查时曾目睹过一次蝗虫的虫群，我们当时停在高山地带的一条路旁，在远处的山谷里看到了一片诡异的“云”。那时是早晨，开始我以为是晨雾未退，但又觉得奇怪——凌晨的湿气应该早就散了。结果第二天，那片“云”（其实是一大群蝗虫）扫荡了我们的营地，整个扫荡过程花了将近一小时。那片“蝗虫云”大约2000米长，500米宽，我站在“云”底下简直不敢相信自己的眼睛——这也太多了。万幸的是，它们都在全速前进，丝毫没有停下来就食的意思。几天后，我们又观测到这群蝗虫飞越了当地最高的加拉穆拉塔山。要知道，想翻越这座山，它们得飞到3400米的高空！有学者曾估算过，东非一个蝗虫的虫群，数量就多达500亿只。按每只蝗虫2.7克估算，这个虫群就有115100吨重。这可是一只只蝗虫组成的重量！如今，通过全球气象卫星对降雨规律的测算，蝗灾的爆发已经可以预测了，而且人们也已经有能力采取措施，干预蝗虫的繁殖。

另一种数量惊人的昆虫大爆发只出现在美国东部。这种爆发严格守时，且间隔的时间无比漫长。每隔17年（某些靠南部生活的品种是13年），美国东部的森林就会被震耳欲聋的噪音所侵袭。这种噪音源于一种叫周期蝉的昆虫。这种蝉一生大部分时间都生活在地下，靠吸收乔木和灌木根部的汁液为食。和完全变态昆虫不同，周期蝉不会经历四个发育阶段，它们和蝗虫一样，有好几个若虫发育期。每到距离上一次爆发后第17年的晚春时节，周期蝉的若虫就会钻出地面，爬上树干和树枝。抵达安全地带后，它们就会停下来，在后背裂开一道长长的口子，让柔软的成虫钻出来。静止不动几小时后，成虫的双翅会变大，外骨骼也开始变硬——它们做好了飞行的准备。紧接着，雄虫就会开始发出刺耳的噪音，希望靠这种“歌唱”来吸引异性。如果你在这时候跑进森林里，那可是相当难受的（幸好它们晚上不叫）！周期蝉有三个主要的种，不同种有非常明确的地理分布，每种周期蝉也严格遵循着自己17年或13年一次的时间规律。虽然蝉这类昆虫在热带和温带地区很常见，但只有美国东部的极少数蝉种，能表现出如此守时的特性。

独特的身体结构

从视觉上来看，昆虫最显著的特征就是腿。所有昆虫的成虫都有六条腿，这和昆虫的种类无关，苍蝇、蜜蜂、蝗虫、蚂蚁、黄蜂、白蚁、蟑螂……都有六条腿，因此昆虫也被称为六足动物。要注意，我们在这里说的是成虫。有些毛毛虫在身体前部有六条细小的腿，身体后半段还有几对肥肥的小腿，还有些昆虫的幼虫根本没有腿（比如蛆）。但所有昆虫的成虫都极为统一。有些昆虫，比如螳螂，为了抓捕猎物前腿有了特殊的发育，但即便如此，腿的特征还是很明显。另外，昆虫的腿都是成对发育的，六条腿分为三对，这让它们有了相对广泛的活动范围。此外，在每对腿的末端还有类似脚爪的结构，可以帮助它们抓握，这让昆虫能摆出不同姿势，行动更加灵活。同时，六个接触点也能让它们稳稳地停留在接触面上。

昆虫另一个明显的特征是身体可分为三节：头、胸、腹，其实“昆虫”一词的拉丁语“Insectum”本义就是“节”。昆虫的头部位于身体前端，拥有主要的感觉器官（触角、眼睛）和取食器官。不同昆虫的口器也各不相同，有些长着钳子一般的大颚，有些口器如同吸管，可用于刺穿和吮吸。口器的不同让昆虫的食物来源异常广泛。昆虫身体的第二节为**胸部**，这是昆虫身体坚实的中间部分，长有腿和翅膀，负责飞行和运动的肌肉也都分布于此。昆虫身体的最后一节为**腹部**。腹部包含大部分消化器官、呼吸器官和生殖器官。这三节均被坚硬的甲壳包裹着，为昆虫的身体提供了硬度和保护。不过，昆虫在生存竞争中取得成功最重要的原因到底是什么呢？

一项重大的进化——飞行

会飞也许是昆虫最重要的特征了。化石记录显示，昆虫是最早飞上天空的动物。3亿年前，石炭纪时代的天幕上就曾留下巨型蜻蜓飞过的倩影，如今，几乎所有繁盛的昆虫类别都会飞。昆虫的翅膀并非特化的腿，我们至今也不清楚，昆虫的祖先到底是如何进化出两对翅膀的。不过正是这两对和腿脚一起长在胸部，却又和腿脚完全分开的翅膀，让昆虫有了飞行的能力。

比单纯的飞行更进一步的进化，是将翅膀折叠，贴附于身体上的能力，这让昆虫能完美地隐藏在一个安全微小的角落。昆虫的两类远古祖先——蜉蝣和蜻蜓——都没有这种能力，因此它们无法在狭小、逼仄的空间内藏身。事实上，拥有飞行的能力标志着昆虫的完全成熟。不过在会飞之后，它们的翅膀就无法再被替换或重新生长，一旦受伤则终身带伤。不管是由若虫逐渐发育成成虫的不完全变态昆虫（如蝗虫、蝉、臭虫等），还是完全变态昆虫（如甲壳虫、苍蝇、黄蜂等），拥有飞行的能力都标志着虫体发育的终点。

你打过苍蝇吗？打苍蝇可不容易，除非你有苍蝇拍。苍蝇的感觉器官异常灵敏，它能够感受到你的手接近时周围空气气压的变化，一旦感知，马上逃跑。总的来说，像苍蝇这种双翅目昆虫最大的特征就是只有一对翅膀。在翅膀后部，苍蝇长有一对短小、细长、棒状的平衡棒。平衡棒会在飞行时振动，帮助它们保持平衡和控制方向。糟糕的是，世界上最讨人厌的几种生物，有一些就属于双翅目，包括蚊子、螯蝇，以及其他好几种会飞的寄生虫。

可以说，飞行的优势与四段式的生命过程，集中在令人讨厌的蚊蝇身上得到了体现。想象一下，一只母蚊子不远万里飞行，只为寻找鲜血助它产卵。然后它在一片浑浊的水源产下卵，卵又孵化成水生的幼虫。和懒惰的蛆不一样，这些幼虫会自己捕食猎物。蛹化之后，这些蛹会浮上水面，以便蚊子成虫直接飞去寻找伴侣，以及吸血（如果是母蚊子的话），最后这些蚊子会找到另一片水源，继续生命的循环。不过，还有些苍蝇的生存策略甚至更加复杂呢！

有一次，我去哥斯达黎加的托尔图格罗国家公园采集标本，那里气候又潮又闷，我因为忘了带驱虫药，被蚊子叮了好几下。我本来没太在意，以为当地并不流行疟疾，蚊子叮的包过几个小时就会消退——其实不然！在我回到芝加哥两周后，身上的三个蚊子包不仅仍然痒得难忍，而且还变大了！这几个包看起来就好像不断增生的肿瘤，极其可怕，所以我决定去看皮肤科医生，没想到到了医院，医生也看不出病因，只能安排我一周后去做活检。那段时间，我每天睡觉前都会痛苦地想象自己的皮肤下，癌症正在恶化。而这三个不断恶化的“肿瘤”一个在我的右大腿上，一个在我的左胳膊上，还有一个在我的额头上。结果有一天，还没等我去做活检，我躺在床上突然听见，额头上的“肿瘤”里传来了一阵“咔哧”“咔哧”的声音！

这个“肿瘤”竟然会发声！我虽然不了解癌症，但至少知道恶性肿瘤不会发出声音。我想起发生在埃塞俄比亚的一个类似病例，于是意识到有三只肤蝇正寄生在我的皮肤下。第二天一大早，我激动地给医生打了个电话，他迅速为我安排了移除手术。我到医院的时候，医生、护士和一大群医学生纷纷夹道欢迎，毕竟在全芝加哥，也没几个人需要把肤蝇蝇蛆从身体里取出来。我的手术成了一场我绝不想看到的“表演”，所以我躺在手术台上，安静地盯着天花板。手术开始了，当第二只蝇蛆被取出的时候，一个身穿手术服的高个子外科医生忽然冲了进来。他仔细地看着主刀医生取出最后一只蝇蛆，脱口而出：“真够恶心的。”

一点也不恶心！这太神奇了。我的身体围绕这几条蝇蛆形成了新的组织，所以它们就被限制在了我的皮下。随着蝇蛆越长越大，它们会推挤周围的组织，从而产生声音。直到现在我的额头上还有个小坑，而这就是蝇蛆推挤周围组织造成的。但最神奇的地方，其实是——我是通过蚊子的叮咬感染肤蝇的！似乎肤蝇并不擅长寻找哺乳动物宿主，但蚊子很擅长，所以雌性肤蝇需要做的就是找到一只母蚊子，然后把卵产在蚊子的腿上，让蚊子去帮忙寻找恒温的哺乳动物。这听起来更像科幻小说的情节，而不是真实存在的动物行为，但这恰巧是昆虫形成独特生存手段的有力实证——它们甚至还能将飞行与其他复杂行为结合在一起！曾有一位供职于菲尔德自然史博物馆的动物学家回忆，几十年前他曾从墨西哥南部采集过一只美洲豹标本，结果在剥除标本皮肤的时候意外发现了无数肤蝇的蝇蛆。

许多黄蜂也是会飞的寄生虫。在夏末的时候去西红柿的秧子上看看吧，你肯定能经常见到番茄天蛾的幼虫身上挂满白色的小茧。这些茧的出现要归功于一种小型寄生蜂的幼虫，它们已经将这只可怜的毛毛虫享用殆尽了。在这个过程中，自然选择让黄蜂想出了一个非常聪明的战术——它们的幼虫会先吃掉宿主身上不致命的部分，最后再消化掉宿主的致命器官。其实，世界上最小的昆虫是寄生蜂，它们会将卵植入其他昆虫的卵内，孵化的幼虫就直接在别人的卵内以卵为食，最后，一只全新的小寄生蜂就将从别人的卵里“孵化”出来。

综上所述，依靠飞行的能力、千差万别的生活方式，以及相对较小的体形，昆虫成了大自然中最成功的生命形式之一。潜叶虫，包括某些小飞蛾和苍蝇的幼虫，取食的范围不过是叶片的上下表皮。世界上最小的甲壳虫——缨甲科的甲壳虫生活在森林腐烂的落叶层中，仅有一毫米长，每次只产一枚卵，没有什么甲壳虫能比它们再小了！

说回甲壳虫数量巨大的话题，我有必要讲讲昆虫学家特里·欧文在巴拿马所做的研究。欧文曾将杀虫剂喷雾喷洒在同一种树（*Luehea seemannii*）上，然后利用铺在树下的帆布收集掉下来的昆虫。他试图利用这种方法估算同一种树的树冠层上昆虫的数量。欧文一共喷洒了19棵树，收集到了无数小虫子标本，其中包括8000只甲壳虫，内含约1200个种——而这还仅仅是一种树。巴拿马可是2000多种树木的故乡！如果这些种类的甲壳虫仅生存于某一两种树的树冠上，你尽可以想象一下巴拿马全境甲壳虫的数量。[①]毫无疑问，如果甲壳虫不会飞，它们也就不可能生活在树冠层上。然而，虽然昆虫的形态多样、数量巨大，这些“六足动物”却似乎从来都长不大，也都笨笨的。

① 后来，欧文估计全世界还有大量甲壳虫物种未被发现，但他可能言过其实了。

为什么昆虫没有变得更大更聪明?

每一大类动物都有严格不变的身体构造——昆虫有6条腿，蜘蛛有8条腿，螃蟹有10条腿。我们人类也有类似规律的限制。所有的脊椎动物，不管是青蛙、蟾蜍，还是爬行动物、鸟类、哺乳动物，都有四条腿。鸟类的一对前肢特化成了翅膀，我们的前肢特化成了手臂，但这样的区别只是同一张设计蓝图之下的微小修改。我们的祖先从早期的四足两栖动物进化而来，从此我们是四足动物这一点永远不会改变。看起来，一旦一种新型的身体构造形式确立起来，比如“昆虫的身体分为三节”，属于这种构造的动物就再也无法更改。但失去某种身体结构就另当别论了。退化的过程经常发生，许多昆虫的翅膀都退化掉了。在海豚把前肢特化成鳍的同时，蛇却把四肢全抛弃了。然而，即便有退化现象的存在，每类动物的基本身体构造依然不会改变。正因如此，我们才一眼就能分辨出昆虫、蜘蛛和螃蟹。不过，话虽这么说，哺乳动物之间依然还有相差巨大的体形，小有鼩鼱（甚至还不如一种名叫“巨大花潜金龟”的大甲壳虫大），大有大象、鲸鱼……为什么昆虫的世界不是这样的呢?

原因不止一个。首先，昆虫如果想变得更大，就必须先脱掉坚硬的外骨骼。蝗虫（属直翅目）和臭虫（属半翅目）的成虫在发育成熟前，都会经过好几次蜕皮的过程。这些昆虫不具有甲壳虫和苍蝇等的四阶段生命周期，它们由卵发育为小小的若虫，然后身体慢慢长大，经历至少四次蜕皮过程后，方可长成性成熟的成虫。其实，蝗虫的若虫看起来和没有翅膀的成虫一个样。与之相反，拥有四阶段生命周期的完全变态昆虫会在幼虫阶段完成全部的生长，紧接着在蛹的阶段完成主要的形态转化。以侵蚀西红柿植株的番茄天蛾幼虫为例，幼虫在生长完毕后会变成蛹，然后羽化成蛾，这种蛾长有一根卷曲的“舌头”，“舌头”伸直后能长达10厘米。番茄天蛾会利用这根“舌头”吸食花朵深处的花蜜，吸食过程中还会像蜂鸟一样高频率地拍击翅膀。从幼虫坚硬的咀嚼式口器到成虫细长的“舌头”，同一种昆虫却有着两种迥然不同的生存方式。

蛹为完全变态昆虫创造了体验不同生存方式的可能性，但所有昆虫在发育成熟后都还是会受到一定的限制。蝗虫也好，甲壳虫、黄蜂、蝴蝶也好，发育成熟的昆虫都无法继续长大，因为它们既不能继续蜕皮，也不能让翅膀再生。体形很大的昆虫确实存在，比如非洲雨林里的巨大花潜金龟和欧洲的一些锹甲，它们的成虫大是因为幼虫也很大。但由于幼虫基本上无法防御外敌，它们需要躲在绝对安全的环境中。这些大型甲壳虫的幼虫一般生存在腐木的深处，十分难以被发现，而且它们要经历4至8年的时间才能发育完成并蛹化。这个过程太漫长了，还是保持体形娇小比较好。

还有一个原因是这样的。大而活跃的动物就像一辆体形更大、动力更强的小汽车，需要更多燃油来驱动，而且这辆车的燃油还要有更高的燃烧效率。这就意味着动物需要吸入更多的氧气以供呼吸的消耗。在陆生动物中，鸟类有最强的肺部。在鸟类体内，有一条完整的通路，可供氧气进入肺部后再流出。这种机制对连续快速飞行的消耗来说是必需的。而这正是昆虫的主要问题所在——它们没有发挥肺部作用的器官。昆虫通过身体四周的呼吸孔吸入空气，氧气被血液吸收后，再输送到全身各处。这种呼吸模式和人类利用肺泡增大吸氧器官表面积，进而促使氧气被循环系统吸收的呼吸模式根本不可同日而语，更别提帮助我们吸入和呼出气体的膈肌了。古生物学家猜测，石炭纪时期之所以会出现巨型昆虫，是因为当时有一小段时间，空气中的氧气含量达到了30%，远远高于今天的21%。等空气含氧量水平变低后，巨型昆虫便消失了。另外，脑组织的活动需要大量的氧，因此有限的氧气吸收量也进一步制约了小体形昆虫大脑的发育。

综上所述，外骨骼的限制加上氧气吸收量的不足，使昆虫注定只能“小巧玲珑”了。

上述事实给我们带来了一个更大的问题：为什么昆虫会被它们的身体构造所限呢？同样，为什么陆地脊椎动物在最近3亿年的进化历程中，不能再长两只手呢？想象一下，这样你就能在双手双腿都没空的时候挠后背了！看起来所有成员较多的动物门类都被这种刻板印象似的身体构造给卡死了。多亏了最新的遗传学研究，我们才终于明白为什么每类动物都局限于某种特定的身体构造。研究显示了一小团未经分化的细胞，是如何经历一系列严谨的活动，进而演化为一个更大、更高等的动物体的。由一团细胞组成的小球——原胚由受精卵经历几次单纯的细胞分裂后形成，但从原胚时期开始，动物身体的发育指令就会被触发，指导原胚向复杂的方向发育。原胚中的一部分细胞会形成一个中间凹陷的球体，然后球体的“墙壁”持续凹陷，最后造成整个球体拥有上下两个细胞层面。再进一步扩大和拉长，就会清楚地出现头部和尾端。这是一切动物胚胎发育的第一步，蠕虫、甲壳虫和脊椎动物都一样。不同的发育指令不仅在一定程度上形成了物种的多样性，还在高等动物体内形成了细胞和组织的多样性。不过，一旦某种物种的指令开始执行，想要改变它就绝无可能了。

对动物发育的进一步理解

已故生态学家罗伯特·麦克阿瑟曾建议将生物学家分为两类，一类是探寻事物运作原理的工程师，另一类是关注事物是如何发展成今天这个样子的史学家。而有关动物多样性，不论是数十亿只甲壳虫还是几百种细胞，也都可以用这两种分类方法来审视。首先是探讨事物运作的原理。如今，地球上生活着太多的甲壳虫，一只小小的苍蝇体内存在太多复杂的组织结构，每个生物体的体内有太多复杂的反应过程……反之，我们也能提出“史学家”的问题：为什么地球上会产生这么多甲壳虫？创造出这么多种动植物的进化指令是如何出现的？

人类由简单的胚胎发育成婴儿，蝴蝶从蛹中羽化而出，这些都是自然界神奇的变化。两种变形都是由简单结构向复杂结构的大步跨越，而且它们都由类似的基因指令所驱动，尽管不同物种的变形都是独一无二的。这样的发育轨迹也让甲壳虫家族的成员多达数十亿只。可即便它们数量众多，我们也一样应当为它们惊叹。因为从它们身上，我们见到了身边真正的奇迹。

今天，遗传学研究的飞速发展让我们认识到，果蝇、老鼠和人类其实都在使用相似的基因来构建各自的身体。形态演变的谜团正被缓缓揭开，各种各样动物基因的相似性，也不再是神秘力量的产物。而这清楚地表明：从古至今，大自然都在使用一套相同的工具来创造无数生物，让我们共享地球。

为什么大海中没什么昆虫?

地球是太阳系中唯一一个蓝白相间的行星，这是因为我们的星球富含水，地球表面超过四分之三都被水或冰所覆盖。从遥远的外太空看，能看到地表由于大量的水滴升腾形成的白色云朵，以及白云在蓝色星球表面缓缓飘动。我们的家园有许多的水，而且水还是最初生命诞生的地方——生命起源于海洋。到海边走走，好好数数被海水冲上沙滩的都有哪些生物种类吧。你都不用数物种数，算一下有多少个门就好了。门是动物界中一个很高的分类等级，鱼类、螃蟹、海星、水母、海贝，还有无数种长得像蠕虫的动物都隶属于不同的门，动物界的所有门都有代表生活在大海里，但在这么多“代表”的身影中，昆虫去哪儿了呢?

昆虫属于动物界一个非常大的门——节肢动物门。这个门的动物都有成对的腿脚，包括螃蟹、龙虾、马蹄蟹、蜘蛛、蝎子、蜈蚣、马陆，等等，当然还有昆虫。生活在海里的节肢动物不少，包括几种蜘蛛和极少数的昆虫，却不包括马陆和蝎子。水生甲壳虫和蚊子的幼虫大部分时间生活在水里，可它们的生活环境都是淡水。几乎所有昆虫都栖息在陆地或陆地上水生生态系统内，这是为什么呢?

昆虫是陆生动物，即便它们真的从水中进化而来，那也一定是淡水。从现存最古老的昆虫物种来看，它们似乎起源于湖泊和溪流——和大海离得很远。陆地生境的物种丰富度和复杂性让昆虫得以大量繁衍，其数量令其他任何生物都望尘莫及。昆虫不下海的一个简单解释是海浪之下有大量的捕食者正等着它们。

同理，脊椎动物最早也是从溪流和河口，而不是从大海登上陆地的。纵观生命的演化史，哺乳动物从形似的陆地爬行动物进化而来，从那以后，只有一小部分哺乳动物选择生活在水中，比如淡水里的水獭、河狸、河马，海水里的鲸、海豚、海豹和海狮。但这些水生哺乳动物不管能潜入水下多久，都不得不按时浮上水面，呼吸新鲜的空气。它们抛弃了陆地祖先的生活习性，却始终未能习得在水下呼吸的能力。

接下来，让我们离开动物王国，去看看另一类陆地生物。这类生物也拥有数量庞大的家族成员——开花植物，植物学家也称之为被子植物。

另一个大家族——被子植物

被子植物，或者说得通俗点，开花植物，不仅种类繁多，而且大小各异。假如你用个大罐子抓甲壳虫，可能抓了1000只还不能把罐子装满，但开花植物恰恰相反，它们通常都很大。最小的开花植物是浮萍（属浮萍科），长度大概从你现在看到的这个字母“O”的大小，到2—5厘米不等。只有30多个种的浮萍科，处在开花植物体形大小排行榜的最后一名。在这个排行榜的另一端，你能看到高达97米的桉树，树干直径能赶上卡车车宽的猴面包树，还有光叶片就能长到11米长的海椰子树。简单地说，开花植物是地球上曾经生活过的大型生物里多样性最丰富的家族。小至浮萍，大至巨树，开花植物都是陆地生态系统的主要成员。鱼类的体形差别也很大，最大的鲸鲨重达40吨，但鱼类只有大约3万种。哺乳动物家族有地球上体形最大的动物——蓝鲸，身长可达30米，体重远超100吨，但现存的哺乳动物也就区区5500种左右。然而，目前已知的开花植物已超过26万种，每年还有大约1000个新种被发现，照这个速度，超过30万种指日可待。[①]

体形大、种类多，还会通过光合作用自养，考虑一下这三种特征，你就会发现开花植物堪称生物界的最大赢家。被子植物门主要包括禾本科（10550种）、豆科（19500种）、兰科（22500种）和菊科（23600种）。不过需要注意的是，物种数量多并不代表就在生境中常见。兰科植物在大部分植物群落中就相对很难见到，在各类自然景观中也不太显眼。在山地云雾林中，兰科植物常常作为附生植物附着在树干和树枝上生长，可即便如此，它们还是很罕见。然而禾本科的草就不同了，它们动辄成千上万地聚居在一起，常常在各种自然景观中霸占人们的视线。正因如此，地球上包括温带、热带和高山的许多地方才都被叫作“草原”。

借助庞大的数量、多样的体形和复杂的结构，开花植物在如今的大多数生态系统中都占有主导地位。开花植物除了自身结构精巧，还是其他动物的营养来源。除了零星几种外，绝大部分开花植物都是绿色的，能进行光合作用，因此它们都处在食物链的最底端。正是因为有了这些开花植物（当然还有其他种类的绿色植物），太阳能才能被转化为营养，供我们所用。在过去1亿年里，随着开花植物数量的增加，其他生物才开始有能力扩增自己的数量。1998年的一项研究清楚地表明，以开花植物为食的甲壳虫，要比依靠其他食物来源的甲壳虫数量多多了。

针叶树不是开花植物，但它们常常霸占一些气候较冷、季相变化较明显的生境。常见的针叶树有松树、冷杉、红杉、刺柏、罗汉松和南洋杉等。不过，尽管这些针叶树是许多森林的常客，但它们总共也就只有1000余

① 新物种的不断发现让30万这一数字仿佛变成了被子植物物种数的“最终目标”。许多被子植物的新物种都是在“生物多样性热点”地区被发现的，这一点在第四章和第五章中有详细的论述。

种。而且，虽然寒冷的北方和许多高山丛林被针叶树所覆盖，但这类植物真的就只有“树”一种形态，只有这些针叶树的幼苗处于林下层。更厉害的是，针叶树会分泌许多种化学物质来保护自己，这就让针叶树成了绝佳的建筑材料。因为很少有动物会以针叶树为食，所以针叶林的林下层不仅没有什么动物，就连其他的植被物种也十分稀少。与此相反，开花植物把更多的精力放在了生长上，没怎么用心自卫，用成语来形容就是都会“英年早逝”，但它们因此能为其他营养丰富的植被提供能量。除了开花植物和针叶树，物种丰富且更重要的陆地植物还有蕨类。蕨类和蕨类的近亲（如石松和马尾）有将近1.2万种，其中几乎没有能长高的，但大部分在潮湿的雨林林下层都很常见，有些还是雨林林下层附生植物家族里的重要成员。另外，由于蕨类、苔藓以及它们近亲产生的精子需要在水中游动，因此这些植物只能生长在常绿林或季节性雨林中。

综上所述，开花植物既是数量最多、最有营养，同时也是颜色最漂亮的陆地植物。 在本书第四章中我们还会谈到陆地植物和物种数量的话题，而在第七章和第八章中，我们将会讨论开花植物在构建陆地生态系统复杂性中所扮演的角色。

我们已经注意到，陆地上动植物的种类远比海洋中要多，但这个结论可能并不适用于生物王国，尤其是其中体形最小的生命形式——细菌。不管是个体数量、物种数量、生理生化过程的多样性，还是承受极端环境的能力，在地球上，细菌都占据着当之无愧的榜首。在下一章中，我们就来仔细讨论一下生物世界最成功的家族——细菌。

第二章

从细菌、真核细胞到有性生殖：生命的巨大进步

如果要谈论世界上数量庞大的生物，**细菌**是我们绕不开的话题，它们形态最简单，数量却最多。我们熟知的所有生境中都有细菌存在，甚至在南极冰盖之下和地表深处的岩石裂缝中，它们也能生存。细菌的活动能帮助那些长相奇怪、看不见的深海动物在海底火山喷气孔附近生活。细菌也是海洋表面浮游植物的重要成员，能帮助浮游植物转化太阳的能量。在我们的肠道中，有数万亿计的细菌帮我们消化食物，为我们提供必需的维生素，还帮助我们抵御许多疾病（虽然也有许多细菌会置我们于死地）。

近些年，随着DNA筛查技术的发展，微生物学家在海洋和土壤中也发现了大量细菌。早期，培养皿曾是我们发现和鉴别细菌的重要手段，但由于多种细菌无法在实验室的琼脂培养基环境下存活，这些细菌就逃出了人们的视线。利用最新的DNA检测技术，我们已经有条件在不用培养细菌的情况下对其直接鉴别。一项研究称，在仅仅一克泥土中，细菌的数量就可以达到100亿个。

我们说“细菌”而不是泛泛地说“微生物”，其实是很精确的。细菌属于微生物，但微生物还包括除细菌外的许多其他种类的生物。原生生物和真菌也是微生物，但它们有更大的细胞核，和细菌有本质上的不同。除了极少数例外，细菌都小到肉眼不可见，想要看到它们，必须使用显微镜。现在，在进一步讨论细菌之前，让我们先来讲讲另一种更加微小的“生命形态”——病毒。

病毒其实并不完全符合生物的定义。为了解释这个问题，我们可以先回忆一下定义生物的标准。首先，在不断变化的环境中，生物必须有方法能够保持自身形态的完整。细菌有坚硬的细胞壁保护自己，甚至还有多种细菌在严苛的环境下能把自己变成一种更加坚硬的，如同孢子一样的东西。此外，细菌获取能量的能力也同样重要，它们通过消化酶和新陈代谢系统来消化能量，为自己供能。生物的另一个重要标准，是必须有办法复制自己，进行繁殖，这需要一个能够在世代间传递的基因系统。地球生物遗传信息的储存和复制是通过精准结合的DNA双螺旋长链来进行的，将DNA双链解开，每条单链都可以进行复制，并形成两条新的DNA双螺旋链。在繁殖过程中，这两条新的DNA链将进入两个新生的子细胞，成为其遗传信息的载体。

病毒确实具有用于繁殖的DNA链（或RNA链），但它们有两条重要标准不符合生物的定义：它们无法主动获取能量，也无法自行繁殖。那它们是怎么让我们得病的呢？看起来，病毒似乎是**墨菲定律**的坚决实践者，也就是说，可能会出问题的事一定会出问题！病毒就像一小段叛变了的DNA或RNA，只带有最基本的遗传信息，它们能形成一层蛋白质外壳，并学会在宿主体内尽情“畅游”。这些DNA或RNA四处游荡，直到找到适合寄生的细胞，然后将自己附着其上，并将自己的遗传信息转移到宿主细胞当中。一旦进入宿主细胞，病毒就能强行征用宿主细胞的基因复制机制，制造更多的病毒。用墨菲定律来解释，所谓“可能会出问题的事”，就是病毒的DNA或RNA短链得到了适当的保护，让它有了游荡、寄生、感染宿主细胞的能力。病毒是最简单的“寄生虫”，只有在宿主细胞中才能成活，而且每种病毒都只能感染十分有限的几种细胞。对人类来说，病毒是流感、脊髓灰质炎（小儿麻痹症）、一度流行的天花，还有获得性免疫缺陷综合征（艾滋病，由人类免疫缺陷病毒HIV导致）的罪魁祸首。病毒结构简单，甚至能形成结晶体，人们通过X射线衍射就能研究它们的结构。寄生，更加广泛地说，其实是许多生物选择的生存方式，除了病毒，还有多种细菌、原生生物、真菌、一些动物和少数植物。在多数情况下，由于严重依赖宿主存活，寄生生物的体形会变得很小，复杂的身体器官也会逐渐退化。但与病毒不同的是，这些较大的寄生虫通常会大量地自行繁殖。好了，寄生虫就说到这里吧，让我们说回地球上最小的独立生命体——细菌。

微小但成功

细菌最显著的特征是它们的体形都很小，而且细胞内没有细胞器。也有的细菌体形相对较大，例如某些能进行光合作用的细菌，但大多数细菌的细胞都只有动物细胞平均长度的十分之一（细菌的细胞平均1—4微米长，1—2微米宽，一微米等于一百万分之一米，或一千分之一毫米）。由于细菌的细胞在三个维度大多都是相似的，而且它们的大小约为动物细胞的十分之一，所以我们可以用十分之一（长）乘十分之一（宽）乘十分之一（高），得出细菌的细胞只有动物细胞平均体积的一千分之一。这一差异表明，细菌微小的体形既是它们得以广泛存在的原因，也给它们造成了许多障碍。

虽然小，但不同种类的细菌为我们展现了各种截然不同的生理生化过程，比地球上其他所有生物加在一起所展现的生化过程还要多样！很明显，这是因为它们是最早一批活跃在地球上的居民——它们的进化历史长达30多亿年。为了获取营养，多数细菌会分泌消化酶溶解周围的食物，然后再将食物吸收。这种用餐方式虽然说不上高效，但在许多环境中很实用。除了用餐，还有一个重要的特征就是每个细菌都带有DNA，这给了它们修复自身损耗，以及繁殖下一代的能力。对所有生物体来说，获取能量和高效繁殖都是十分重要的。

对古代岩石的研究表明，某些细菌在35亿年前就已经开始在地球上生活。这些古老的细菌从许多化学反应中获取能量。最早，它们选择的手段是分解硫化物，时至今日，这些硫细菌还都生活在我们身边。然而，不断寻找富含能量的正确化合物作为“食物来源”这一需求限制了早期细菌的发展。直到一类细菌进化出一种能从阳光中直接获取能量的体内生化反应，细菌才迎来巨大的进步。将阳光中的能量转化为化合物中的化学能，这个过程被我们称为**光合作用**。地球上最早的光合细菌使用氢硫化物作为氢原子的来源，利用这些氢原子来合成碳水化合物。将光能转化为化学能需要一套极为复杂的反应系统，还需要叶绿素分子和其他多种色素的参与，这些色素的分子结构也都很精妙。学会将太阳光转变为碳水化合物和其他大分子化合物后，光合细菌就变成了其他细菌的美食。

光合作用的出现是生命进化史上的一大进步，但如何寻找合适的硫化物对细菌来说依然是个难题。再后来，另一个里程碑式的进步出现了——有的生物学会了用水作为原料进行光合作用！这项成就归属于**蓝细菌**（旧称蓝绿藻）。蓝细菌的体形比一般细菌要大，它们常常由无数个体相连形成长长的丝状。我们常常能在湖泊和河流中看到深绿色的糊状物或黄绿色的一层水藻，这就是聚集的蓝细菌。除了蓝细菌，光合细菌中还有一类体形较小的原绿球藻，只有不到1微米长。就因为它们太小了，科学家直到1988年才发现它们的存在！原绿球藻进行光合作用的能力对海洋生物来说至关重要，它们长得这么小，很可能是为了躲避滤食性的捕食者。

蓝细菌的成就意义非凡——它们能够分解水分子，并从中获得生成碳水化合物所需的氢原子。这种新型的光合作用利用了水中的氢，同时向空气中释放了游离的氧。**产氧光合作用**可能在27亿年前就已经出现了。事实上，通过利用阳光中的能量将水分子中的氢和二氧化碳相结合，蓝细菌为更广袤的生物圈提供了动力，因为它们制造了可供呼吸的空气！

细菌在生化反应上的另一项成就是**固氮作用**，这也是细菌特有的一种生化反应，在某种意义上还和光合作用有些相似之处。在光合作用中，分解水分子并不容易。氢气和氧气情投意合，若它们相遇，一定免不了一场“干柴烈火”，实例可参见德国兴登堡号飞艇起火坠毁事件。然而一旦氢氧结合，两个氢原子就会被氧原子紧紧抱住，形成一种稳定的结构，想要拆散它们需要花费不小的功夫。固氮的化学过程也会遇到类似的挑战。你可能会问，地球的大气中富含氮，氮气大约占了空气的79%，那么问题出在哪儿呢？

问题就在于，空气中的氮是以氮气分子的形式存在的。在氮气分子中，两个氮原子通过三个共价键紧密结合，变成不易拆散的结构。正因为结构稳定，氮气分子很少参与生物的化学反应，这也更证明了固氮细菌的重要性——它们能将两个氮原子拆开，合成硝酸盐或氨。只有氮以上述化合物的形式存在时，其他生物才能利用它们进行生化反应。氮是核苷酸（DNA和RNA的成分）、氨基酸（蛋白质的成分）、碱基等物质的核心元素，因此所有生物都需要可利用的氮来生长和繁殖。

细菌如何繁殖出更多细菌？

细菌通过分裂繁殖。也就是说，单个细胞分裂为两个，形成两个形似的子细胞。在分裂开始前，细菌必须得到充足的营养，并处于适宜的环境。分裂时，细菌纤细、环状的染色体（是一种承载DNA双螺旋长链和遗传信息的结构，染色体可以帮助DNA正常发挥功用）会进行自我复制。复制出的两条丝状的染色体会附着在细菌细胞内壁的同一点上，从这个点开始，细菌细胞将开始一分为二。有的细菌有两条染色体，但分裂过程是一样的。细菌分裂后，两个子细胞各自都会带有一套完整的染色体，拥有成为细菌所需的全部基因。其实，若条件允许，多数细菌每20—30分钟即可繁殖一代。营养充足时，细菌还能成倍地繁殖，你家里坏掉的食物就是实例。

你注意到了吗，在讨论细菌繁殖时，我们从未提到性，这是因为细菌没有性活动。在细菌繁殖的故事里，没有“男细菌”追求“女细菌”这种桥段，有的只是体内染色体复制，两条新染色体分开，分别进入两个子细胞这个简单的过程。简单地说，细菌并不像许多高等生物一样进行有性生殖。但我们都知道细菌的适应性是很强的，它们经常变异，新的菌株常常会给人类带来新的疾病。如果它们不像高等生物一样进行遗传物质的重新组合，又是如何拥有这么强大的适应能力的呢？

其实，细菌也并非完全“不解风情”，它们也有互相沟通的方式，即接合。在接合的过程中，细菌可以交换一些遗传物质（DNA片段），这是它们最接近性行为的活动了。细菌也能通过质粒或某些病毒作为信使，直接向其他细菌送出一个“DNA包裹”。也就是说，细菌确实拥有交换DNA片段的有效机制，这种机制能让它们获得新的遗传信息、变异和可能性。除了接合，细菌在生长和分裂的过程中也有可能发生自然突变。虽然大多数基因突变都是有害的，但也有少数突变会带来竞争优势，有助于细菌的生存。显然，我们必须得时刻检测细菌性疾病的新动向，因为我们的对手在不断变化。

虽然具有非凡多样的生理生化过程，生命周期短，物种种类多，还会交换部分基因，但细菌所受的限制依然很明显——它们太小了，只能携带一到两条染色体，因此能够拥有的遗传信息总共就这么多，即使从别处得来了遗传物质，也不能无限地使自己的染色体变长。事实上，在内部的遗传物质过多时，它们甚至不得不抛弃一些，总之就是太小了，不可能让基因“文件夹”里的内容一直增加。记住这一点，在一个英文句点里能住下2万个一般大小的细菌。[①]据估计，人类的皮肤上大概有3亿个细菌，而大肠里拥有的细菌则多达70万亿个。

正是由于细菌太小、太多变，所以完全与细菌隔绝是绝对不可能的。有些细菌能够导致疾病或给动物体造成缺陷，所以我们常常能见到养猪或养牛的农户在饲料中添加大量的抗生素。不过长久来看，这种行为是非常愚蠢的。诚然，在饲料中添加抗生素能够帮助动物健康成长，进而让肉价更便宜，但这种做法很可能会带来严重的后果。原因有二：其一，大量抗生素的使用导致我们的生存环境充满了抗菌物质。你猜猜大自然会做何反应？自然选择！这其实就像一场耐药细菌的大筛选，筛选出的耐药菌能耐受的，也正是人类用于自身抗击细菌感染的药物。其二，研究发现，一些

① 如果一个细菌平均1微米宽，3微米长，那么它的“足迹”就会占到3平方微米。印刷体英文句点的平均直径为300—400微米，所以在句末的英文句点内，应该能挤下多达2万个细菌。

低等细菌可能有助于动物抵抗病原微生物的感染。一项对实验室果蝇的研究发现，一种共生于果蝇体内的低等细菌，能够保护果蝇不被一些致命的病原微生物感染！昆虫已经在地球上生活了3亿多年，整个过程中都在与细菌为伴，它们能进化出一些抗击微生物感染的招数也是可以想象的。把研究对象从昆虫推广到其他动物，再到人，研究人员已经发现了一些共生微生物的存在，它们可以帮助我们形成免疫应答，进而促进人体健康。

前面我们已经提到了细菌如何在同类之间灵活交换DNA。有趣的是，事实证明它们还能从关系疏远的其他种类细菌那里获取基因片段，这种现象被称为水平基因转移。这个名称的灵感其实来源于进化树的图形。在进化树上，近代的生物种被放置在新芽和细枝的位置，而近代物种较早的祖先则沿着树枝继续向下，直到树干，到达这些物种进化史上的原始祖先。在进化树的模型中，树干代表着原始的物种，新枝代表着更加现代的物种，因此不相关联的现代生物种之间的基因转移表现为跨细枝的“水平”转移。与之相对的是，高等动物只能从亲代身上获得基因，它们传递基因的方向则是从下至上——我们不会从水平方向上的平辈身上获取基因。

有效的水平基因转移现象在高等生物身上很难见到。培育玫瑰的专家只能使用其他玫瑰花的花粉来给玫瑰授粉。在现代基因工程出现之前，我们无法将牵牛花的基因转移到玫瑰的基因里。动物也一样，动物饲养员只能使用同样的物种让动物交配，所有的羚羊长得都差不多，就因为它们的交配伴侣仅限于同类。不过也正因为水平基因转移鲜少发生在高等生物身上，我们才能比较轻松地分辨出几千种甲壳虫，因为同种长得一样，不同种长得不一样。

但细菌并非如此，当所有细菌都忙着互相馈赠基因时，我们又该如何分辨它们呢？细菌无处不在，历史又长，长得又都差不多，我们该如何对不同细菌进行鉴别、命名呢？甚至，在细菌的世界里，到底能不能区分物种？这些问题，又将我们带回了生物多样性最基本的概念——物种。

细菌真的能区分不同物种吗？

对高等动植物来说，**生物种**的概念是这样的：“一群可以交配并繁衍后代的个体，但与其他生物不能进行基因的交换。”换句话说，一个物种应该与其他与其关系较近的动物或植物之间存在生殖隔离。这种隔离可以由远距离产生，也可以由无法交配或交配后无法生育后代而产生。不论原因为何，其结果都是一致的，即不同物种之间无法进行基因的交换。在理想状况下，物种是动物或植物的集合，它们会完全独立地随时间演化，在进化树上不断靠自己进行发展。来自物种之外的基因无法进入这个物种，无法影响这个物种的个体外貌，也无法改变这个物种的发展道路。从哲学角度来看，生物种的概念完美无缺，也一直适用于大部分动植物。但不幸的是，这一概念放在细菌的世界里似乎就不那么合适了。细菌可以在不同种类之间进行基因的交换，就连人类最常见的大肠杆菌，也有大约25%的基因来自其他物种。

所以很遗憾，我们无法使用大家普遍已经接受的生物种概念来给细菌分类。如果你能广泛地获取基因，那你就拥有了无限的潜力，可以去做新的有趣的事情。但在你获取这些基因后，你就可能突然与自己的祖先完全分道扬镳了。细菌似乎没有进化树，没有亲缘关系，它们有的，仿佛只是穿越时间的能力，它们的进化模型也更像一张连接紧密的网。不过，细菌很重要，它们是生物世界一个重要的家族，如果我们想要了解它们，就必须找到有效的办法来对它们进行分类。

细菌能引发人类疾病这一事实的发现，也促使医学界不得不寻找方法对细菌进行鉴别和分类。在医疗环境下，能否正确鉴定细菌很可能事关生死。有些细菌仅凭形状和颜色就很好区分，比如螺旋状的螺旋体、小球状的球菌，或者细丝状的蓝细菌。但绝大部分细菌其实都是小杆状的，在外观上几乎没有什么不同。在鉴别细菌时，一项重要的测试就是细菌对特定染色剂的反应。通过观察细菌细胞壁的染色情况，我们能轻易鉴别出革兰阳性菌和革兰阴性菌。另外，一些生化实验和营养实验也是鉴别细菌的常用方法。将未知细菌培养在装有不同培养基的培养皿中，你就能判断出它的类别。这些手段可能无法让你画出清晰的进化树模型，但已经足够对细菌进行鉴别分类了。如今，通过实验积累所得的DNA数据，我们还能探寻基因的来源，研究基因中那些不易变化的特征。这些研究也许还不足以让我们给不同物种的细菌下一个清晰的定义，但人类终会为它们找到更合适的分类方法。更重要的是，这样的研究还为我们带来了一个重大的惊喜——所谓的细菌家族，其实包括了两个截然不同的分支！

细菌研究的一个巨大进展，来自美国微生物学家卡尔·乌斯及其在伊利诺伊大学的同事，他们发现，所有的细菌其实都可以分为截然不同的两类。起初，科学家将它们分别称为真细菌和古细菌。后续研究证明了这种分类的正确性，并将它们改了名字——一组就叫细菌，另一组叫古生菌。某些细胞合成物和生化反应清楚地表明，细菌和古生菌的发展方向并不相同。第一，细菌和古生菌的细胞壁结构不同。第二，它们的RNA转录过程也有明显区别。更绝的是，许多古生菌都生活在极端环境里，从热气腾腾的温泉到南极冰盖下，从富含硫化物的火山口到高盐度的深海海床，都能找到它们的身影。也许正是适应高温的特征让科学家推测，这些微生物或许是地球远古历史的古老幸存者，它们或许还经历过大海犹如沸水般滚烫的年代。不管它们起源如何，人们对古生菌的研究越深入，就越会发现它们的独特之处。古生菌中没有人类致病菌，但它们大都是嗜极生物。如今，古生菌已经被人们划定为一个主要的生物分类类别——域，或称总界。所有的生命被分为三个域，即细菌域、古生菌域和真核生物域。

古生菌真的很古老吗？

对生物三域了解得越深入，人类就会在三个生物域之间发现越多奇妙的共通点。从遗传物质的角度来看，真核细胞（有成形细胞核的细胞）和细菌有很多相似之处。20世纪末的一大科学突破就是将人类基因导入细菌，并让细菌生产人体所需的酶。如今，我们为糖尿病患者量产胰岛素，用的就是这种方法。在这项技术出现之前，没人敢去想象这幅画面，毕竟人类的历史和细菌的进化史差了起码20亿年。显然，大自然的发展一直遵循"少找麻烦"的原则，生物体内的某些生化机制在几十亿年里从未改变，而细菌能生产人类胰岛素就是这个原则的明证。同时，这些生化机制，也是从细菌时代以来生物进化始终保持连续性的有力证据。然而，在RNA的转录等其他特征上，真核生物反而和古生菌要更像。这似乎表明在真核生物起源之初，细菌和古生菌都起到了一定的作用。

让我们先暂停一下，回想一下我们给这些生物的名字。真核生物都有细胞核，它们的名字就意味着"真正的细胞核"。原核生物没有细胞核，它们的名字意味着"细胞核出现之前"。原核生物包括所有细菌和古生菌，除了没有细胞核，它们也没有胞内细胞器。"原核"这个词本身，就意味着这类生物的出现要比更加复杂的真核生物早，化石证据也证实了这一点（这部分内容将在第八章中详细说明）。一般来说，细菌细胞都比真核细胞要小，也更简单，虽然细菌种类繁多，也拥有多种复杂的生化过程，还占领了地球的每一个角落，但一个细菌细胞能做的十分有限。

关于早期生命形式的化石证据很少，而且微小的真核生物也很难和细菌类生物区别开来。真核生物似乎是在大约15亿年前出现的，比细菌整整晚了20亿年。但不管具体是什么时候出现的，真核生物演化出的丰富多样性都使它们成了后来地球的主宰。可如今另外两大类原核生物过着怎样的生活呢？有些菌类幸存于水温接近沸点水域，而这些菌类几乎都是古生菌。虽然另外也有一些细菌能在大约82摄氏度的热水里存活，但能和古生菌一样在沸水里泡澡的细菌很少。要知道，温度是分子活动性的一个影响因素，温度越高，分子活动性就越强，因此复杂的有机分子在沸水中会被分解，钢铁会在几千摄氏度时熔化。要知道，在沸水中幸存并不容易。不过，有些科学家仍然认为，生命最早可能就起源于这类艰苦的环境，而古生菌就是最古老生命形式延续至今的后代。

然而，牛津大学的托马斯·卡弗利尔－史密斯教授却认为并非如此。他的观点与早期学术界公认的看法形成了鲜明对比，在其看来，古生菌其实是从细菌演化来的，是更加现代的生命形式。考虑到古生菌拥有RNA转录规则等一些现代真核生物的特征，他的推测似乎是合乎逻辑的。更能说明问题的是，古生菌生活的高温环境没有其他生物可以承受。这不禁让人疑惑，最早的生命真的能在这样恶劣的环境里进化吗？正如北极熊和企鹅是最近经过进化，才能忍受现代地球最严酷的极地环境一样，古生菌似乎也是生命史上较晚才经由进化而来的物种。虽然名字带个“古”字，但古生菌可能并没有那么古老。而且，卡弗利尔－史密斯教授还给我们带来了一个更加本质的问题：为什么细菌如此“安于现状”？

那么，为什么细菌经过30亿年的生命历程，依然这么小呢？当然，它们在生化过程多样性的发展上是极其成功的，也占领了地球的每一片生境，可是为什么它们不能像动植物那样成为细胞的集群，甚至连原生生物都不如呢？事实上，细菌有一种感知周围同类存在的能力，叫作群体感应，通过群体感应，它们也能够形成较大的集群。此外，比一般细菌体形大的蓝细菌还可以手拉手连成丝状，但这些都和动植物没法比。动植物是由多种真核细胞组成的高效联盟。那么，到底是什么，让细菌始终以一个细胞的状态“保持单身”的呢？

卡弗利尔－史密斯教授称，让细菌保持这种状态的最重要原因很可能是它们有一层难以突破的屏障——细胞壁。细胞壁的存在，保护着细菌的细胞不受外界环境中有毒物质和高浓度化学物质的伤害，同时也防止了胞内物质的外泄。为了履行职责，细胞壁必须能感知外部环境，并通知细胞危险的来临，同时，细胞壁也必须允许消化酶和细胞废物通过与营养的吸收。除此之外，细胞壁还得学会在细胞分裂时将自己一分为二，当受到外部环境压迫时自我修复。在各种不利于生存的环境压力下，细菌的细胞壁有助于细菌始终保持敏感和活力。因此，在这层坚固壁垒的有效防护之下，任何改变大概都是行不通的。卡弗利尔－史密斯教授就此总结道，这就是细菌始终没有什么改变的原因——它们的外层保护壁垒不允许它们互联或者扩张。

卡弗利尔－史密斯教授这一观点的重要性在于，它能帮我们理解30多亿年来细菌无法像真核细胞一样组成更大、更复杂的生物体的真正原因。外界环境常常不适宜生存，细菌又无法突破细胞壁这层天然堡垒，所以它们今天的形态和生命活动，和很久很久以前也并没有很大的差别。

细菌的成功与进化的停滞提醒我们，生物多样性的发展有两种主要的办法。第一种是细菌的办法，即先进化到一定的复杂程度，然后“横向”发展，产生多种变种，就此占领越来越多的生态位。第二种办法，也是我们故事的一个重要主题，即不断增加自己的复杂性和多样性，并在此基础上产生新物种。而地球生物多样性增加的过程，其实都是以一种更大、更复杂的细胞为平台来进行的。

一项巨大的进步：真核细胞

细胞壁结构的改变翻开了生命历史全新的一页。新型的细胞壁能让早期的真核生物像原生生物一样吞噬猎物。吞咽食物要比分泌消化酶再吸食溶化的食物效率高多了。除了捕猎更方便，更灵活、全能的细胞壁还为细胞功能带来了许多新的可能性，其中意义最为重大的就要数和某些产能细菌的共生了。真核细胞可以吞掉产能细菌，使其成为自己的一部分，即线**粒体**。拥有线粒体的真核细胞就拥有了能量，这些能量给了它们进一步提升复杂性的能力。线粒体的大小和一个细菌类似，且拥有和细菌细胞膜系统相似的内膜系统，因此早期生物学家推测线粒体很可能就是曾经游离的独立细菌。这一观点于20世纪60年代末由美国生物学家林恩·马古利斯首先提出，她将这种现象称为**内共生**。马古利斯称，更大的真核细胞的共生伙伴——细菌，最终变成了真核细胞不可或缺的一类细胞器。“共生”二字也表明这一现象对两个共生伙伴都是有利的，虽然细菌看起来似乎被真核细胞“奴役”了。不过，奴役也好，共生也好，拥有线粒体已经成了真核细胞的一个重要特征。现代生物学家发现线粒体内部带有自己的遗传物质，这有力地证明了线粒体曾是独立的生命，因此也成了内共生学说的佐证。拥有线粒体的真核细胞就能进行更高效的新陈代谢，这是复杂生命形式进化之初的一个重要动力。

更加灵活的细胞外壁结构是细胞发展的开端，而拥有线粒体供能则让细胞大为受益，并取得了一系列新的进步。想想细菌简单的染色体。当细菌获取一段新的遗传物质时，它就必须抛弃一段旧的，因为它的细胞无法负载过多的负担。但更大、供能更强的真核细胞不必为此担心，因为它们能制造、维持和复制更大的“遗传数据库”！真核细胞不像细菌只能携带一条染色体，而能携带很多条，并能将所有染色体安全放置在细胞核内，与细胞质中发生的各类激烈的生化反应隔开。细胞生化反应包括按需制造和销毁蛋白质、再造和修复细胞成分（比如调控各种反应的酶）、消化食物粒子，以及准备细胞分裂。和细菌不同，真核细胞内含有许多马达蛋白，可以帮助运输各类物质。这一切都需要大量能量作为基础（由需氧的线粒体提供），同时还需要更大的基因组（**基因组**是一个生物体内的全部遗传信息，最简单的细菌或最高等的动物都一样）提供遗传信息。

英国生物化学家尼克·莱恩指出，在生化反应中，能量的供给过程主要来自质子和电子穿过生物膜的驱动，这表明生物膜越多，生物所能产生的能量就越多。细菌的细胞膜紧紧贴附在细胞壁上，因此细菌产生的能量是十分有限的。而且，由于细胞变大时，体积的增加快于表面积的增加，所以从比例上来看，更大的细菌反而只有更少的膜系统用来供能，根本无法满足增加的体积所需的能量。与之相对的是，真核细胞拥有很多线粒体，线粒体内有大量折叠的膜结构，其产生的能量足以供应更加高级、复杂的细胞所需。莱恩将早期真核细胞与线粒体的结合称为一项“至关重要的革新”，而没有这项“革新”，我们人类根本就不可能出现。正在读这本书的你，以及街角的橡树，无不由这样的真核细胞组成，而且不论是你还是橡树，从根本上说都是由这样的一粒细胞——受精卵——发育而来的。

细菌等级的生命形式变为更高等真核细胞的一部分，即内共生，其实在不同物种身上曾发生过好几次。林恩·马古利斯不仅相信真核细胞曾将螺旋体（一种螺旋状且行动飞快的细菌）收入囊中，螺旋体给了真核细胞在分裂时使染色体分开的能力，还认为它们是精子等一些细胞尾部的来源。上述观点还未被证实。不过，历史上还发生过一次内共生事件，却得到了所有人的承认。

这次内共生是能进行光合作用的蓝细菌与真核细胞的结合。这次结合使各类真核藻类得以崛起。蓝细菌与真核细胞共生后产生的细胞器叫作**叶绿体**，它使植物变绿并能进行光合作用。这项进步将进行光合作用的能力从蓝细菌扩展到更大更复杂的藻类，并最终扩散到陆地植物。叶绿体的出现让更多生物抓住了阳光的能量，并将地球生物多样性往前推进了一大步。除此之外，红藻、褐藻和其他一些植物也是各类内共生现象的受益者。和动物细胞只有柔软的细胞膜不同，植物细胞受困于坚硬的纤维素细胞壁，很难形成各种多样的外部形态。然而，不论动物还是植物，更加高等的真核细胞也有自己的问题——要如何分裂和繁殖。

真核细胞如何增殖?

在进入真核生物的世界之前，我们必须先了解真核细胞另一个重要的问题——繁殖。真核细胞分裂和增殖的过程，我们称为**有丝分裂**。有丝分裂的第一个信号是细胞核膜破碎，细胞核消失，同时染色体逐渐浓缩，变得可见。在细胞没有分裂时，染色体在显微镜下是不可见的，即使染色也观察不到。但只要有丝分裂一开始，染色体就会变粗、变短，在显微镜下好像黑色的小香肠（需将细胞杀死并染色后进行观察）。随后，染色体会朝着细胞中心移动，并整齐地排列在细胞中间一个叫作赤道板的平面上，细胞最终也将从这个平面分裂为两个细胞。经过这一阶段，所有染色体都已排列在细胞的中间位置，就像被一个盘子托住了一样。这么排列的目的是为了方便染色体在各自分裂为两条染色单体后，让两条单体分别移向两个相反的方向。在这个过程中，细胞中似乎还产生了类似于线的结构，这些线仿佛星芒，从细胞的上下两极处放射出来，将每个染色体分裂出的两条姐妹染色单体拉向相反的方向。最后，整个细胞在赤道板平面上缢裂，两个新细胞就形成了，而每个子细胞的染色体数都和母细胞是一致的。

在有丝分裂开始前，细胞需要做一些准备。在正常活动的同时，细胞也在复制自己的遗传物质，每条DNA双链分子都会复制为两条。因此，当分裂开始时，每条染色体均已有了两条完全相同的染色单体。让我们再回顾一下有丝分裂的过程：首先，核膜破碎，游离的染色体向细胞中心移动，并排列在一个平面上。紧接着，每个染色体的两条姐妹染色单体分开，各自向细胞两极运动，同时，线粒体等细胞器也会增殖、分裂，以保证每个子细胞都拥有完备的功能系统。总之，有丝分裂让一个细胞变成了两个完全一样的新细胞。人体内有上万亿个细胞，细胞分裂对我们的成长和健康至关重要。人每天都在皮肤、血管、肠壁等组织处不断损失原有细胞，细胞分裂保证了我们在衰老的同时还能一直保持身体机能的活跃。不过，有丝分裂只是生命游戏的一个环节，真核细胞的游戏还有另一个重要环节，我们称之为性。

减数分裂和有性生殖有什么优势?

减数分裂是有性生殖的第一步，这是真核生物制造生殖细胞（配子）的一种细胞分裂过程。虽然将正在减数分裂的细胞杀死并染色后进行观察，我们能看到许多与有丝分裂相似的画面，但减数分裂和有丝分裂有显著不同，这种不同主要有两点：第一，减数分裂主要有两个阶段，相当于细胞分裂两次；第二，在减数第一次分裂时，染色体的排列和运动方式也和有丝分裂不同。当细胞进行减数分裂时，同源染色体会先配对，也叫联会，然后再排列到赤道板上。大多数生物会从母方获取一组染色体，从父方获取另一组，因此其体细胞中会含有两组染色体（以**二倍体生物**为例）。人体细胞中有46条染色体，其中23条来自母亲，23条来自父亲。这23条染色体互不相同，在减数分裂时，每条都会优先和自己的同源伙伴配对。也就是说，在减数分裂时，人的46条染色体不会一起挤在赤道板上，而是会分为23对，然后每对同源染色体两两分开，走向不同的两极。因此，减数第一次分裂结束后的两个子细胞内只有正常细胞一半的染色体。以人类的配子为例，即23条，变为了单倍性的配子。减数第二次分裂就是一次有丝分裂，将第一次分裂的两个子细胞变为四个，每个细胞中含有正常细胞一半的染色体。在动物体内，雄性动物一次减数分裂能产生四个精子，雌性动物则只能产生一个较大的卵细胞和三个较小的细胞，三个细胞最终会被抛弃——这听起来有点残忍，但这是必要的，较大的那个卵细胞需要为新生命的发端贮存更多营养，而较小的精子只需要给鞭毛供应点能量就足够了，它的任务只有游向卵细胞，为二倍体新生命的诞生捐出自己的那组染色体而已。

减数分裂使拥有两组染色体的普通细胞（二倍性），变为了只有一组染色体的生殖细胞（单倍性）。除非两类生殖细胞相遇，形成新的二倍体生物，不然对大部分生物来说，减数分裂产生的生殖细胞就完全没用了。从结果来看，在较大的真核生物体内，大多数细胞都是二倍性的，即细胞核内拥有两组染色体，而精子和未受精的卵细胞则代表了大多数真核生物生命过程中单倍性的时代。当然，例外也是有的（例外很多也是生物学的一大特色）：多种藻类、苔藓和地钱几乎一生都是单倍体生物。关于动植物的染色体倍性，我们将在下一章中详细讨论。

为什么说有性生殖是一种进步？

为什么要制造生殖细胞？除非遇上另一个单倍性的同伴，不然单倍性的生殖细胞明明毫无用处。这个难题困扰了生物学界几个世纪之久。为什么生物要花费时间和能量去制造生殖细胞呢？它们明明可以只进行简单的细胞分裂，然后复制自己。为什么阿拉斯加棕熊妈妈要生儿育女，教孩子生活、捕猎，而熊爸爸只要保卫一下领地就够了？植物世界也是如此，椰枣树也分两性，雌性枣树负责产生我们都很喜欢的果实，而雄性枣树只要负责开花和制造花粉就够了。可既然如此，为什么在生物世界中，有性生殖会这么普遍呢？

生物体是一个复杂的系统，是无数物理过程和生化反应的产物，每一个过程都经历了漫长的演化，而且所有过程都不能用简单的物理公式来衡量。有性生殖的两个主要好处都可以利用减数分裂的过程来解释。还记得减数分裂时，同源染色体排列在赤道板上之前要先进行联会吗？同源染色体的精准联会保证了两个子细胞在分裂后能各自拥有一组完整的染色体。另外，联会还给了染色体自我修复的机会，这一切都是有丝分裂做不到的。

精准联会的第二个好处在于，这个过程可以激活染色体交换，即联会的同源染色体之间有可能发生部分交换。这是在染色体上产生新基因组合的绝佳时机。想象一下，有一条染色体，在q点上有一个不利性状的基因，在它的同源染色体的t点上有另一个不利性状的基因，经过交换，就有可能会出现一条染色体，其q点和t点上都不含不利基因。当然，这种交换也可能导致其同源染色体同时带有两个不利基因。这就看你运气了嘛！不过好消息是，通过交换，我们得到了新的基因组合和一条可能的完全不含不利基因的染色体。减数分裂能够修复染色体并取得新的基因组合，而它的优点还远不只是这些呢！

有性生殖，即精子和卵细胞相遇的过程，让两个单独个体的配子合二为一了，而这两个个体本身很可能十分不同。亲代的每个生殖细胞（配子）都带有一组亲代的基因。你可以想象一下，你的祖父母和外祖父母四人的基因经由你父母的精子和卵细胞遗传给了你，理论上，你的父母可以生出200万个孩子，每个孩子都带有祖父母、外祖父母四人基因的不同组合。所以一个家庭生出好几个差异巨大的孩子也是很正常的！

接下来，让我们把目光放长远，看看有性生殖对整个物种的影响。有性生殖就像重新洗牌，能在每一代都将一个物种的遗传基因重新组合。一个个体数量众多的种群，通过有性生殖，就能不断产生拥有新基因型的个体。这个过程有几个重要意义。基因多样性越丰富，一个物种就越能更好地适应生境，不论它们的生存环境是干燥还是潮湿，温暖或是寒冷。基因的不断重新组合还让一个物种能更好地适应气候变化。最后，也许只有基因多样性丰富、不断产生变异的物种，才能抵御寄生虫和病原体的不断侵袭。寄生虫和病原体不像狮子和老虎那样能瞬间结束你的性命，它们更小、变异更快，会给动植物带来毁灭性的打击。进行有性生殖的物种，比采取其他生殖方式的物种更可能在新型病原体侵袭后幸存，有性生殖和基因重组也许正是生物物种在气候不断变化、病原体不断出现的环境中生存的不二法门。

从根本上来讲，有性生殖主要为种群和物种服务，而非为个体服务。减数分裂和有性生殖所带来的基因重组为物种带来了无数种变异可能性，其中不利于适应环境的变异和突变会被淘汰（你也可以说这是为了大局而牺牲）。有些通常进行无性生殖的物种，偶尔也会选择有性生殖，借此寻求基因重组带来的好处。曾有科学家做过实验，无性生殖的秀丽隐杆线虫在感染寄生虫后，在不到二十代的繁殖时间里就全部死亡了。也许这就是为什么从变形虫、红杉树，到鱼类、家禽，几乎所有真核生物都进行有性生殖的原因。在这个善变和冷漠的世界里，有性生殖看起来就是幸存的必备条件。

有性生殖还有许多好处，其中一个很重要的好处就是让我们成为二倍体，也就是说，让我们拥有两组基因！由于我们是二倍体生物，也许在第十三号染色体上有一个基因是不正常的，但只要你另一组染色体上相同位置的基因是正常的，就不会有任何问题。你的好基因能完全发挥作用，掩护它不正常的同源伙伴。这还有其他好处。基因成对存在，同一对的两个基因之间只有极小的差异，我们将这些基因称为互为等位基因。等位基因中的一个可能对适应今天的环境有利，而另一个可能更加适合炎热的环境。每个二倍体生物都拥有两套基因组，一套来自父亲，一套来自母亲。对个体数量众多的种群来说，每个个体的体内都储存着一个巨大而多样的基因档案库，时刻在为未来可能出现的环境变化“待命”。虽然比其他生殖方式更麻烦，但因为有性生殖能提供更为丰富的遗传可能，所以在高等生物中，这种生殖方式普遍存在。虽然对某些天生携带不良基因的人来说，有性生殖可能是灾难性的，但其对整个物种在进化过程中的生存又是至关重要的，这一点已经经过了时间的检验。

细胞相互配合组成更大的生物体

真核细胞及其内部各种保证细胞活性的生化反应的出现，无疑是生命历史上的一大进步。但在一些物种中，这种细胞内部的合作出现了十分不寻常的现象——多个细胞彼此协作与配合，共同组成了更大的多细胞生物体。那么问题来了，完整、独立、致力于自我繁殖的细胞，是怎么放弃独立生存的意志，携手组成多细胞生物的呢？在此过程中，这些细胞首先要进化出相互连接的机制，然后，它们还得找到相互通信的手段，以保证彼此之间能进行交流，并让每个细胞都为多细胞生物体的利益尽职尽责。而这样的配合，需要细胞遵守一系列前所未有且限制性极强的规则。

所有细胞的根本目标都是通过分裂繁殖更多后代，但若要组成多细胞生物体，细胞所遵循的这一指令就必须被大幅修改。此时，细胞必须从邻近的其他细胞处接收指令。**癌症的悲剧**就开始于一些细胞突破了指令的限制，开始利用邻近组织进行扩增，最终对整个机体的健康状况构成威胁。癌症提醒我们，细胞间的受控配合，对一个复杂生物体的有序工作有多么重要。

科学家最近对一类最简单的动物——海绵进行了基因测序。海绵是一种形态上不对称的滤食性食物。虽然它们的结构非常简单，但其基因组中包含所有多细胞生物共有的一些基因，其中甚至包括某些人类癌症的致病基因！这些基因控制着多细胞生物的形成，给细胞下达行为指令，还告诉它们何时分裂。海绵也是多细胞生物，所以它们和我们一样，也依赖这些基因生存。多细胞生物的出现是地球生命形态的又一次巨大跨越，而且动物、植物甚至真菌都各自独立进化出了多细胞的形态，生物的多样性因此变得更加丰富。然而，多细胞生物也不是一夜间出现的。化石记录显示，大型多细胞生物直到5.6亿年前才出现，比太阳系的形成整整晚了40亿年！

在本章中，我们集中讨论了自然界数量最多的生物——细菌。借助细菌，内共生现象让更大的细胞有了产能的能力。利用大气中游离的氧，线粒体实现了为真核细胞的高效供能。由于有了细胞核的保护，真核细胞的基因组也与代谢紊乱的细胞质产生了隔离。随后，减数分裂与有性生殖让真核生物有了重组基因的能力，可以应对不断变化的环境和变异迅速的病原体与寄生虫。得益于这些进化优势，真核生物便有了面对未来，产生更多新的、革命性的有利变异的基础和平台。

不过，虽然细菌可能是地球上数量最多，甚至影响最大的生物，但更复杂的进化是在更先进的真核生物中出现的。只有真核生物进化出了多细胞的个体，而且还在不同类型的真核生物中进化出了不止一次。2011年的一项数学分析估测，地球海洋和陆地上共有约800万种真核生物。在我看来，300万—500万种或许更加靠谱，但不管具体数字为何，真核生物的种类确实很多。为什么会这样呢？接下来一章，就让我们来正面分析一下为什么物种的数量是在不断增加的。

第三章

推动新物种形成的原因

1859年，查尔斯·达尔文的《物种起源》出版，很快引起轰动。《物种起源》针对自然界常见的一些演化现象提出了一个科学的假说。不论是鲜艳的花朵吸引传粉昆虫，还是身手矫健的羚羊躲避掠食动物，达尔文提出的自然选择学说都可以做出解释，这个理论也成了当时流行的神创论的劲敌。

而早在1802年，神学家威廉·巴莱出版了《自然神学》。他在书中宣称，如果我们在荒原中找到了一块表，由于钟表精细的内部结构，我们很轻易就能知道这是由某位钟表匠设计出来的。同理，在巴莱对自然界广泛地考察之后，他认为我们周围显然充满了上帝的设计。巴莱的这本书红极一时，多次再版，影响深远。如今，这一理论被人们称为**智能设计**。

然而，就算我们都同意世间万物都是由一个智慧而具有先见之明的造物主创造的，却还有一个根本问题存在：这个世界到底是怎么产生的呢？是上帝用他万能的魔法将世界上的种种奇迹从虚无中变出来的吗？还是说上帝只是点燃了宇宙（创造了大爆炸），制定了自然界的基本规律，然后任由时间来创造我们的世界？今天，智能设计学说的拥护者也在思考着同样的问题。许多新物种究竟只是单纯地从虚无中被某种神圣力量创造的，还是其祖先通过**自然规律**演变来的？达尔文的《物种起源》主要回应的就是这些问题。在书中，他大胆地提出假设，称生物的演变都是相同的自然规律运作的结果，而生物演化的现象可以被科学地探究。

这么说吧，如果是上帝使用魔法创造了我们的世界，那么我们几乎不太可能了解这个世界——因为人类并不擅长魔法。但如果世界是依照自然规律缓慢发展的，那么我们就可以像侦探断案一样，寻找人类起源的证据。达尔文将生物的演化问题从神圣的神学谜团变成了务实的科学研究，他将种内变异和选择性生存的理论相结合，然后想象这样的变化在长久的地质年代中持续地进行。事实上，地球的悠久历史正是达尔文假说的前提，他认定自然选择导致的进化是缓慢的，需要历经千余代的积累。这些观点为审视生命演化的历史提供了新的思路。

不过遗憾的是，达尔文的《物种起源》其实有个悬而未决的问题，那就是他并没怎么谈到“物种起源”。他在书里用极大篇幅介绍了自然选择学说、种群内的变异，还介绍了怎么养出漂亮的鸽子等内容，但关于一个种群最终是怎么分化为两个独立物种的，却只有寥寥几段话而已。即便发展到今天，物种形成也是生物学界颇有争议的一大问题。但我们很明确，这种现象是一定在发生的，不然那38万种甲壳虫都是从哪儿来的?

让我们先把讨论限定在新物种在短期内是如何从旧物种中分化出来的这个问题上。从一些完备的化石记录上，我们足以看出某些物种在几千代的时间里是如何演化的。一些物种在早期和后期可能外貌差异巨大，因此到了后期，这个物种中的一部分就可能被赋予不同的种名。这样的物种被称为渐变种。但由于研究跨越的时间段越长，化石记录就越不完善，而且来自研究种群外部其他近亲物种的个体也有可能随时混入研究种群，我们目前不会讨论进化时间尺度（万年、百万年）上的物种形成。相反，让我们把目光集中于更近的时代，讨论一下生态时间尺度（少于1万年）上新物种的产生。但首先，我们需要明确一下“物种”的定义。

到底该如何定义物种?

之前我们已经提到过物种的定义了，但让我们再仔细讨论一下。按照恩斯特·迈尔提出的经典定义，物种应该被视为“一群能够或有潜力进行交配并繁衍后代的个体，但与其他生物种存在生殖隔离”。这个定义明确表明，每个物种都有自己的进化轨迹，不同物种之间即便亲缘关系接近也不能互相交换遗传信息，而交配繁殖和遗传信息的交换只能发生在同一个物种内部。从理论上来看，这个定义并没有什么问题，每个物种都是彼此独立的，在进化的道路上共同前进着。

然而，迈尔的定义在实际操作中还是会遇到一些麻烦。首先，我们如何确定被我们定义为不同物种的个体之间没有过基因的交流？我们无法看见，也无法监测大多数野外种群之间的基因流。而且，“有潜力”这个形容词也给植物学家带来了很大困扰。许多植物在温室栽培时能够交配繁殖，但在野外条件下就不能，那它们能不能算作同一物种？目前，植物学家更倾向于以野外条件下植物的表现为准。动物学家似乎更加重视“有潜力”这个词，因为许多时候就算没有真正发生基因交流，与某物种十分相似的种群，也常常会被人归为该物种的一个亚种（同种生物及其亚种之间是可以交配并繁殖可育后代的）。如今，随着DNA比对技术的发展，鸟类学家发现，许多“亚种”其实都是基因独立的新物种。2007年一项对东南亚两个鸟类属的研究，将两个属内原本的10个种和多个亚种，扩充成了61个单独的种。这还不算完。著名的加拉帕戈斯地雀，也叫“达尔文地雀”，现在看来似乎更像是一系列杂交种，而不是多个拥有不同生活习性的地雀独立物种。经过多年的仔细观察和几轮厄尔尼诺现象的洗礼，人们越发感觉加拉帕戈斯地雀的生活图景很可能比原本想象的要复杂得多。

这种困境在哺乳动物的研究上也十分常见。1982年，美国古生物学家伊恩·塔特索尔在马达加斯加研究狐猴时，鉴别出了36个种。到了2013年，狐猴的种数已经达到了101种。这其中有多少是基于新的发现和分析，又有多少是由于分类标准的革新而增加的呢？很明显，物种的精确定义到现在仍是一个问题。

关于物种的定义，还有一个根本性的问题在于，我们对野外动植物种群之间以及种群内部基因的流动情况知之甚少。不过，随着基因分析技术的进步，这似乎也不再是无法攻克的难关了。1998年，伊利诺伊大学芝加哥分校的玛丽·阿什利和学生们做了一个实验，收到了令人惊喜的结果。他们对伊利诺伊州内种植的大果栎树的果实进行了亲子鉴定（没错，利用DNA数据分析技术，人们甚至可以对一颗橡果进行亲子鉴定）。在伊利诺伊州，常常能见到在一片草原中独立生存的大果栎种群，周围的草原使其与其他栎树种群产生了隔离。经过仔细的基因分析，玛丽团队发现，居然有相当一部分果实的“爸爸”不在它们自己的种群里，而是来自遥远的其他种群！这样的结果令人意外，大家都以为所有的橡果肯定都会源于同一个隔离种群内大果栎的花粉。这样看来，远距离情况下风媒传粉的效率要比人们预计的高得多，而且，远距离下种群间基因交流的情况也要复杂得多。

研究动物种群时，对基因流的记录也很难。我们常常在乡间公路上看到被汽车撞死的野生动物，尤其是在繁殖季节，动物们的活动范围更广，被撞死的频率也更高。这段时间，除了动物，基因也在到处“旅行”，人们根本无法准确监测。再者，我们也还没弄明白住在北方的种群和住在南方的同物种种群之间到底交换过多少基因。那么，我们到底是怎么分辨出38万种甲壳虫的呢?

物种的鉴定

传统上，物种鉴定采用的是一种颇为实用的方法：它们的外表有区别吗？行为有不同吗？它们生活在不同的栖息地吗？动植物物种鉴定最基础的依据就是它们和近亲物种的区别。即便是生活在同一片栖息地中的个体，我们也可以看它们能否通过外部形态或行为特征来进行区分，如果可以，那就属于不同物种。因此，不同物种的个体在性状上的区别能够帮助我们对物种进行区分。[①]从根本上来讲，我们认为**不同物种**在形态或行为上有区别是因为它们之间没有遗传信息的交换。持续的基因交流应该导致不同个体之间的性状区别越来越不明显，这样的个体虽有区别，但不应被认定为不同物种。如果两个个体之间有一系列性状上的区别，且这些性状区别没

① 举例来说，一项关于巴西鱼类的研究表明，无论在大西洋西岸还是在亚马孙雨林中，当地渔民对鱼类的分类都和生物学家对鱼类的分类方式很接近。

有处于中间状态的个体作为基因交流的“桥梁”，那我们就可以认定这两个个体属于不同的物种。

我们人类自身就是很好的例子。每个族群的人都各有差别。不论是通过肉眼观察还是DNA检测，都能发现生活在不同大洲上的人类的不同特点。虽然有些地区的人可能存在极其独有的特征，但我们总能在这些地区的边界地带发现他们与其他人类种群杂交过的、处于性状“中间状态”的个体，而且，所有人类个体之间都能够进行交配。因此，从分类学上来看，智人虽然形态多样，但都属于同一物种。曾有许多人类学家称“人类”一词只是一个社会学的概念，但DNA证据还是驳倒了他们。

人类还有一个显著的特点，即我们可以很轻易地将人类和与我们亲缘关系最近的两类大猩猩区别开来。人类的变异非常重要，这些变异反映了不同人类种群在一代代发展过程中对栖息地环境的适应。人类的不同种族之间差异很小，但这些差异也能清楚地表明几千年来人类一直在或近或远地进行着基因交流。然而，我们却找不到人类和猩猩的“中间状态”，不论是形态特征还是智力水平，人类和猩猩之间的差异都是巨大的。古生物学家估计，这个差异的背后是超过500万年的生殖隔离。在其他动植物物种内，我们也能发现类似的规律，每个物种内部的不同个体间都可能拥有许多变异和差别，但经过仔细鉴定，我们总能将一个物种与其近亲物种区别开来。

在给动植物的物种进行命名时，我们使用的是生物学家卡尔·林奈创立的双名法。这种方法操作简单，且已经得到了全世界科学家的广泛认可。**双名法**给每个物种指定两个拉丁语单词作为标准命名。我们人类的物种被称为智人（*Homo Sapiens*），前边的“*Homo*”代表我们所在的属——人属，这个属包括了我们和一些已灭绝的亲戚（比如尼安德特人*Homo Neanderthalensis*），后边的“*Sapiens*”叫种加词，是我们这个物种特定的名字。属名和种加词合在一起构成了每个物种特有的“双名”。双名法需用斜体书写，且全部使用拉丁语词汇。在林奈提出的分类体系中，种被视为最低的等级，属集结了一些性状相似的不同种，属于同一个属的不同种要比属于不同属的不同种更为相似。同理，科集结了一些性状相似的不同属，再往上数还有目、纲、门、界。虽然听起来有点随意，但这个分类系统在实践中非常实用。

一个物种的双名法名称其实包含很多信息。了解一个动物或植物所在的属后，你就仿佛打开了这类生物的百科全书。属名能告诉你标本所在的科、目、纲，每个更高的等级都能向你提供这类生物的更多特征信息。比如人属 *Homo*，在这个属下只有一个现存物种，但仅仅通过这个属名，你就能知道这个物种属于灵长类、哺乳类，而且还是脊椎动物，所有上级分类都包含着这个物种的基本信息。我们目前使用的这个分类系统是**嵌套结构**的逻辑应用，等级分明，是处理生物多样性信息极为高效的一种办法。不过我们还是先把话题拉回物种的鉴定上吧。

正因为我们所谓的“物种”之间可能有基因的交流，所以完全鉴别和分离不同物种仿佛是个不可能完成的任务。北美东部的栎树（栎属）就是个令人头疼的例子。在这个地区，作为大果栎和双色栎**杂交种**的栎树比比皆是，但由于这两种栎树拥有固定的差异，我们还是将它们视为两个独立的种。那么它们的杂交种能算作基因流的结果吗？也许，但还有一种可能，就是这些杂交栎树不可育，不能像它们的“父母”那样产生后代——这也是符合物种的定义的，于是我们依旧使用这个定义去判定栎树的物种，因为这个定义在植物学研究上还是比较实用的。

在进行物种鉴定时常常还会遇到另一个难题——同义学名，也就是一个物种拥有多个双名法名称。出现这种状况的原因往往是：位于奥地利的分类学家A和位于玻利维亚的分类学家B发现了同一物种，也许是在森林里，也许是在博物馆的标本里，他们都发现这个物种还未被描述过，于是就分别对其进行描述并命了名。两位科学家各自在不同渠道、不同时间发表了论文，于是这个物种就有了两个名字。更棘手的是，如果你仔细比对模式标本（在命名时规定为典型的标本），还可能发现两个模式标本有细微的区别。那么，这两个模式标本是真的属于两个物种，还是其实只是同一物种的不同变体呢？要解决这个问题，我们就需要采集更多标本，并研究这一物种的分布情况。所以总的来说，问题就在于一个物种很可能拥有多个同义学名，这就让估测物种总数的工作难以完成。时至今日，由于分子生物学已在生物学研究中占据主导地位，致力于给生物命名的分类学家越来越少了，所以仍然有多种动植物亟待科学的分类。

回头再看看恩斯特·迈尔提出的物种定义，会发现这个定义意义重大。它把“物种”描述为一群独立的个体，“独立”在这里的意思是不与其他物种交换基因，这样的独立性让进化论的研究变得更加便利。更重要的是，这个定义适用于绝大多数动植物。此外，迈尔的物种定义还给出了新物种形成的判定标准——新物种的个体必须与其亲代物种的个体之间停止基因交流。

物种形成方法一：地理隔离

新物种的形成问题可以分成以下两个问题来解释：如何让种群间的基因交流停止，以及如何让这种停止一直持续下去。大规模的地理隔离是造成生殖隔离最显而易见的办法。比如，如果一座形成中的山脉把一个分布广泛的种群一分为二，且被分开的两个部分无法再继续交配繁殖，那么假以时日，两个部分中的个体都会发生变异，并出现对方没有出现过的突变性状，每个部分也都会为适应各自的生存环境发生改变。随机突变和适应环境而产生的变异会将这两个部分送上完全不同的发展之路，一段时间后，即使这两个分离的种群有机会重逢并交配，它们的遗传特性也会拒绝两方的基因发生交流了。

你可以想象一下马和驴，它们祖先的栖息地就有遥远的地理隔离。马的祖先生活在中亚地区的草原上，擅长在广阔平坦的草地上奔跑。而驴的祖先生活在非洲东北部和中东地区的荆棘丛中，跑步速度不如马快，但行路十分稳健。如果把马和驴杂交，你会得到一种非常有用的动物——骡。骡继承了马和驴各自的优点，既像马一样体形高大、承重力强，又有驴稳健的步履，非常适宜驮货。但骡也有个问题：它们都不育。在减数分裂时，马和驴的染色体无法正常联会，导致骡的生殖细胞全部异常，因此骡不能繁殖。由此可见，为了适应不同的环境条件，马和驴之间已经无法互相交换基因了，虽然它们生的杂交种非常不错。这就是地理隔离的效果。

被海洋环绕的小岛因其独特的环境，为我们提供了许多由于地理隔离产生新物种的例子。夏威夷是地球上最与世隔绝的群岛，岛上所有植物最早都来源于被风吹来的微小种子，或被海鸟吞掉果实后，长距离飞行带到岛上的种子，但是今天，夏威夷群岛上已经有超过95%的植物物种成了这里的**特有种**，在别处都见不到了。和植物类似，与世隔绝岛屿上的动物，其祖先肯定也身手不凡，才能跨越远距离的海水阻隔来到岛上。一个物种登陆岛屿往往就意味着无数种新的进化可能性。有一种果蝇在很久以前登陆了夏威夷，到今天夏威夷已经有上千种果蝇了，这是因为岛屿的新居民发现了大量没有天敌的栖息地，于是就开始广泛地发展、繁殖、变异。同样是在孤岛上缺乏天敌，还有些动物会长得更大。有一类小海龟来到一座孤岛后，由于甩掉了天敌，慢慢地越长越大，最终长成了巨大的加拉帕戈斯象龟。不过，岛屿通常比较小，食物也相对匮乏。几千年前，小型象类曾生活在地中海和印度尼西亚的岛屿上，这些象虽然没有天敌威胁，但食物的供给仍然很紧张，因此经过长期的自然选择，反而是体形袖珍如小马的象活了下来！

岛屿上的物种还有一个有趣的进化趋势，就是昆虫会慢慢失去飞行能力。原因很简单：如果你一飞起来就让海风给吹到海里去了，那你肯定没办法为种群延续基因了嘛。在风大的小岛上，不会飞的昆虫反而有竞争优势，所以不飞行的性状变成了主流。曾有人调查过夏威夷群岛上的步甲特有种，发现只有20种能飞，而其余184种已经失去了飞行能力。

岛屿地理隔离另一个很好的实例，来自南美洲附近海岛上的蕨类植物。这些岛屿上的蕨类特有种和南美洲本土大陆上的蕨类稀有种显示出了更近的亲缘关系。很显然，大陆上广泛存在的蕨类按理说应该更容易登陆岛屿并在岛上定居下来，但由于蕨类植物能形成孢子，这些孢子能传播到岛屿上，持续的基因流使岛屿植物能够和大陆上的同类一直“保持联系”。有了不断的基因输入，岛上的蕨类种群和本土的蕨类种群在外观上并无差别。蕨类植物的孢子很小，靠风力就能传播，因此新的孢子不断输入岛内，长成新的植株，这些植株产生的生殖细胞能和本土的蕨类进行杂交，始终保持遗传的连贯性，没有产生新物种。

然而当大陆蕨类稀有种的孢子传播到岛上时，情况就不同了。这种稀有种的孢子给在岛上生存的稀有种植株带来同类的可能性很低，因此岛上的稀有种种群就比非稀有种种群的植株隔离得更加彻底，也更有可能特化为新物种。这就是岛上的蕨类特有种会更接近大陆的蕨类稀有种，而非数量占优的其他蕨类的原因。同理，加拉帕戈斯群岛上的蜘蛛大都也能在邻近的南美洲地区被发现，而在遥远的夏威夷群岛上，许多种蜘蛛都已经特化成了当地的特有种。

自20世纪70年代以来，人们似乎已经开始把地理隔离当作亚马孙地区产生新的动物物种的一个主要原因。在考察过亚马孙河流域的鸟类分布情况后，生物学家尤尔根·哈弗尔得出了一个有趣的结论。他说，在寒冷的冰期，亚马孙河流域曾变成干燥的草原，导致零星的雨林被隔绝开来。在这些孤立的雨林中，许多鸟类都形成了新物种，这就解释了如今亚马孙森林中的鸟类分布情况。在哈弗尔的理论中，孤立的雨林和岛屿类似，为森林中的鸟类提供了**避难所**，让它们能够在其中慢慢特化为新物种。这一理论曾一度被广泛接受，大有取代过往其他理论的架势，但问题是，并没有任何证据表明亚马孙河流域在最近几次冰期中已经干燥到森林无法生长，甚至退化成草原的地步。虽然确实有花粉证据证明在冰期中，某些来自更高海拔、更寒冷地带的树种曾迁徙到低海拔的亚马孙河流域，但这种低海拔雨林群落中物种组成的改变，并不能说明整片森林曾普遍被草原取代。而且，在过去200万年中曾出现将近20次冰期循环，各次冰期之间并没有给地理隔离形成新物种留下足够的时间。不过，虽然今天哈弗尔的理论已被证伪，我们依然能从中看出，人们已经普遍接受地理隔离是新物种形成的一个主要因素。

通过上述讨论，我们已经知道地理隔离是某一物种的种群分离并特化成新物种的原因之一，但你还记得那个问题吗，为什么甲壳虫能有38万种之多？这世上可没有那么多岛屿和山脉产生这么多地理隔离，好让它们进化出这么多个物种，而且，上百种甲壳虫很可能就生活在同一片森林中，甚至还有好多甲壳虫属于同一个属，它们明明比邻而居，却属于不同的种。就像是寄生在人身上的两种虱子，一种生活在人的头发里，另一种生活在人的下体！从地理角度来讲，人的上半身和下半身距离并不远，那么虱子又为什么会产生不同的物种呢？

更糟糕的是，地理隔离并不一定会产生生殖隔离。欧亚和北美地区的一球悬铃木（悬铃木属）就算之间被大西洋隔离了几千万年，依然可以生出完美可育的杂交后代。用生长于地中海东部的三球悬铃木（又名法国梧桐）和美国东北部的一球悬铃木（又名美国梧桐）杂交，能够得到漂亮的杂交种，广泛应用于温带地区行道树的栽培。这说明不但两种亲本物种是可育的，它们杂交得到的杂交种也是可育的，即便两种悬铃木之间有过上百万年的隔离。这些事实证明，长时间、长距离的隔离并不一定会导致生殖隔离和新物种的形成。荷兰进化生物学家门诺·施尔图津对这一现象做出了完美的总结：“……科学数据现在倾向于证明地理隔离已经不再是（新物种形成）最重要的诱因了，它很可能只是个一般的推动因素而已。”显然，除了大规模的地理隔离之外，自然界一定还有许多其他的方式，导致了新物种的出现。

物种形成方法二：生态分化

在同一地区内，可能也会有一些因素促使新物种形成。这一观点还是和达尔文一起提出自然选择学说的英国博物学家华莱士首先提出的。想象一下，一个物种的大部分成员都生活在某片生境的中心地带，但也有小部分生活在同一生境的外围，那么这个外围种群就可能和同类其他种群身处不同的环境。所以这个外围种群与其他同类相比，就需要应对不同的环境挑战，它们会缓慢地适应新的栖息地，并在此过程中改变这个种群的基因。华莱士解释道，在这种情况下，内、外部种群的杂交后代，虽然拥有两个种群的基因，却反而会在竞争中处于不利的位置。它们将无法完全融入内部种群，和外围种群也会有较大的差异，于是，杂交后代的成活率就会降低，这就导致外围种群和内部种群之间的基因流减少。“（这类成种机制的）关键在于杂交后代处于生存劣势”，华莱士在1883年如此说道。当一片地区的种群应对一种环境，而同类其他种群都在应对另一种环境时，这些种群之间的基因交流会带来不利结果也就很好理解了，而杂交后代活性的降低，就相当于在外围种群和内部种群之间形成了隔离，阻止了两者之间的基因流，进而为外围种群脱离该物种创造了机会。幸运的话，外围种群就会在新环境中演变成独立的新物种。也许这就是发生在虱子身上的故事，当一种虱子适应了人体的某个部位之后，别的虱子种群却适应了另一个部位。[①]

早年我在哥斯达黎加研究开花植物时，曾遇到过一个奇怪的难题。在

① 不过，也有研究表明，寄生于人体的虱子也可能并非不同物种。

哥斯达黎加生活着超过300种胡椒属植物，未被分类的干燥的植物标本更有数百个之多。胡椒多为灌木或亚灌木，很好采集标本，在博物馆展出也很方便，但问题在于，植物学家给这些标本起的种名太多了！而我当时的工作，就是实地调查这么多种名和当地真正的物种数是不是相符。通过干燥的植物标本，很容易区分出差异较大的物种，但也有一些标本极难区分。真正的难题是这样的——虽然我很难分清这些标本，但在哥斯达黎加大部分林地中，连小孩儿都能轻易区分不同的胡椒。这是为什么呢？经过一段时间研究，答案逐渐浮出了水面：因为亲缘关系最近（也就是长得最像）的不同胡椒并不生活在一起！两种“姐妹物种”也许生活在同一山坡，却不会出现在同一海拔高度，或同一类植被环境中。很明显，正是这些长相十分接近的物种，变为标本之后成了我最大的麻烦。在野外，近亲物种的外貌虽然相似，海拔的差异却很容易观察，可研究标本时这种便利就消失了。后来，我还研究过哥斯达黎加的许多其他物种，并在其他植物身上也发现过类似的规律。虽然这种现象并不普遍，但这些近亲物种明显很可能就是近期因环境梯度的变化而产生生态分化的结果。在哥斯达黎加因海拔不同而产生的近亲物种尤为常见，这是因为它们都生活在降雨量相似的湿润常绿林里，所以可能一个物种会在1200米以上的高山上被发现，而与其亲缘关系最近的另一物种则在低海拔地区出现。最神奇的是，这两个物种之间既没有中间状态（杂交种），也没有沿着山地逐渐变化的证据（渐变种）。显而易见，这就是很早以前的一个祖种，在其原始生境的边缘地带变成了新物种。这也很好地解释了为什么这两个物种彼此间的亲缘关系最近。一般来说，低海拔物种的传播范围会更广，而它们的高海拔亲戚则会被限制在某一片山区当中。

导致物种沿着海拔梯度变化的原因是什么？或者说，为什么每个物种都只会在一个特定的海拔范围内生存？这个问题让我想起20世纪60年代我们在埃塞俄比亚一个农业大学的有趣经历。经过5年的试种植后，农学家将他们培育的一批小麦种子分给了农民。他们管这种小麦叫“肯尼亚5号”，而且试验已经证明这种小麦完全适应当地的气候。但没想到仅仅过了两个月，就有一些农民来向他们抱怨，“肯尼亚5号”小麦“生了锈”。明明农学家已经认真地做过了5年试验，为什么还会这样？答案很简单：几年来的试种植都是在两处样地完成的——大学校园（海拔2000米）、比绍夫图农业站（海拔1500米），而每个怨声载道的农民都来自海拔2150米以上的地区！显然，“肯尼亚5号”在2150米以上凉爽湿润的地区易感染锈病。这种情况在其他野生植物身上也类似，这与其对疾病的耐受程度和环境条件紧密相关。病原体的感染很可能是限制生物只生活在特定生态或海拔区域内的一大原因。这对人类来说也是一样——生活在1000米海拔高度以上的热带地区的人很少得疟疾，因为那些携带疟原虫的蚊子根本飞不到这个高度！

热带鸟类和哺乳动物的分布也因海拔而呈现分层的特征，高海拔的物种一般和低海拔、分布更加广泛的物种有亲缘关系。除了海拔，土壤类型不同或降雨量不同等生态条件的分化也能导致新物种的形成。华莱士在他的多次野外考察中也一定观察到了这样的规律，他关于生态分化形成新物种的观点，如今终于得到了应有的关注。

近年来的DNA研究表明，东非维多利亚湖里的几百种丽鱼，都是在不到100万年的时间里由很少几个祖种进化而来的。这个发现十分引人注目，因为这证明了在一片极小的地理范围（同域）内形成新物种的可能性。沿着东非大裂谷往南，马拉维湖中也有600多种丽鱼，很可能也是由一个祖先衍生出来的。在维多利亚湖和马拉维湖中间还有一个坦噶尼喀湖，这个湖里也有丽鱼。最关键的是，这三个湖里的丽鱼为占据三个湖中类似的生态位，独立地形成了相似的新物种！换句话说，在这三个湖中，独立发生过多次相同的适应性进化。在每个湖中，丽鱼都在没有地理隔离的情况下形成了新种。为了避免竞争，它们生活在不同的深度、寻找不同的食物，占据不同的生态位，通过特化成新种，使多样性不断增加。

华莱士启发了我们，生态分化的核心意义，就是为同域新物种的形成提供理论解释，这就是竞争和自然选择。如果来自遥远同源的基因流会削弱本种群后代的存活率，那大自然一定会偏向于选择任何能够阻挡这种基因流的突变。也就是说，如果两个种群的杂交后代或处于中间渐变状态的个体成活率降低，那它们就相当于该物种内部种群和外围种群之间基因流的障碍。这套理论放在世界上的任何地方、任何时代都适用，它证明了要形成新物种，不一定非得有隆起中的山脉、形成中的冰山或者运动中的陆地，需要的仅仅是稍有不同的环境条件，以及物种为此做出的适应性选择而已。我相信，生态分化驱使适应性选择，最终产生新物种，这个过程才是大千世界拥有丰富生物多样性的主要原因。

生态分化还为我们解答了另一个问题：为什么一个属内要有不同的物种？为什么不同种之间不能进行基因交换？答案似乎是，在多数情况下，“专才”都比“通才”活得更好。若我们严格区分物种，一个属的底下可能就会存在多个分支，每个分支的个体生活在不同的环境中，过着不同方式的生活。由于存在生殖隔离，不同物种就能更有效率地适应各自的栖息地，免受来自亲戚们的、不利于自己适应栖息地的基因的困扰。生态分化形成新物种的现象在热带地区也许更加多见，因为在热带，对环境产生独特的适应常常能帮助生物在生存竞争中取得成功。

有关这一成种机制的另一项证据，来自对加勒比海安乐蜥属蜥蜴的研究。在该地区，不同岛上不同的蜥蜴竟然都出现了类似的适应性进化，而且进化后的物种都长得差不多，关键是这些进化都是各自独立完成的！换句话说，小岛的地理隔离最终导致同属的蜥蜴平行地进化成了彼此相似的新物种。不过，大自然是个万能的魔术师，除了地理隔离和生态分化，它还有其他形成新物种的方法。

物种形成的其他方法

还有一种特别简单的形成新物种的方式，就是染色体突变。这在动物中很少见，可在植物世界却是诱导物种形成的重要手段。人们常常在植物的染色体上动手脚，最常见的操作名叫多倍体化。还记得我们前面讲的只有一套染色体组的生殖细胞吗？它们是单倍体。大多数高等生物都是二倍体，也就是体细胞中含有两个染色体组。两性的结合使单倍体配子相遇形成二倍体合子，即受精卵，受精卵进而发展成新个体。但植物没这么简单。植物偶尔也能产生减数分裂失败的生殖细胞，这种生殖细胞受精后，能够长成含有三个染色体组（三倍体）或者四个染色体组的个体（四倍体），甚至**多倍体**。多倍体就是细胞内含有多于标准两个染色体组的个体。其实植物也挺傻的，变异的个体似乎还没有意识到自己的细胞已经发生了变化，还在一个劲儿地和其他个体一样茁壮成长。可植物也有一大优势，那就是它们能避开“骡子困境”。

还记得骡子吧？它们身体强壮、四肢稳健，但由于染色体无法正常联会导致其终生不育。然而，同样是杂交种，不育的植物杂交种却能直接将它们奇数的染色体组数翻一倍！这种情况在野外其实并不多见，但在自然界，小概率事件也能产生深远的影响。杂交种植物个体在染色体组数翻倍后，会出现同源染色体，联会就能发生，而减数分裂也就可以正常地进行。谈笑间，染色体组加倍的杂交种植物就从原来的“不孕症患者”，摇身一变，成了个新物种，能够产生正常的花粉和卵细胞了。这就是人类历史上最重要的谷物小麦的发展历程。几千年前，小麦的原始祖先（单粒小麦）和一种草类近亲杂交了。这种杂交其实三天两头就会发生，但产生的后代都不可育——这里我们加入刚才说的小概率事件：减数分裂失败，配子中的染色体数没有减半。这样的配子受精后产生的新个体，其染色体数就是加倍的。这个偶然事件给我们带来了硬质小麦这个品种，从此人类吃上了意大利面。硬质小麦是一种四倍体植物，体细胞内含四个染色体组。接下来，硬质小麦继续和近亲杂交，又一轮循环后，出现了做面包用的普通小麦：六倍体植物。当然，古时候的农民培育普通小麦时大概还不理解其中的原理，但他们还是成功地发现并培植出了多倍体的小麦品种，人类文明由此开启。

虽然由于减数分裂失败导致的染色体组加倍属于偶发事件，但这种成种方式给植物世界的多样性带来了深远的影响。举一个更近的例子：19世纪末，来自美国的沼泽植物互花米草被引入英国后，很快和当地的品种杂交，并产生了不可育的后代*Spartina×Townsendii*。和父母一样，这种杂交后代的细胞核内含有62条染色体，但这两组各31条染色体无法配对，所以杂种不育。不过不用怕，米草能避开有性生殖，通过无性繁殖的手段存活下来。到了1892年，人们突然发现了一种新的、可育的米草品种，就是当初那个杂交种，如今它已经把自己的染色体翻倍到了124条，这样就能进行有性生殖了。这个新物种之后被人们命名为大米草，现在已经长遍了全世界。往大里说，最新的基因分析表明，染色体加倍在开花植物的早期发展中起到了关键的推动作用。在被子植物超过28万个物种当中，有不少都是这么来的。

动物几乎不可能发生自发染色体加倍的情况，但也有很多其他方式形成新物种，其中最重要的就是行为差异。通过学会一首新歌，或者长出一身不同于同类的漂亮羽毛，这群动物很可能就会逐渐和原始种群分开，产生生殖隔离。比如孔雀，它们最擅长用羽毛表演奢华的舞蹈。达尔文对此很是不解：为什么自然选择会给它们这身既是优势也是累赘的羽毛呢？难道就为了表演？他后来找到了这个问题的答案，并被广泛地接受了，其实很简单，因为雌性太挑剔了！很明显，表演越浮夸，就越容易给雌性留下深刻印象，获得交配机会的可能性就越大。雄性费尽周折，最终都是为了这个回报，因为雌性有权评估追求者们的质量。达尔文据此提出了**性选择学说**，揭示了孔雀羽毛、复杂的求偶仪式这些现象的成因，并以此为基础提出了一种新的动物成种方式。在北美东部有几种蛙，它们的体形、颜色、长相几乎都完全一样，只是求偶的时间和求偶时唱的歌略有不同。一到春天，沼泽和湿地就成了蛙小伙和蛙姑娘们表演的重要舞台，“欢唱不同曲目”证明不同的蛙已经不再进行基因的交流。不过由于求偶仪式的不同，它们之间已经产生了隔离。也许从某个种群的蛙和自己的邻居唱起稍有差异的歌时，它们就开始和原来的邻居们隔绝开来了。同理，夏威夷群岛的果蝇因为拥有上百种地方特色种而闻名，而独特的求偶行为似乎也在其多样性发展中起到了重要作用。

物种为什么不能无限增多？

在我看来，这个问题极其天真，只是因为如今的生活方式太现代、太奢侈，人们已经忘记了饥饿的滋味。今天，我们已经不会再有大量儿童在成年之前夭折，人类也无需和其他大多数物种一样面对来自自然的威胁。农耕文明到来前，人类无时无刻不在为饥荒、捕食者的袭击，以及寄生虫和疾病担心，“真实的世界”很残酷，局部的物种灭绝，甚至全球性的物种大灭绝都不是偶发的小概率事件，而是常态。

想象一个动态平衡的世界，坏事只有小概率会发生——20世纪70年代许多科学家就是这么想的，他们拒绝承认大自然有着尖牙利爪。但其实坏事经常发生。如今，生物学家终于认清了现实。环境难以预测，生存竞争残酷无情，而这除了会让我们身边的生物多样性持续增加，也会持续修正其发展的方向和形态。在生命发展史上，物种的消失和灭绝随时都在发生，难怪地球能够养活今天这么多的物种。

诚然，旧物种一定有许多方式可以分化出不会进行基因交换的物种，或者产生新的姊妹种，不然地球上怎么会有那么多物种存在呢？而且为什么在每次大灭绝发生后，接踵而至的就是生物数量的剧增呢？在环境遭到破坏后，许多生物会消失，但与此同时，一股复苏的力量也会应运而生。百废待兴的环境会吸引新的居民，等到这些居民安顿下来，它们就一定会想方设法进一步拓宽自己的领地。究其原因，很可能是激烈的种内竞争。种内竞争的结果就是产生生态分化，进而导致更多新物种形成。抛开那些理想状况下的生态平衡吧，相反，物种的形成主要就源自无休止的竞争、偶尔发生的地理隔离、烦人的寄生虫困扰和新的生存机会。从结果来看，物种的形成速度大大超过了灭绝速度，我们的地球也因此变得越来越异彩纷呈。

了解了新物种形成的方式，让我们再把目光转向不同物种的分布规律。在地球表面，物种的分布并不是随机的，不同的生境承载的物种数量和种类都不一样。在下一章中，我们将讨论物种丰富度的地理格局，以及各物种是如何在地球上分布的。而在第五章，我们来看看物种分布的一般规律和特殊情况，最后在第六章，我们会解决关于物种分布最后的问题——一个地区的生物多样性是如何维持的。等这些问题都得到解答，我们再在之后的章节中探索生物的复杂性。

第四章

物种丰富度的全球地理格局

我们先把之前的话题放在一边，姑且不谈不断增加的生物多样性，回过头看看已经高度丰富的陆地生物吧。在本章中，我们要观察一下陆地生物在地球上是如何分布的，而在下一章，我们再来探究这种分布的一般规律。显而易见，生物在地球上的分布是不均匀的。有些地区是无数物种的共同家园，但有的地方一片荒芜。一片区域内陆地生物的数量其实主要取决于两点：温度和湿度。

气候温和、降水充沛的地区，生物多样性往往能达到顶峰，而天寒地冻、降雨量稀缺的地方，恐怕也只能变成只有寒风光顾的冰原，或者物种贫瘠的沙漠。在任何地方，极端的气候条件都会制约生命的发展，我们的地球也因此被分成了几个典型的气候区。

地球两极缺少阳光直射，气温异常寒冷。南极点位于一块永冻的大陆——南极洲——中心，周围是湍急的南冰洋。而在地球另一端，北极点则位于一片主体结冰的海洋中心。尽管冰冷的海水很适宜海洋生物生存，但地球两极的环境对高等陆生动物来说称不上友好。另外，南极和北极中间被好几个温带和热带区域隔开，所以在自然状态下，作为北极象征的北极熊和在南冰洋里游泳的野生企鹅绝对“老死不相往来”。

地球上最大的几个沙漠也有分布规律，基本都位于南、北回归线（南、北纬23.5°）附近。在这里，夏季的几个月白天漫长、阳光毒辣，常常会刷新地球的高温纪录。热带降雨到不了这个纬度，再加上南、北纬30°附近气压又高，最终使这片区域因为缺水而变成了荒原。世界上最大的沙漠带横跨整个非洲北部，向东穿过阿拉伯半岛，一直延伸到印度西部。同理，在南半球的亚热带区域内，也存在好几个严重干旱的地区，尤其是非洲南部和澳大利亚中部。

除了寒冷的极地和干旱的亚热带，地球也有处于热带和温带的广阔地域。总而言之，地球支撑着无数各不相同的生物群系，不同的地域内物种丰富度各不相同。不过可惜的是，给不同的生物群系或植被型划定明确的界线是不太现实的，这里面没有严谨的科学依据，更像是一门艺术。降雨和温度会在几百里地内缓慢减少和变化，因此植被外观和物种组成的变化也是渐进的。北美洲的高草草原、矮草草原和半沙漠草原之间没有明显界线，这些生物群系的过渡是缓慢的，其内部也有许多共有的动植物物种。要观察植被的明显变化，需要观察者持续监测一片很大的范围，或需要环境条件发生剧烈的变化。不过，虽然自然界线模糊，但我们可以人工地把大自然划定为不同的生态区、生物地理区、生物群系或植物群落，这种做法有助于我们了解自然界。生态学家总共将地球分成了867个陆地生态区、426个淡水生态区。虽然生态区的划分在区域研究中很有用，可这些区划实在是太细致了，不太适合我们现在简略的了解。而动物地理学家划定的六大动物区系又太过宽泛了。综合来看，我们不如根据主要植被型来划分不同的地理区域，毕竟绿色植物是收集太阳能量，并为整个群落供能的关键，值得我们关注。

这样划分还有一个更重要的原因：植物的数量和类型往往是影响一片区域生物多样性（包括物种数和个体数两个层面）最基本的因素。2006年的一项研究就表明，热带雨林中的植食性昆虫数量与昆虫的进食方式无关，而与植物物种的数量成正比。在整个澳大利亚，鸟类的多样性也和植被型以及植物蒸散量（植物失去水分的总量）紧密相关。那么，接下来就让我们从“地球的头顶”开始考察世界各地的植被吧，毕竟那里的植物数量比较少。

寒冷的北极

现代制图师将北极放在了地球仪的顶端，从北极点往“下”看，地球上大部分陆地都位于北半球，同时，东、西半球也都有大片陆地与北冰洋接壤。与之形成鲜明对比的是，地球另一端的南半球则以海为主，海中间漂浮着许多孤岛。因此，我们的探索之旅就从陆地丰富的“头顶”出发吧。

北冰洋周边陆地上的典型植被型，被称为**冻原**。冻原的植被由耐寒、成片生长的物种组成，其中没有树木，高度从几厘米到1米不等。北极圈内的俄罗斯北部、加拿大北部和美国阿拉斯加州在植被型上都差不多。冻原上生长的主要植物为苔藓、地钱和地衣。这里的生态条件十分严苛，土壤仅有几寸厚，再往下就是永久冻土，而这些植物却能在这样的条件下存活。冻原植被的其他重要成员还包括几种蓝莓、莎草、羊茅草和一些鲜艳的开花植物。在某些保护区内，人们还能发现因发育不良而矮小的柳、落叶松、云杉和桤木。由于环境艰苦，冻原植被均为多年生，成长起来需要花费数年的时间。这一地区每年适合植物生长的时间还不到50天，所以开花植物一般会在开花后的下一年夏天才结实。除了吸血的蚊子这一不幸的例外，这里鲜少其他昆虫。冻原上的大型哺乳动物有驯鹿、野兔、几种啮齿类动物和北极狐。体形偏大、靠羽毛隔绝寒气的鹅，以及雷鸟和猫头鹰一到夏天就会活跃起来，但这里小型鸟类很少。在冬天，驯鹿等大型陆地哺乳动物靠冬眠或迁徙的方式越冬，它们要么把最冷的时间睡过去，要么就往南走，逃到针叶林里去取暖。与这些动物不同，多种大型鸟类、海豹、海象和北极熊则生活在北冰洋海边，靠海洋生物为食。它们位于冻原的边缘，却不属于这一生态系统。

还记得吗，地球最幸运的一个特性就是赤道与围绕太阳公转的平面之间有一个微小的偏角。这个偏角的存在使北极地区的夏天虽然天数少，每天的日照时间却很长。多亏了这点额外的日照时间，北冰洋沿岸的冻原植被才能活下来。北极的冬天漫长而寒冷，冻原的活动层土壤在夏天只有几寸厚。由于植物的根无法从更深的永冻层中吸取水分，进而维持叶片的蒸腾作用，所以树木在这里是不存在的。

总的来说，在北极冻原生态系统中只有不到1000种高等植物，这个数字太少了，毕竟北极冻原可是占据了地球将近五分之一的陆地。在之后的讨论中，我们可能会频繁把高等植物或被子植物的种数当成比较和判断的标准。但在这里，高等植物特指维管植物，这类植物体内具有维管组织，维管组织就相当于一个管道系统。维管植物包括开花植物、针叶树、裸子植物、蕨类和蕨类的近亲。“低等”、没有维管组织的植物，包括苔藓、地钱，而地衣其实属于真菌。还有一点，冻原植被并非只在极地才能见到，就算是热带，某些风力强劲的山顶上也有类似冻原的草地、高山草甸，或只有苔藓和地衣才能生长的岩石表面。

北方针叶林

从北极冻原向南走，我们就会进入北方针叶林生态系统。这种森林群落又名常绿针叶林，你也可以叫它的俄文名“泰加林”（Taiga）。北方针叶林是地球上最大的生态系统之一，占全球森林总面积的29%。[①]针叶林北部，树木分散稀少，植被型和冻原多有重合，越往南则树木越多、越高。这里的冻土层仅有几英尺厚，在阻挡排水的同时也会形成随处可见的湖泊和沼泽。长有球果的针叶树是针叶林的建群种，其中包括云杉属、冷杉属、松属和落叶松属。这些树木的树形呈尖塔形，这能帮助它们度过严冬。当高层的短枝被冰雪覆盖时，底层的长枝就能对上层树枝形成支撑。针叶林中被子植物的代表有柳属、桦木属、杨属和桤木属，林下的灌木层主要为蔷薇、蓝莓、菊等，而禾草、莎草以及苔藓、地钱、地衣则覆盖了针叶林的地面。地衣是驯鹿的主要食物，在冻原和针叶林中都一样（我们会在第六章中详细讨论地衣），针叶树的球果能填饱野鼠、旅鼠和许多鸟类的肚子。北方针叶林中树木众多、茂密无涯，曾有人估计这里聚集着全世界三分之一的树木，尽管数量众多，这里的物种数却不太丰富，阿拉斯加及邻

① 北方针叶林在地理上形成较晚，且很可能受到了全球变暖的严重影响。

近的育空河流域地区只有约1560种维管植物，挪威共有约1715种（这些数据包含冻原和针叶林）。

尽管有许多共性，但北美洲和欧亚大陆北部的针叶林在物种组成上略有差别。以高等哺乳动物为例，两片大陆上的针叶林都是狼、狐、河狸、马鹿、猞猁、獾、熊和世界上最大的鹿——驼鹿的栖息地，但许多物种在两片针叶林中其实分属不同亚种，因此这两片针叶林也常常被人们分开研究，分别称为北美针叶林（新北界针叶林）和欧亚针叶林（古北界针叶林）。"新北界""古北界"这些描述动物区系的生物地理学术语，反映了哥伦布探索世界给当时的人们带来的影响，对当时的欧洲人来说，美洲还是一片从未被踏足过的蛮荒新大陆。接下来，让我们继续从北方针叶林一路向南，越往南走，气候就会变得越温和，植被物种也会越丰富。

北温带

北纬50°以南的广阔地域气候温和，物种多样。北美洲的最西端，太平洋沿岸茂密的常绿针叶林从阿拉斯加一直延伸到加利福尼亚北部，世界上最高的树就生长在这里。这一带的红杉树林生物量预计可以达到每公顷3500吨，是热带雨林的整整4倍。不过，虽然红杉树靠身材伟岸火过一把，但这种针叶林不像其他许多温带森林那么"合群"，生物多样性更是远低于其他森林。

自美洲西海岸往东走，你会遇到一大片地壳变动形成的奇观：锋利的山脊、幽深的盆地以及古老的落基山脉。这座山脉北起阿拉斯加南部和加拿大西北部，向南一直延伸到墨西哥西部。落基山脉海拔高、降水有限、山火频繁，因此针叶林和草原成了最常见的植被。再继续往东，落基山脉的地貌变得越来越平缓，逐渐与辽阔的美国大平原接壤。这个平原向北一直延伸到加拿大的阿尔伯塔，向南则深入得克萨斯州境内。平原上降雨不多，冬冷夏热，除了驼鹿、麋鹿和叉角羚，还有6000万头野牛曾在北美广袤的大平原上游荡。但在19世纪晚期，这些野牛由于被捕杀数量锐减。大平原东、西部气候不同，较干燥的西部植被主要为矮草草原，而较为湿润的东部则为高草草原。树木仅在河谷地区和湿润的山坡处生长——这有可能是频繁遭遇火灾的缘故。美洲印第安人就常常通过有规律地放火，将高草草原向东扩展到原本森林茂密的伊利诺伊州和印第安纳州。

北美洲中部平原还有一种罕见的天气现象——龙卷风，这是由从北方吹来的冷空气和从墨西哥湾吹来的暖湿空气相遇造成的。来自墨西哥湾的暖湿气团和来自加拿大的干冷空气相遇能够带来巨大的能量，让一片极小的区域内下起大暴雨。在美国中部，甚至还有一条“龙卷风走廊”，这在全世界都绝无仅有！

北美东部降水更有规律，气候也更加温暖。在阿巴拉契亚山脉地区，常绿针叶林、落叶阔叶林和它们的混交林是主要植被。这些林地曾像地毯般覆盖了整个地区，西至五大湖，南至墨西哥湾，由北向南更是从加拿大东部延伸到了佛罗里达州。生态学家曾经从这片林地鉴别出了10类不同的森林。阿巴拉契亚南部山脉的植物种类尤其丰富，除了植物，这里还是地球上蝾螈物种最密集的地方！不过需要强调的是，虽然北美东部地处“温带”，但冬天依旧漫长寒冷，大概冷空气侵犯不到的地方也就只有佛罗里达州南部了，这还多亏了大西洋沿岸的墨西哥湾暖流。

多卷本的《北美植物志》为我们提供了北美和墨西哥北部植物物种的一个总览，记录了这一地区所有的种子植物，包括北极冻原、常绿针叶林、落叶林、草原、沙漠等所有生物群系。这部植物志总共记录的维管植物约19500种。由于北美地域辽阔，不同地区的物种丰富度差异很大，其中生物最丰富的地区是阿巴拉契亚东部山脉的阔叶落叶林。在北美东北部，从大平原东部、弗吉尼亚州北部到加拿大南部，共有4500种高等植物；南、北卡罗来纳两个州共有3500种本地植物（还包含1000个外来种）。然而，占美国本土48个州面积五分之一的干燥大平原只有3100种本地植物。加利福尼亚州地形多山，包含多种生物群系，州内共有5700种高等植物。加州的降雨不均，海拔各异，因此不同地区植物类型的差别也很大，南部生有季节性的灌木丛，北部则是高大的常绿针叶林，之间还间或夹杂着一些山地和半荒漠植被，在这儿还长有全世界最大的生物——北美巨杉，以及最老的生物——狐尾松。有些加州的狐尾松，树龄已经超过4000岁了。

总体来讲，虽然北美地域辽阔，生物也较为丰富，但在多样性上仍不及热带地区。让我们再回到美国中西部考察一下蝴蝶的物种。面积150780平方千米的密歇根州只有134种蝴蝶，而地处热带的巴拿马面积只有78200平方千米，却有多达1550种蝴蝶，显然，在温带地区糊口要困难得多。接下来，让我们把目光转向处在和北美洲同纬度、北温带最大的一块大陆——欧亚大陆。

欧亚大陆北部生物群系

欧亚大陆作为地球上最大的一块独立大陆，覆盖了东半球和北半球的大部分地区，并极不均衡地被分成了欧洲和亚洲两个部分。其中，欧洲又被比利牛斯山、阿尔卑斯山和巴尔干山三座山脉一切两半，分为北部和南部。这三座东西走向的山脉阻挡了欧洲北部的植物和南部温暖、干燥的地中海地区的植物产生交集。法国的高等植物约有4600种，而德国北部只有2700种。虽然植物种数比同纬度的美国东部地区要少，可该有的属在北欧地区可一样都不缺，如栎、枫、桦和各种针叶树。欧洲的落叶林也和俄罗斯东北部的北方针叶林产生了过渡和融合。

西亚和中亚的广阔疆域也是靠山脉来划定界线的，其南部界线是高加索山脉和喜马拉雅山脉。高加索山脉位于黑海和里海之间，该地区拥有将近6300种维管植物，其中1600种是当地的特有种。如此高的比例让这片地区被生态学家认定为“生物多样性热点”地区（我们会在下一章中详细说明“热点地区”的含义）。西亚的广阔地区主要在湿润地带长有山地针叶林和落叶林，在喜马拉雅山脉的北部高原长有草甸和半荒漠草原。和美国东部不同，西亚南部干燥，而北部则更为湿润。

和北美东部一样，东亚地区也有充沛的降雨量，并曾一度被阔叶落叶林和常绿森林所覆盖。从喜马拉雅地区到中国境内的高海拔地区，主要生长着针叶林。东亚的落叶林无可阻挡，从北部的北方针叶林，一直绵延至东南亚的热带雨林。在东亚国家中，中国尽管人口密集，仍生长着约32870种高等植物，这可比北美和墨西哥北部全部的高等植物种数19500种多多了！究其原因，一方面是中国南方复杂的山地结构和喜马拉雅东部山脉的存在，另一方面则来自历史因素。

为什么中国的维管植物种类和属要比北美和欧洲多出这么多呢？其原因可能和过去200万年（冰期或者更新世）里周期性的冰川运动，以及中国特殊的地理环境有关。除了喜马拉雅山脉是东西走向的，中国西南大部分山脉都是南北走向的。因此，动植物能够在气候变化时南北向迁移。简单地说，东亚比北欧和北美东部经受了更少的物种灭绝。这是因为在北欧和北美，植物向南迁移的路径会被欧洲的山峰或者墨西哥湾阻断，今天这三个地区的物种数量恰恰反映了这一事实。

地中海气候区的植被

和北欧不同，南欧、地中海地区和亚洲西南部的植物物种异常丰富。这种地中海气候区夏季炎热干燥，秋天也很干，降水会从寒冷的冬季开始，一直延续到春天。随着春天气温回暖，绝大多数植物会一起开花，蔚为壮观。这些地区一半的植物都是一年生的，而占据大部分地区的则是灌木和小型常绿乔木。另外，结构零碎的山地给当地的生物提供了广大的栖息地。因此，虽然降雨有限，但地中海气候区依然生长着约25000种维管植物，轻易地超越了北美洲！

地处南欧的希腊虽然面积不大，可也是大约5000种高等植物的家，而面积更大的土耳其则有8600种高等植物。复杂的山地环境，以及拥有无数与大陆隔绝的小岛是维持这片地区生物多样性的主要因素。不过，地球上享受着这种“地中海气候”的却不仅仅只有地中海和中东地区。

全世界还有四个地区拥有这种“地中海气候”，它们都在亚热带，地处20°—30°的纬度范围内，还几乎都位于大陆的西侧，分别是加利福尼亚州南部、智利中部、澳大利亚西南部和非洲南部。这些地区要么遍布乔木，要么灌木丛生，而组成群落的大都为耐旱的植物。这些地区气候条件也很相似：夏、秋两季炎热干燥，而寒冷的冬季和早春则会带来持续的降水。此外，由于干旱季节较长，这些地方都极易发生火灾。虽然相距遥远，这些地区却有很多共性，比如由于降水有限，动物的物种都不太多。加利福尼亚州南部的灌木丛中生活着235种陆生鸟类，而智利中部有230种——这也非常相似。

每一处地中海气候区的植被，都以其春季集体开花的奇观而闻名。每年9月下旬，位于澳大利亚西部的珀斯都会组织为期5天的野生植物观赏之旅。据估计，澳大利亚的地中海气候区有7380种当地的高等植物物种——对一个气候如此干燥的地区来说，这个数字令人惊叹。而在南非的地中海气候区，高等植物更是多达9000种（我们会在下一章详谈）。总的来说，全世界的地中海气候区加起来，高等植物的种数大约为48000种，这也就是说，在仅仅5%的陆地面积上生长着约占全球20%的高等植物物种！现在你该明白，为什么这些地区能为我们提供如此多的食物和观赏植物了吧！

美洲热带地区

除了某些高山的山顶，生活在热带的生物，都无须再面临致命霜冻的威胁。热带空气湿润，各种物种的数量都达到了巅峰。生物地理学家把美洲的热带地区称为新热带界（这又是欧洲人搞出来的名词了，他们觉得美洲什么都是“新”的）。从北到南，新热带界以墨西哥为起点。墨西哥地形复杂，植物种类丰富，拥有32种独特的植被型和多达26000种左右的高等植物。

中美洲包括暖湿的加勒比地区和季相变化明显的太平洋沿岸地区，这里山脉众多，尤其是火山。根据植物学家的定义，中美洲的植物区系包括从墨西哥境内狭长的特万特佩克地峡到巴拿马、哥伦比亚国界之间的范围，这里拥有约17000种开花植物，和墨西哥以北的整个北美的数量差不多。

生物学家拉塞尔·米特麦尔及其同事将中美洲也定义为一个“生物多样性热点”地区。他们估测中美洲拥有2859种陆生脊椎动物，其中1159种（40.5%）是当地的特有种，而爬行动物有685种。这么多动植物都和谐地共同生活在中美洲各种不同类型的栖息地中，包括季节性的落叶林、高地针叶林、低地雨林、山地常绿林和其他山地栖息地。

南美洲

南美洲是世界上生物多样性最丰富的地区。安第斯山脉纵贯南美洲整个西部，不仅是地球上最大的山脉，还从北向南跨越了赤道。也正因为它是南北向的，喜欢阴冷环境的动植物可以沿着安第斯山脉迁徙，并顺利地度过地球的几次冰期。更重要的是，安第斯山脉地形复杂，海拔多样，这就给生物提供了无数不同类型的生存环境，让哥伦比亚、厄瓜多尔和秘鲁这些国家各自拥有的高等植物都能超过16000种。同时，在哥伦比亚和秘鲁，有记录的鸟类都有1800多种，这可比美国和加拿大加起来的770种多出两倍不止。

除了安第斯山脉，南美洲的第二大地质奇观就是亚马孙盆地。亚马孙河流域面积7050000平方千米，几乎占了整个洲的四分之一。亚马孙河拥有超过1000条支流，是全球最大的水系，地球上超过五分之一的淡水在这里奔流不息。据估计，亚马孙河流域的淡水鱼有3000种，比整个大西洋都多！而且，虽然亚马孙盆地面积广阔，但地势相对较平，季节性的强降雨难以排走，这就使盆地中的某些河流每年水位的涨落落差能达到10米之多，这样的循环导致了季节性洪溢林和永久性森林沼泽的形成。不过，南美洲物种最丰富的地方却不是这里，而是那些未被雨水淹没的森林和高海拔的陆地栖息地，尤其是安第斯山脉的东麓。

在南美洲的其他地区，也有着许多独特的植物区系。圭亚那岛东北部的地盾是由众多彼此独立的山组成的，这里是许多独特物种的家园。在巴西，东北部干燥的灌木林地、沿着南部海岸生长的常绿林，以及南部富饶的落叶林养育了无数特有物种。这些植物区系，再加上亚马孙盆地里的生物群系，使巴西一个国家就有约56000种高等植物物种！这还不算完，1990—2006年，巴西还发现了2875种新的植物。塞拉多，巴西的一处季节性落叶林，物种总数和特有种种数尤其多。在这里，人们总共发现了大约6400种高等植物，还有837种鸟和1000种蝴蝶。随着人类的扩张，塞拉多地区的生态逐渐受到了威胁，为了对其加以保护，这里也已经被生态学家划定为又一个“生物多样性热点”地区。草原对南美洲物种的丰富度也十分重要，尤其是奥里诺科河盆地、安第斯高原和阿根廷的大部分地区。另外，南美洲南部气候凉爽的温带森林和太平洋沿岸的沙漠，也给这个大洲带来了其他独特的生物群系。

南美洲的生物地理区有多种分法，而安第斯山脉和亚马孙盆地通常被分为最大的两个区域，但沿着安第斯山脉南北向的走势，也能继续划分。有人把安第斯山脉靠近厄瓜多尔、秘鲁边境的地区单分出来，因为这里的山都比较矮。海拔是一种非常普遍和重要的划分依据——在1000米以上的山脉东麓，潮湿的空气养育着山地云雾林，而在干燥的太平洋沿岸，则生长着半荒漠草原、草原和灌木丛林。海拔上升到3000—5000米时，还会出现高海拔特有的生物群系，这里也是人类最早栽培土豆的地方。总而言之，这些分布在广袤区域的种种生物群系，共同为南美洲带来了大量的物种。

东南亚热带地区及其附近岛屿

和新热带界比起来，旧热带界对生物多样性做出的贡献也毫不逊色。南亚的印度次大陆既有炎热的荒漠，也有常绿的雨林，养育了约25000种高等植物。相对而言，东南亚群岛众多，降水也更为充沛。狭长的马来半岛是大约15500种高等植物的家园，婆罗洲岛的高等植物有13000种左右，而在东南亚最高峰基纳巴卢山（海拔4101米）的山峰之上，还拥有许多特有的物种。

东南亚的雨林不仅物种丰富，形态特征和植物组成也很奇特。这里的许多雨林都只有一个科的高等植物，名字叫龙脑香科。这个科的树有两个不寻常的特征。第一个特征众所周知，它们会在多年不开花结果后，毫无预兆地突然开花。而且，这个科底下许多属和种的植物不但会像商量好一样上演一起开花的盛况，连结果也步调一致（周期性的厄尔尼诺可能是这种现象的成因）！这种特殊的繁殖机制会导致森林在许多年没有食物之后，又在某一年突然果实大爆发，这不利于动物生存，因此和新热带界的雨林相比，这里的雨林中动物数量少了很多。

龙脑香科雨林的第二个特征，就是树都很高。美洲的雨林中有些树能长到50米，但很少有再高的了，然而在东南亚的雨林中，70米只能算是“一般身高”。龙脑香科树的树干颀长，树冠极高，这让整片雨林看起来都很“苗条”、开阔。生活在这里的动物也针对这样的环境做出了相应的回应。在这里，你能发现许多种“会飞的”动物，比如会飞的青蛙、蛇、蜥蜴。当然，它们并不是真的学会了飞行，而是能够利用自己身体和尾巴上悬垂的皮肤或四肢上的蹼，在树与树之间滑翔。全世界只有这里的森林拥有如此多会滑翔的动物。关于这里的雨林，还有一个问题困扰着我，那就是为什么这些瘦高的树叶子都很稀少？它们的树冠相对来说也很稀松。后来的一项研究帮我找到了答案：龙脑香科似乎比其他科的植物能更高效地进行光合作用，因此它们根本不需要太多的叶子！

另外，东南亚地区还是两大动物区系的交汇之处。这两大区系截然不同，被一条“华莱士线”分隔开来。简单说，华莱士线是一条起于印度尼西亚龙目岛，向北经过婆罗洲岛和苏拉威西岛之间海域的隐形的线。这条线西侧拥有象、鹿、豹、猴子等动物物种，而东侧则更多的是有袋类动物、多种蜥蜴和极乐鸟等动物。动物地理学家以华莱士线为界线，将其西侧称为**东洋界**，东侧称为**大洋洲界**。有关华莱士线的内容，我们还将在下一章仔细分析。

澳大利亚——失落的世界

澳大利亚大陆是一个十分奇特的大陆，有着奇怪的生物群。整个大陆几乎都很平坦，仅有5%的陆地高于海平面100米。这里没有火山，近期地质活动的贫乏，导致这里的土壤风化严重，缺乏营养。此外，大陆板块的运动使澳大利亚从更湿润、更靠南的位置移动到了更靠北、更干更热的亚热带地区。化石记录表明，在过去2500万年中，澳大利亚已经失去了多种早期植物。时至今日，澳大利亚接近三分之二的地区，每年的降水量还不足500毫米。贫瘠的土壤、缺乏规律的降水和频繁的火灾，让这块大陆成了地球上最低产的陆地之一。

澳大利亚被海洋隔绝了几百万年，岛上如猴子（灵长目）、鹿（有蹄类)、猫(食肉目)等高等的有胎盘哺乳动物较少(澳大利亚的野犬是较晚才和人类一起来到这里的)。而澳大利亚除了拥有袋鼠、沙袋鼠、袋熊、考拉等有袋动物，还有一类更加原始的哺乳动物——单孔目哺乳动物。单孔目哺乳动物像是鳄鱼，外皮较硬，会产带有革质壳的卵。它们是现存唯一一类会产卵的哺乳动物！这个古老的哺乳动物门类目前只有两个分支，即半水栖的鸭嘴兽(分布于澳大利亚东部)和几种针鼹(分布于澳大利亚和新几内亚)。不过，澳大利亚的鸟类和爬行类动物物种倒是很丰富。总的来说，这个大陆拥有全世界最独特的陆生脊椎动物群体。

虽然气候干燥，土壤贫瘠，但澳大利亚7899850平方千米的土地上高等植物还是达到15000种左右。这里的乔木和灌木主要属于桉属、金合欢属和木麻黄属，这几个属的植物即便在极度干旱时也会保持常绿。火灾的频发让许多植物进化出了厚厚的木质外壳，以保护种子，比如哈克木这种小乔木，就会结出核桃大小有坚硬外皮的木质果实，并从中分裂出一颗有翅的种子。而斑克木则长有硕大且直立的棒状花序，无数小花紧密地排列在这根颜色鲜艳的“棒子”上。斑克木中间的花序是坚硬的木质，可供种子在内部发育，其表面还有奇特的唇形裂口，这是深藏其中的种子的出口。桉属植物也用木质果实保护种子。桉树的果实长得像一个小瓮，顶端还有个圆形的“盖子”。这些植物的木质果实在被火烧过之后能完全开裂，释放出其中被保护的种子。由于气候干旱、火灾频发，澳大利亚的植物一般都无法结出美味多汁的新鲜果实，因此这里几乎没有以鲜果为食的鸟类和哺乳动物。不过，除了澳大利亚，地球上受干旱影响的陆地还有很多。

撒哈拉以南的非洲

以撒哈拉沙漠和阿拉伯沙漠的边界为北界，南侧的广大非洲地区被生物地理学家称作**撒哈拉以南的非洲**。非洲以其多样和壮观的哺乳动物群落闻名，是一个有着丰富的生物多样性的大陆。在非洲大草原上，有成千上万只大型食草动物组成的种群自由地奔跑。据估计，塞伦盖蒂平原有400万只斑马、角马和瞪羚，还有3000头狮子靠这些动物果腹。从西非的海岸线到刚果盆地，覆盖着丰饶的雨林。我们人类的近亲大猩猩、黑猩猩和倭黑猩猩，今天也都生活在这些湿润的常绿森林里。

东非和西非差异巨大。东非最出名的地标是东非大裂谷，这也是全世界最独特的地貌之一。这条裂谷带为南北走向，两侧为被抬升的高原，裂谷南起莫桑比克，向北经过坦桑尼亚、肯尼亚、乌干达和埃塞俄比亚，最终通向红海。地质变动和火山活动给了东非多样的地形、肥沃的土壤，并进一步形成了多种类型的生物栖息地，包括低地半荒漠草原、金合欢树林和长满高山的常绿林等等。正是在这种丰富、多变的生境中，直立行走的灵长类动物进化成了人。

非洲动物有许多特有种，如河马、长颈鹿、象鼩、裸鼹鼠、丛猴等。土豚曾遍布整个撒哈拉沙漠以南的非洲，它们体形似猪，长相奇特，以白蚁为食。同时，非洲还盛产鸟类，这里的鸟类一般都比较大，羽毛颜色也比较艳丽。不过，动物多样的非洲，植物的物种数量却相对有些贫瘠。

当我们计算植物种类时，就会发现非洲热带地区的高等植物比美洲和亚洲的热带地区都少。以位于马来半岛尾端小小的新加坡为例，这里拥有18属、55种棕榈，已经和全非洲的15属、72种的棕榈种数近了！尽管埃塞俄比亚面积很大（1127130平方千米，比美国得克萨斯州还大），相当于哥斯达黎加面积（51100平方千米）的20倍，但是其只有7000种高等植物，远不如后者的10600种。这两个国家同处热带，也都在北纬10°左右，而且主要降雨也都集中在每年4月至10月，甚至还有类似的高山生境，然而两个国家在植物种数上仍然相差悬殊。以兰科植物为例，哥斯达黎加境内有1300种，可埃塞俄比亚却连200种都不到！

让我们再来看一下西非。在尼日利亚923770平方千米的土地上，只有4715种高等植物——也不如小小的哥斯达黎加。刚果（金）的面积高达2345410平方千米，境内还拥有大片热带雨林，高等植物却只有11000种。除了植物，非洲某些动物的种数也比美洲和亚洲热带地区要少。比较一下这三个大洲相似地区的蝴蝶种数，我们会发现西非利比里亚有720种，马来半岛有1031种，巴拿马则有1550种。利比里亚的面积虽然有111370平方千米，蝴蝶物种数却还不足面积仅78200平方千米的巴拿马的一半。这些差异太明显了。

然而，高等植物的物种数量到了南非又会出现一个飞跃。在南非的温带地区，高等植物种数惊人地达到了23400种。所以，到底为什么非洲中部广阔的热带地区一共却只有27000种高等植物呢？27000种，这个数字比中国的高等植物种数要少，和安第斯山脉北部的个别国家差不多，可是这些国家都比非洲中部的面积小得多。这是为什么呢？

非洲中部热带地区植物种数较少是多种因素造成的。首先，虽然大裂谷周围的地势都被板块运动抬高了一些，但整个非洲热带地区并没有大型山脉。其次，非洲中部毗邻许多环境恶劣的荒漠。单单撒哈拉沙漠就占据了非洲北部五分之一的疆土，导致苏丹明明有2505800平方千米的面积，却只有3200种本地植物物种。在非洲西南部，纳米布沙漠和卡拉哈里沙漠也覆盖了很大一部分土地。此外，即使是非洲较湿润的地区，也不得不面对季节性降雨带来的压力。不论是降雨的规律程度还是降雨量，整个埃塞俄比亚都没有任何地方能和加勒比海沿岸的哥斯达黎加相提并论。不过最主要的原因还是历史性的。在不太遥远的过去，非洲大陆可能经受过不止一次的旱灾侵袭，当然，今天的非洲依然干旱。人们曾利用卫星测定过不同大陆上植物的叶面积指数，发现非洲的数据远低于南美洲。最后，非洲的植物还有一个不同寻常的特点：非洲植物的属一般来说种数都比较多，比如禾草属、金合欢属、大戟属（长得像仙人掌的一类植物）和一批耐旱的荆棘植物，而且和美洲、亚洲的热带地区相比，非洲植物的科和属的数量并不少，这就证明广泛的干旱虽然极大地影响了植物的生长，让非洲植物的种数大量减少，却对更高级的分类影响不大。

过去，生物地理学家曾把撒哈拉以南的非洲地区和马达加斯加岛放在一起，划出一个区系，取名为“埃塞俄比亚界”。然而，如今人们已经意识到马达加斯加岛生态的特殊性，并把它作为一个单独的动物地理区系来看待了。

马达加斯加岛和其他岛屿生物群系

毗邻南非东部的印度洋海域内，有一个全球最独特的生物群系：马达加斯加岛。马达加斯加是狐猴的故乡，这是一类独特而古老的灵长类动物。狐猴是我们常见的猴子的近亲，长着像狗一样的尖脸，很像早期化石中的灵长类动物。马达加斯加岛虽然紧邻非洲，但岛上没有任何有蹄类动物（猪、羚羊等）、猫科动物和当地的犬类，而只有一种啮齿类动物，不过常住的鸟类数量却不少，有209种，其中超过一半是这里的特有种（考虑到多数鸟类都会飞，这个比例已经很高了）！马达加斯加还曾是一种不会飞的大鸟——象鸟的家园。和象鸟一起在岛上生活过的还有多种大型狐猴、小河马和一种大型鹰，后来由于2500年前开始的气候变化，以及大约1200年前人类的到来，这些动物都灭绝了。

据地理学家估计，马达加斯加岛大约在1亿6000万年前开始脱离非洲大陆，又在大约8000万年后脱离印度。岛上的主要山地都集中在岛屿东部，葱茏的常绿森林曾将这些山坡完全覆盖。由于东部山区形成的雨影效应，岛屿西部较为干燥，季相变化明显。马达加斯加西南方就因此形成了独特的植物群落，奇特的多肉植物和树干粗壮、果实多汁的猴面包树矗立在多刺的低矮灌木丛中。虽然马达加斯加岛离非洲很近，但这里却有10个植物特有科。根据2009年的统计，马达加斯加可能有多达17000种高等植物，其中蕨类600多种（整个非洲大陆也只有500种），棕榈共16属170种，其中165种为当地特有种。从数据来看，马达加斯加96%的乔木和灌木从未在别处被发现过。

长久的地理隔离也让这片岛屿的动物物种非同寻常。马达加斯加岛在面积上和美国加州或法国相当，却拥有191种陆生哺乳动物、346种爬行动物与300多种蛙和蟾蜍。[①]这些数字听起来不算多，但其中的陆生哺乳动物和两栖动物几乎全都是这里的特有种！这下明白了吧，马达加斯加岛正是因其独特的动植物群系而闻名于世的。

新西兰岛是另一个拥有独特生物群系的岛国。新西兰有两个主要岛屿——南岛和北岛，这两个岛是由两个板块的碰撞形成的，但南岛和北岛上山地的出现相对较迟。新西兰全岛气候温暖宜人，因此广泛地被常绿森林和植物所覆盖，植被型则和附近的塔斯马尼亚、澳大利亚和南美洲南部地区的植被有亲缘关系。针叶树是新西兰森林中主要的树种。新西兰全境约有开花植物2400种，其中86%为特有种。不过，虽然新西兰也被大洋隔绝，岛上却没有特有的植物科，这可能是岛上的植被独自发展的时间还不够长的缘故。但动物群落就不一样了。楔齿蜥（楔齿蜥属），一种长得像蜥蜴的爬行动物，曾经在这里生活了将近2亿年，如今它们在南、北两岛上已经灭绝，只存在于一些离岸的小岛上。和马达加斯加岛相似，新西兰也是几种不会飞的鸟的家乡。体形巨大的恐鸟在800年前人类上岛时灭绝了，不过它们的近亲几维鸟今天还在。几维鸟体形似鸡，主要生活在茂密的森林里。[②]总体来看，新西兰共有287种鸟类，其中74种为特有种。

地理隔离给澳大利亚和新西兰带来了独特的生物群系，但在太平洋中，我们还能找到全世界最与世隔绝的生物群系——**夏威夷群岛**。夏威夷群岛

---

① 相关研究表明，马达加斯加岛拥有的蛙类物种数量要比人们先前认为的更多。

② 有些动物学家发现，几维鸟的祖先比现存的几维鸟体形大，和它们的近亲恐鸟接近。这说明几维鸟在进化过程中体形缩小了。但它们的卵没有跟着缩小。现代几维鸟的卵和它们自身的体形相比，有点大到不成比例。

由海底暗藏的热泉和火山喷发形成，在过去4000万年里一直受到地壳板块运动的影响。群岛最西侧的考爱岛最为古老，形成于大约600万年前，而最年轻的夏威夷岛则位于群岛最东侧，不断爆发的海底火山至今仍在给它添置新的土地。夏威夷群岛所在的大陆板块始终在西移，所以在这个过程中，新的岛屿也不断在群岛东侧的海面上形成。这也说明，虽然现存最“年长”的岛屿仅形成于600万年前，但其上生物的发展历程很可能更长久，它们或许来自更古老的岛屿，只不过这些岛屿早已石沉大海。不过话说回来，正是由于长久以来不断有新岛屿形成，以及整个群岛与世隔绝的环境，夏威夷群岛如今才成了一个研究生物的扩散、适应性变异和成种机制的绝佳场所。

夏威夷群岛和附近大陆之间相隔超过1600千米，所以岛上近千种植物中有近90%是这里的特有种。不过令人惊讶的是，兰科植物的种子明明那么轻巧、易于传播，夏威夷全岛却只有两种本地的兰花！这里也没有淡水鱼、两栖动物、爬行动物和哺乳动物，因为这些动物无法自己跨越大海的阻拦。与此同时，长久的隔离也让夏威夷群岛的生态环境变得极为脆弱。人类活动带来了许多新物种的入侵，多种原生物种不堪其扰，已经灭绝。此外，岛上大约还有60种本地植物种群的数量已不足12个，它们看起来已经时日无多。还有研究表明，夏威夷曾是几种小型无翼鸟类的家，但在人类登陆后不久，这些鸟也从岛上消失了。如今，夏威夷群岛共有鸟类112种，其中包含32种特有种、54种新近引进种，而剩下的都是能飞越大海，在两岸之间迁徙的。新型动植物的入侵，以及随入侵物种一起到来的新的疾病，不断冲击着夏威夷的原生生物群系，数遍整个美国，这里的生态无疑最脆弱，最容易招致其他物种的入侵。

夏威夷群岛的动物还有一个有趣的特点：由于植被丰富且缺少竞争，有些动物开始了爆炸式的扩张。比较典型的是果蝇属。果蝇属在全世界共有约2000个种，但其中几乎一半都是夏威夷特有的！果蝇属里有一种黑腹果蝇，是遗传学分析和实验中最常用的对象，再加上夏威夷可谓各种果蝇的大本营，这就让这片群岛成了研究成种机制和生物多样性的绝佳场所。动物地理学家还将夏威夷群岛和太平洋上的其他岛屿划为一片单独的区域，称为**大洋洲界**。

显然，地球上拥有多样的植被型和各有特色的动物区系、生物群系，以及特有种丰富的岛屿生态系统，所有这一切给地球带来了极其丰富的生物多样性。然而，我们也可以轻易看出，生物的分布不是均匀的，有些地区物种极多，有些地区却相对贫乏。在下一章中，我们将讨论物种多样性更为具体的分布规律，看看物种和个体在各类生境中到底是如何分布的。

第五章

生物在地球上分布的一般规律

在考察了世界各地的物种数量之后，让我们继续讨论多样性的分布规律。不过，先等等，让我们再回过头审查一下我们评估多样性的依据。到底该如何量化生物多样性呢？一般来说，区域生物多样性测度主要有三个指标。第一个指标我们已经提到过——在一片区域内共存的物种数量。这个数据很直观，通常适用于熟知的物种，但别以为简单地计算物种数就很容易！

计算物种数时最需要注意的问题，是你只能计算原生于一片动物或植物区系的物种，这就要求人们对这一生境内的物种进行区分，有些物种看似原生，实则是人类活动带来的入侵物种。如今旅行和商务活动日益频繁，区分原生和入侵物种变得更难了。因此，我们将把主要精力放在一个地区的本地物种上，而非新近出现的物种上。

第二个指标要更加具体一点——要统计的除了物种的总数，还有只在该区域存在的物种，也就是该区域的特有种。这就会引起分类学上的问题：你怎么知道这个物种就是**特有种**，而不是在其他区域也存在的某物种在该区域的变种？有效地确认“特有种”不仅需要研究者有渊博的分类学知识，还需要对生境进行谨慎的研究和广泛的对比，但实际上许多动植物物种都缺乏这样彻底的调研。不过如果真的有某片区域的特有种占比极高，那就表示时光一定想在这里向我们展示过往的一切。

第三个指标，就是要观察某个区域是否拥有更多高分类等级，换句话说，就是该地区是否拥有更多亲缘关系较远的物种。假如有一座岛，岛上只有三种老鼠，却没有其他脊椎动物；还有另外一座岛，面积更小但拥有一种老鼠、一种蜥蜴和一种蛙。这两座岛相比如何呢？当然是前者的生物多样性远不如拥有三类脊椎动物的后者。从动物保育的角度来看，前者也不如后者更值得人们努力，至于其中的原因，你想想前者的未来就知道——在老鼠岛上，只会出现更多的老鼠。

在进一步讨论高分类等级的多样性之前，我们还是先利用简单的物种总数数据，来探究一些最为明显的物种分布规律吧。

多样性随纬度的变化

从赤道向地球两极，物种数量有逐渐减少的趋势。当然也有例外，尤其是在沙漠地带，但总的来说，这个规律站得住脚。物种数量在气候最温暖的地方最多，然后随着纬度的升高而降低，这个趋势在陆地和海洋中都存在。以树木为例，其种数就从赤道到北极稳定减少。在西太平洋沿岸，我们可以看到台湾岛大约有500种树木，而日本南部有250种，日本北部有80种，俄罗斯的堪察加半岛有20种，最后到了北极圈，就只剩5种了。在北美洲西部自北至南，我们同样能在鸟类和哺乳动物身上发现这一规律。阿拉斯加有222种鸟类和40种哺乳动物；往南走，在加拿大的不列颠哥伦比亚省，分别有267种和70种；加利福尼亚有286种和100种；向南进入墨西哥热带地区，数字则激增至772种和491种！虽然导致数量猛增的部分原因在于墨西哥的面积要比美国的两个州都大，而且其境内地形多样，但纬度的影响还是很明显。以蝴蝶为例，这种变化同样惊人。据估计，美国、加拿大和墨西哥北部地区加在一起有750种蝴蝶，但新热带界则有7500种——整整10倍的差距！

当然，物种多样性随纬度变化的规律也有例外，在一些较冷的温带地区，某些动植物物种反而更丰富。以蔷薇科植物、松树、桦树、栎树，以及蚜虫和蝶螈等物种为例，它们在温带的种类都比热带更多。但例外毕竟是少数，总的来说这个规律没有什么问题。对某些典型热带植物来说，这个规律表现得尤为明显。棕榈有超过2500个种，耐寒性很低，在北美，棕榈树最往北也就长到沿海的北卡罗来纳州。比棕榈更不耐寒的是姜、香蕉以及它们的近亲，这些植物通常叶片较大、花色艳丽，给热带地区带来了一种特有的异域风情。然而这些例子都太具体了，热带地区的物种最为丰富的原因究竟是什么呢？

无疑，简单的生物生产力是影响物种丰富程度的一个重要因素。这里的生产力可以用两个指标来衡量——每年的碳固定量或生物量。在拥有合适的湿度和温度的情况下，接受阳光直射越多，植物的光合作用就越强（碳固定量越大），也就意味着会有更多“燃料”被用以维持生态系统的运转。寒冷和干旱都不利于生命活动，植物在冰冻或者干旱的环境下是无法进行光合作用的。从植物的叶片中，我们就能清楚地看到热带环境对植物生长的优势。热带植物香蕉或椰树（棕榈科）的叶片叶翼宽大，而北方较寒冷的地区没有任何一种植物的叶片能长到这么大。大叶片从产能的角度来讲是很“奢侈”的，只有热带的常绿森林能供得起，因为只有这里的植物能常年持续不断地进行光合作用。

大叶片带来的一个问题就是**蒸散量**大。蒸散量是衡量植物失水量的一个数值。当植物体太干燥时，叶片上的气孔关闭，光合作用就会停止。而如果气温太低，植物就无法从根系吸收水分，整株植物就会进入休眠状态。因此，可以说**季节性**是植物生产量的重要决定因素之一。曾有一项关于岛屿鸟类的研究证明，**气候**（温度和降水）是物种数量最重要的影响因素（虽然岛屿鸟类不是植物，但也能说明这个问题）。说到鸟类，酷寒的格陵兰岛上只有57种，而美国东部的乔治亚州有160种，再往南，鸟类种数在哥伦比亚达到顶点——1600种。从这些对比效果明显的实例中，我们也可以看到物种多样性在纬度上的变化趋势。

形成物种多样性纬度梯度分布格局的另一个重要因素，是物种的地理分布。例如，如果你是一个生活在美国中西部的物种，并且可以舒适地度过刺骨的冬天和炎热的夏天，那么你的同类很可能分布广泛。但如果你已经适应了热带山地云雾林里凉爽潮湿的气候，你在炽热的低海拔地区，或其他气候较差的地区可能就活不下去。此外，你的后代也很难迁徙到气候相似的其他栖息地，因为这些栖息地大多都在其他的高山上。因此，高山云雾林里的物种的地理分布范围往往极其有限。来到哥斯达黎加的游客，能在蒙特韦尔德云雾林保护区里亲身体验这里独特的气候。附近的旅馆可以提供超一流的住宿体验。这些旅馆建在海拔1500米左右的山上，没有空调，温度却十分宜人，全年任何时候，游客都能享受到凉爽的夜晚与温暖的午后时光。

和季相变化明显的环境相比，热带地区往往拥有更多的“特殊”物种。有人比较过各个地区的蝴蝶，发现热带森林比温带森林里的毛毛虫表现出更加特化的食性。这意味着在热带，更多物种能和平共处而不受彼此的影响。还有一个更引人注目的例子：在哥斯达黎加的哺乳动物中，有相当多靠吃野果或吸食花蜜为生的蝙蝠！这种取食习惯只有在全年都有鲜花和果实的环境中才会形成。我在哥斯达黎加研究植物超过30年，仍惊讶于当地与附近的尼加拉瓜和巴拿马的植物群落差异之大。举个例子，如果你从印第安纳州向西来到伊利诺伊州，或向东进入俄亥俄州，看到的植物不会有什么两样。我们本以为伊利诺伊州有一种特有种——坎卡基锦葵（*Illiamna Remota*），但后来在西弗吉尼亚州也发现了这种植物，伊利诺伊州于是失去了唯一的特有种。不过话说回来，这三个州的植物怎么可能有太大区别呢？两万年前，美国中西部的大部分地区都处于冰盖之下，几乎所有植物都是最近才迁移来的“新居民”。但尼加拉瓜、哥斯达黎加和巴拿马可就不一样了，它们的植物在过去100万年里向来是自由迁移、自由发展的，这三个国家也因此都有无数特有种。总的来说，和温带或寒带物种相比，热带物种的地理分布范围更小。这就是拉波波特法则[①]，这个法则对植物和动物都适用。

2007年《科学》杂志发表了一篇论文，论文从基因的角度分析了生物多样性随纬度的变化。研究者比较了几组来自温带和热带的鸟类、哺乳动物组合，然后通过分析DNA序列估计了这些动物进化过程中实现生态分化的次数。结论很惊人：热带动物组合比温带动物组合在基因上的关系要更远，也就是说，气候更冷的地区，生物成种的速度要比热带更快！这个结论看起来似乎违反直觉，但其实有其道理。如果生物在较冷的地区灭绝速

① 也有一些研究者质疑拉波波特法则的正确性。2007 年的一项研究表明，和西半球温带地区相比，美洲热带地区的树木既有地理分布范围更小的，也有更大的。

度更快，那么这些地区就会有更多生态位空出来等待填补。更高的灭绝率与随之而来的更快的物种形成速度，意味着更高纬度地区生物的更替更快。当然，生物灭绝也是生物多样性随纬度变化的一个重要影响因子。想象一下吧，在上一个冰期时，美国中西部和中欧的气候条件得有多差。[①]

还有最后一点，这一点我们可能不太喜欢谈论，那就是寄生虫和病原体。人类自己就是很好的例子。你要是想得病，我建议你去非洲最潮湿的热带地区逛一逛。这些地区极易得病有两个原因：其一是气候，许多寄生虫和病原体在北方都活不过冬天；其二是历史原因，非洲是人类的起源之地，也是和我们关系最近的近亲居住的地方。在这里，病原体有足够的时间让人类变成它们的宿主。非洲可能还是艾滋病的发源地，是疟疾、黄热病、肝吸虫病和许多疾病病原体的家园，这个问题不只影响人类，对其他动植物也一样：非洲的动物病原体、寄生虫和食草动物种类都很丰富。综上所述，生物多样性随纬度的梯度变化，是热带纬度上相对更加适宜的环境因素和更加激烈的生存竞争共同作用的结果。

空间面积和海拔对生物多样性的影响

生物多样性随纬度的变化是生物多样性在空间上最显著的特征。而通常，如果一个人从一片较小的区域来到一片较大的区域时，他会发现更多的生物物种，这就是物种多样性在空间面积上的变化。从小面积到中等面积区域，物种数基本上呈线性增加，但如果面积进一步扩大，新物种的增加反而会越来越慢，从变化曲线上来看，图像也会渐趋平缓。如你所料，多样性随纬度的变化和随栖息地面积的变化也是互相影响的。2007年一项对北美洲维管植物的研究表明，物种多样性随栖息地面积的变化规律在不

① 其实，在过去的3000万年里，美国和中欧的气候条件一直在恶化，始新世的温暖过后，地区性的降温和季节性的气候变化更强烈了。

同纬度上各不相同。具体的研究结论是这样的：越往北走，物种的分布范围越广，有些物种甚至能扩展到极地附近。在美国伊利诺伊州的草原及其湿润的洼地里，一共有300种高等植物，而到了艾奥瓦州，你却只能找到为数不多的未在伊利诺伊州被发现过的新物种。但正如我们之前所说，热带地区的情况就完全不同。在哥斯达黎加你能找到许多物种，但如果你把考察范围扩展到尼加拉瓜或是巴拿马时，你仍能见到许多在哥斯达黎加未被发现过的新物种。在热带，面积的增加确实意味着物种数的增加。

关于生物多样性随空间面积的变化，另一个显著的例子来自一项对加勒比海岛的研究。科学家从小到大，考察了加勒比海上的几座岛屿，发现将岛上的物种数和岛屿的面积数据分别取对数后呈线性关系，这一发现清楚地表明了空间的面积与生物多样性之间的变化规律。

表5-1：物种-面积的变化关系

以植物种数和乔木在单位面积上的种数为计算依据

地理单元	面积（平方千米）	植物种数	每公顷乔木种数
留尼汪岛	2510	660	40
新喀里多尼亚岛	16700	3061	97
马达加斯加岛	587000	11000	146
新几内亚岛	808000	15000	228
南美洲	18000000	90000	283

（节选自2007年4月，生物学家小E.G.李在美国菲尔德自然历史博物馆的演讲）

生物多样性和空间面积的关系中还有一点很有趣：在小范围内，冻原可能比雨林的物种多样性更丰富。如果在冻原和雨林的地表各取1平方米的样方进行对比，你会发现冻原样方内的物种数更多！在其中你能找到苔藓、地钱、地衣、莎草和几种禾本草类。可在雨林地表样方中呢，你只能找到几种树苗、草苗、无数片枯叶，仅此而已。当然，雨林的生物多样性并不是真的低，而是其多样性主要体现在树冠层。不过冻原样方内物种数量更多的主要原因是这里的植物都很小。为什么小呢？因为冻原的环境太恶劣。在较小的范围内（小于100平方米），北极和温带地区植被的物种数还真不输热带，可一旦把面积扩大，湿热的热带地区就开始反超了，因为热带地区通常都有大型植物“扛着”小型植物的现象出现——其实就是小型的附生植物生长在了大型植物的枝干上。热带常绿林中的物种数基本上就靠这种植物之间的“叠罗汉”大幅增加了。在另一项有关海拔和多样性关系的研究中，科学家以哥斯达黎加巴尔瓦火山面向加勒比海一侧为研究对象，考察了当地30—2600米海拔范围内的山地植被，并发现了264种蕨类植物，其中地生蕨类96种，而121种附生蕨类生长在较低的树枝上，113种附生蕨类生长在较高的冠层。虽然这些分类并不严格，许多物种同时被划入了多个分类，但还是可以轻易看出，附生蕨类的种数远远超过了陆生种。2008年还有一项统计表明，哥斯达黎加将近四分之一的原生开花植物都属于附生植物。而早在1987年，美国植物学家阿尔文·金特里和卡尔·道森就已经提出：新热带界的植物多样性如此之高，在很大程度上就归功于附生植物种类的丰富。

一个极好的体验物种多样性随海拔变化的办法，就是沿着一座热带的山，从山脚爬到山顶。还是在哥斯达黎加，生态学家尤尔根·克鲁格和迈克尔·凯斯勒为了研究蕨类植物，曾统计过海拔3400米以内不同高度的蕨类种数。他们发现，在100米海拔样方内约有20种蕨类，在1200—2500米约有50种，而3000米只有10种。不论是物种总数还是特有种数，都在1000—2500米达到峰值。在婆罗洲的蛾身上，研究人员也发现了相似的规律：它们的物种数在海拔500—1000米最丰富。事实上，许多关于热带生物的研究结果都表明，在中等海拔高度上存在一个明显的物种丰富度“高峰”。其原因在于海拔每升高1000米，气温就会下降6摄氏度。随着海拔升高，空气会变得越发稀薄和寒冷，冷空气存不住水分，山地就会经常下雨，一年中大多数时间都云雾缭绕，山地云雾林就此形成。正是在这种热带山地云雾林当中，高大的乔木枝干上缠绕着较小的附生植物，共同组成了或许是地球上物种最丰富的一类生态系统。

海拔最高的地方物种数最少，这不足为奇。因为这里面积更小，气温更低，风更大。讲英语的学者们甚至在探访东非高山时创造了这么一句短语：白昼如夏，夜晚如冬。在海拔3000米以上地区，晴朗夜晚的气温能降到冰点。也是由于这样的特点，热带山地所能提供的温度-湿度条件组合要比热带平原一成不变的环境条件多得多。不同海拔高度上自然选择的方向不同，驱使的进化也不同，进而导致了更多新物种的形成。生活在新几内亚山地的极乐鸟物种数很多，就是因为它们的栖息地遍布不同的海拔高度，这种现象也叫垂直成层。山地这种能形成多种栖息地的特性，也是地球生物多样性如此丰富的主要原因之一。

物种数量和个体数量

不论是在热带还是在亚热带地区，不管是植物还是动物，那些分布广泛、数量极多的物种总是少数，而绝大部分物种都很稀少。这个规律在一些大型热带乔木身上尤为明显，有时候为了找到同种的另一棵树，你甚至得在森林里走上好一段路。除了乔木，许多灌木、草本植物甚至动物也都相对“罕见”。有一种胡椒属的植物“*Piper Veraguensis*”，其约0.3米长的叶子垂直挂在靠近叶片中心的叶柄上，小叶脉沿着叶柄的联结点绕成圈。这种胡椒生长在哥斯达黎加和哥伦比亚，但我在哥斯达黎加野外工作多年只见过它两面。到今天我都想不明白，在野外密度如此低的物种，究竟是如何一直幸存到今天的。

生态学家埃里克·迪纳斯坦曾在著作《偶见种的王国》中，从生物多样性和生物保育的角度分别分析了偶见种的重要性。他指出，有些植物甚至是“双重偶见”的，即不仅只生长在某些特定的地域，而且在其生长的地域中也很少见。偶见种还有一种类型，就是你也许穿越森林和山地都难以找到，但能在某个特定的山谷中找到不少，这种情况我们称为局地丰富。2013年，有人对亚马孙雨林地区的乔木进行了广泛的调查，发现其中只有227种为优势种，这些优势种的数量占据了雨林树木总数的一半，而其他的11000种乔木均为偶见种。当然，偶见种的多少也是影响同一地理区域中生物多样性的一个重要因素。

截至目前，我们讲过的这些分布规律都和当下的物种分布情况相关，而物种的分布规律也有其深刻的历史根源。

板块运动及其对生物分布的影响

与其他人一样，科学家也是社会动物，所以如果你身边的同僚都说陆地不会移动，那你也基本上不会唱反调。美国的地理学界就曾坚信陆地不可能移动，但幸好阿尔弗雷德·魏格纳是个来自德国的气象学家。他对大西洋的形状很感兴趣，因为这片大洋东西海岸的形状非常相似。他还读过一些古植物学家的论著，论著中描述了一片繁花盛开的**冈瓦纳古陆**。“冈瓦纳”是印度西部一个小镇的名字，在这里的岩石中曾发现含有多种树木叶片的化石，其中有一类植物叫舌羊齿，叶片很像今天的柳树叶，此外，其他形状和类别的植物化石也有不少。很快，这些2.2亿年前化石中的古植物就被人们称为舌羊齿植物群，其特征就是有多种植物并存。这些植物的并存表明它们曾生活在同一片森林中。可这就说不通了！因为科学家也先后在澳大利亚、南非和南美洲发现了来自同一时代、同一植物群的化石！

当然，就算远古时期有一两种植物在世界各地一起生长，这似乎也没什么大惊小怪的，但这么多种类的植物，永远保持着相同的生长节奏，这就不太可能了。因此许多古植物学家推测，舌羊齿植物群当时应该是一片占据了整片大陆的独立森林，他们还将这片大陆命名为冈瓦纳古陆。通过这个论据和其他一些研究数据，魏格纳于1915年提出了“大陆漂移说”。“这不可能！”北美地理学家立刻如是断言。毕竟，大陆怎么可能在地球表面漂来漂去呢？在他们看来，正经的科学家要做正经的科学研究，大陆漂移这种事，简直就是天方夜谭。

但很快，在20世纪50—60年代，一项关于海洋深度的深入研究，为我们揭示了几个惊人的发现。没人想到，大西洋海底各处海床的形成居然都没超过2亿5000万年！此外，在深海的海床上还遍布着长长的火山裂缝。大西洋海底接近正中心的地方就有一片火山脊，从冰岛一直延伸到马尔维纳斯群岛！差不多同一时间，人们意识到了地球磁极会翻转，地磁北极会变成南极，然后再翻转回来。地球磁极翻转的原因和方式如今还不得而知，但这种翻转现象可以帮助我们探明岩浆岩形成的年代。随着岩浆的冷却变硬，岩浆岩的磁极也会逐渐固定下来，而我们通过测定岩石的南北磁极位置就能得知形成时间。用这种方法分析分布在大西洋海底火山裂缝东侧和西侧的岩浆岩，科学家得到了令人吃惊的结果——裂缝两侧的岩浆岩在磁极的位置上完全对称！一侧岩石的磁极随地球磁极翻转而产生的位置变化，在另一侧的岩石中也像照镜子一样地对称出现了！通过这个结果，地质学家得出了结论：炽热的岩浆首先从这条位于大洋中心的山脊处涌出，然后均匀地向两侧水平扩散，在相向扩散的同时冷却形成了磁极位置对称的岩浆岩。这条位于海底的大西洋中脊，一直在通过迸射岩浆，朝东、西两个方向拓展着海床的面积！

从大西洋中脊的不断横向扩展，到大西洋两岸近乎对称的大陆架，都清楚地表明：在过去几百万年里，大西洋的东、西海岸线都在不断向更远处扩张。用地质时代的尺度来看，并不算很久以前，地球上还没有大西洋。那时候，有一块巨大的南方大陆——**泛大陆**，上面生长着茂密的舌羊齿植物群。后来，泛大陆分裂了，大陆的碎片带着上面的植被各自漂移。一切正如魏格纳所想，地球表面是由漂移的大陆块组成的！如今，作为现代科学领域最具革命性的理论之一，板块构造理论让我们得以更清晰地认识到大陆是如何随时间变化的。从巨型的泛大陆脱离出来的冈瓦纳古陆再次发生破裂，产生了印度次大陆，印度次大陆漂移过印度洋，最后和欧亚大陆亲密相接、碰撞，形成了高耸入云的喜马拉雅山脉。可以说，板块构造理论证实了魏格纳的大陆漂移说。

大陆漂移说出现之后，大陆能够裂解，并带着其上的生物一起漂移、运动的理论成了一些生物地理学家信奉的圭臬。他们以此为基础，建立了一门新的分支学科——分衍生物地理学，并坚决反驳以往科学家认定的，动植物可能是靠自己穿越大洋进行传播的理论。为什么不会飞的平胸总目鸟类都生活在南半球？他们声称，这是因为它们的故乡是冈瓦纳古陆，但随着古陆裂解，它们各自有了新的栖息地。不过2007年的一项DNA对比研究却表明，“平胸总目”的祖先极有可能就是从冈瓦纳古陆飞到它们现在的住处的。[①]肺鱼的例子更能说明问题：它们如今只生活在澳大利亚、南美洲和非洲，这种分布情况看起来很符合原始栖息地裂解后，物种随大陆漂移的理论。分衍生物地理学家认为在肺鱼的例子中，说它们靠自己的力量穿越大洋简直就是强词夺理。20世纪80年代，生态学界对此展开了激烈的辩论，但后来争论逐渐平息，人们一致认为，某些物种能够依靠自己的力量穿越大洋进行传播，而另一些则需要紧紧地依靠自己栖息的陆地，随陆地一起漂移。不过说实话，大陆漂移，“并带着上面的‘乘客们’一起运动”，这确实解释了不少动物物种看似不寻常的分布情况。

华莱士线

阿尔弗雷德·华莱士是一名动物标本收藏家，他曾多次在马来西亚、印度尼西亚和新几内亚群岛考察。考察期间，他发现了一个十分奇特的现

① 基因证据表明，平胸总目的鸟类最初是会飞的，它们飞到了遥远的栖息地，随后飞行能力才渐渐退化。

象——只要跨越印度尼西亚西部的巴厘岛和东部的龙目岛之间区区48千米的距离，就能采集到完全不同类别的标本。类似动物分布的突变也发生在婆罗洲岛和苏拉威西岛之间。在这条无形分界线西侧，人们能见到猴子、猫、鹿、犀牛、松鼠等动物；在东侧，人们能发现多种长相奇特的树栖有袋动物、多种蜥蜴、极乐鸟和它们的近亲，但看不到一只猴子、猫和鹿。尽管也有一些动物的栖息地会跨越**“华莱士线”**，但总体来说，华莱士线是一条动物区系的显著分界线。这里也是研究动物分布的一个重要舞台。

为什么两个动物区系相隔如此之近，成员却如此不同呢？想想板块构造吧！与印度次大陆一样，包含澳大利亚大陆和新几内亚群岛的大陆板块，从更偏南方的区域向北漂移了一段距离。尽管这次运动没有像印度次大陆一样猛烈撞上北方的邻居形成山脉，但将南方特有的生物群系带到北方，和北方的生物群系来了一次亲密接触。这就解释了为什么极乐鸟和凉亭鸟在新几内亚群岛上数量如此众多，因为没有猫吃它们啊。也是因为大陆板块漂移，东南亚和澳大利亚两种完全不同的动物群系才会如此接近。

然而，和区别明显的动物群系不同，在研究植物时，华莱士线很难辨别。植物物种跨越海洋，在不同栖息地之间进行传播似乎要容易得多。相比之下，只有少数几种不会飞的陆生哺乳动物在东南亚和澳大利亚同时存在，但两边都有的植物多达69种。植物物种似乎和动物有着截然不同的发展方式。

还有一组数据，可以证明分类等级更高的物种，确实拥有更为长久的历史积淀。美洲热带地区共有约1270种蕨类植物，而东南亚、澳大利亚及其附近岛屿（合称澳大拉西亚地区）加起来共有约1235种，从种数来看差不多。然而，澳大拉西亚地区拥有93个蕨类植物科，新热带界却只有38个。这个差异就太大了，澳大拉西亚地区的科数比美洲热带多两倍不止！科要比种的分类等级高得多，而澳大拉西亚地区拥有相较美洲热带两倍多的蕨类科表明，有两个“长久分居”的蕨类植物群系在这片地区相会了。长久以来，蕨类植物都依靠微小的孢子进行空气传播，因此，东南亚的原生蕨类和澳大利亚/新几内亚群岛的原生蕨类早已相互混生，无法区别了。

东亚-北美间断分布

19世纪中叶，哈佛大学植物学教授阿萨·格雷首先发现了北美洲植物分布的异常情况。他发现从日本和中国运来的植物标本，常常包含美国东部的一些植物属。随着研究的深入，他发现这个特点越来越明显：东亚和北美洲东部的植物有明显的相似性，这种相似性甚至比北美东西部之间植物的相似性更大！在美国西部的俄勒冈州，就缺少许多东亚和美国东部共有的植物物种，比如高大、古雅的“郁金香树”鹅掌楸。这种树在全世界现存两个种，即生于美国东部的北美鹅掌楸和原产于中国东部的鹅掌楸。再比如北美常见的檫木，叶片有点像连指手套，其所在的属一共包括3个种，两种生长在东亚，一种生长在北美洲东部。美国东部沼泽中常见的臭菘目前只存在于世界上两个地方：东亚和北美洲东北部。再列举下去，林下层草本植物透骨草也有这种分布特征。

让我们再把目光投向动物。美国密西西比河有一种长相奇特的鲟鱼，其现存的唯一近亲生活在中国的长江流域。美洲大鲵体长1英尺左右，长得好像被车轧过似的。它们栖息在美国奥沙克山脉和俄亥俄河流域，同样的，其现存的唯一近亲在东亚。短吻鳄全世界现存两种，一种在美国东南部，另一种在中国南方。上述这种现象，我们称为动植物物种的间断分布。那么，到底是什么原因导致了如此密集的物种间断分布呢？

从化石中，我们可以了解到2000万年前欧洲动植物繁盛的景象。水杉（水杉属）过去被认为早已灭绝，其化石在全世界北方地区均有发现，但后来在中国又发现了幸存的植株。在冰期开始前，鹅掌楸、短吻鳄和各种奇特的两栖动物也曾广泛存在于各大陆北方的混交中生林中。但冰期严重地破坏了北欧的植被。前文说过，冰期对东亚的影响最小，因此东亚和北美洲东部地区有些物种幸存了下来，最终形成了由格雷教授发现的东亚-北美间断分布。时光再次在生物地理学上留下了自己独特的痕迹。

什么是“生物多样性热点”？

从更宏观角度来看，世界上有些地区的生物多样性高得惊人。出于生物保育的目的，其中一些地区已被列为“生物多样性热点”。不过俗话说“情人眼里出西施”，哪些地区可以获此殊荣完全取决于谁来制定这份名单，评选标准因人而异。物种总数要达到多少才算多？哪些动植物在统计范围内？某片地区特有种的多少在判定时应该被赋予特殊意义吗？应不应该考虑物种的濒危程度？虽然这些问题难以明确回答，但生物学家拉塞尔·A.米特麦尔、诺曼·麦尔和克里斯蒂娜·戈瑟希·米特麦尔还是将他们的宏伟设想写成了一部长篇论著:《热点：全球生物最丰富、最濒危的陆地生态区》。该书于1999年出版，他们在书中详尽地解释了**生物多样性热点**这一概念，并通过考量栖息地受威胁的程度和特有种的生存状况，列出了他们心目中的热点地区。此外，书中还收录了许多令人惊叹的照片。当然，他们的某些选择也存在争议，如新喀里多尼亚和新西兰都被选中了，加勒比海诸岛也在其列，但新几内亚群岛未能入选，原因是新几内亚群岛物种虽多，受到的威胁却不严重。此外，不同热点地区的面积也是千差万别，如太平洋中西部的大部分岛屿都被划入了波利尼西亚和密克罗尼西亚热点地区，这一热点地区面积极大，而面积极小的新喀里多尼亚，却被划为了一个独立的热点地区。总而言之，在任何只有25个生物多样性热点地区的划分中，有争议是在所难免的（见表5-2）。

表5-2：生物多样性热点地区

（米特麦尔等，1999）[1]

地中海气候区植被以星号标记

地区	维管植物种数	特有种数	鸟类种数	哺乳动物种数
加勒比诸岛	12000	7000	668	164
中美洲	24000	5000	1193	521
乔科-厄瓜多尔西部地区	9000	2250	830	235
赤道安第斯山	45000	20000	1666	414
巴西大西洋沿岸森林	20000	6000	620	261
巴西高原萨瓦纳植被带	10000	4000	837	161
智利中部地区*	3429	1605	198	56
加利福尼亚植被区系*	4426	2325	341	145
非洲东部弧形山脉	4000	1400	585	183
非洲开普省植被带	8200	5682	288	127
非洲肉质植物高原台地	4849	1940	269	78
非洲几内亚森林	9000	2250	514	551
马达加斯加	12000	9704	359	112
地中海沿岸*	25000	13000	345	184
中国西南山地	12000	3500	686	300
亚洲高加索山脉	6300	1600	389	152
亚洲印缅地区	13500	7000	1170	329

① 2005 年，国际环保组织“保护国际”宣布新增9个生物多样性热点地区，至此全球生物多样性热点地区的数目由原来的25 个增加到34 个。——编者注

亚洲西高止山脉和斯里兰卡	4780	2180	528	140
亚洲菲律宾群岛	7620	5832	556	201
亚洲巽他古陆	25000	15000	815	328
亚洲华莱士地区	10000	1500	697	201
西南澳大利亚	5469	4331	181	54
新西兰	2300	1865	149	3
新喀里多尼亚	3332	2551	116	9
波利尼西亚和密克罗尼西亚	6557	3334	254	16

维管植物、哺乳动物、爬行动物、鸟类和两栖动物的种数是遴选生物多样性热点地区的基本标准，因为我们对这几类生物了解得最详细，而且它们的特有种最方便评估。上文我们也提到过，判定热点地区还有一个重要条件，那就是该地区农业的发展程度和森林的破坏程度，因为农业发展和森林消失往往对只能生存在该地区的特有种影响最大。亚洲的高加索山脉、菲律宾群岛，以及非洲的东部弧形山脉和马达加斯加，都是因为当地生物受到生存威胁而入选热点地区的。一直以来，生物多样性热点地区都是生物保育工作的第一战线，也引导着全世界对这些地区所受威胁的关注。除了热点地区，保育学家彼得·凯瑞华和米歇尔·马尔维耶还提出了“生物多样性冷点”的概念，并表示“冷点”同样重要。美国黄石国家公园的物种数量也许不多，但这里是许多曾经分布广泛的哺乳动物在全美仅剩的栖息地，如棕熊、驼鹿、骡鹿、狼、美洲狮和美洲野牛。当然，我们必须尽力在每一片栖息地上去保护尽可能多的物种，这就要求我们首先要理解为什么地球上有些地区拥有极高的生物多样性。让我们先从国土袖珍的哥斯达黎加开始吧，这里对热带生物研究和保育都有着重要的意义。

哥斯达黎加：国土面积小，物种数量多

哥斯达黎加是热带地区生物多样性的典范。这里有着丰富多彩的历史和传统文化，二战后，这个国家解散了军队，加大了教育方面的投入。多亏了当地生物学家和访问学者多年的努力，我们如今才能对哥斯达黎加的动植物有深入的了解。哥斯达黎加地处中美洲南部狭长的地峡中，整个国家都地处热带，南北邻国分别为尼加拉瓜和巴拿马，而东西则毗邻太平洋和大西洋，国土平均宽度仅有160千米左右。如前所述，哥斯达黎加全年雨水丰沛，还是约10600种维管植物的家乡。如果用这个数据除以哥斯达黎加的国土面积，你会得到一个比全世界任何国家都高的商值！哥伦比亚、巴西、中国的物种数都比哥斯达黎加多，但这些国家的面积也更大。能在这么小的国土上养育这么多物种的，恐怕只有哥斯达黎加了。

从地图上看，哥斯达黎加的面积只有美国俄亥俄州的一半，约51100平方千米，但哺乳动物种数是墨西哥以北整个北美的两倍。同样的，哥斯达黎加蕨类植物的种数也是后者的两倍。哥斯达黎加拥有878种鸟，北美洲北部有850种。这个国家还有175种两栖动物、218种爬行动物，以及228种哺乳动物。以上这些再加上热情好客的当地人，难怪这个小国能吸引大批生态旅游的游客了。

为什么小小的哥斯达黎加能为这么多动植物提供栖息地呢？简单地说，是因为这里地处热带、降雨连绵、山地密布。整个哥斯达黎加最干旱的地区——西北部的瓜纳卡斯特省，全年平均降雨量也有1米。5月至11月雨季带来的降水，保证了低海拔地区大片落叶林的生长，而在另外长达5个月的炎热旱季中，所有树木的树叶几乎都会掉光。在海拔较高的地区（超过800米），气温较低，植物蒸散量下降，常绿森林开始出现。在哥斯达黎加其他地区，由于旱季更短，降雨量更大，除了最高的山顶，常绿森林都是主要植被。在东部海岸，降雨几乎全年不停，因此形成了沼泽林和低地热带雨林。然而，这些低海拔区域的森林只是哥斯达黎加物种极多的原因之一。

哥斯达黎加是个多山的国家，这个国家的火山和山地都是环太平洋火山带的一部分，随着加勒比板块和太平洋板块的持续运动，这里的山地不仅还在持续升高，而且地震频发。从最西端接近尼加拉瓜的地方开始，哥斯达黎加有一条中央山脉，伴随着几座小火山，横穿了大约480千米的国土。瓜纳卡斯特省内的科迪勒拉山脉和提拉蓝山脉，占据了这个国家西北部的三分之一，在这些山脉中，既有活火山，也有古老的火山。而在国土中部的火山群中，同样新老兼备。最后，在这个国家的东部，还有巍峨的塔拉曼卡山脉，这个山脉又和巴拿马西部的奇里基火山融为一体。哥斯达黎加的最高峰——奇里波峰，海拔达3420米。所有这些山地共同养育了当地的热带雨林（低海拔地区）、凉爽的云雾林（中等海拔山坡）、针叶林（海拔2200米以上山地）、矮曲林（迎风面的山坡）和高山草甸（海拔3200米以上山地）。不同类型的山地栖息地，以及遍布山间的大小溪谷，是哥斯达黎加奇高的生物多样性形成的基础。如前所述，凉爽、湿润的山地云雾林尤其适宜附生植物的生长，这些大多体形娇小的植物，喜欢依附在大型植物的主干和枝条上。此外，许多小型动物也在云雾林的树冠社区里安了家。

山地极大地影响了这里的生态发展。在哥斯达黎加的878种鸟类中，有160种仅存于高海拔山地。正如我们在研究蕨类植物时注意到的，许多动植物只生活在较冷的高山上，其中还有很多是当地的特有种。哥斯达黎加有47种鸟类特有种，其他的鸟类分布范围更广，其中也包括迁徙来到热带过冬的。随着时间的推移，中美洲狭窄的地峡已经成为连接南、北美洲两个生物群系的桥梁，而南、北美洲各自的特色也让这里变得更加多彩。在哥斯达黎加的山上，我们既能找到带有北方气候特点的植物，也能看到安第斯山植被的影子。如果把这些植物放到温暖和低海拔的山下，它们反而无力和其他植被竞争。在凉快的山地森林中，栎树占有绝对优势，它们就是在南方植物群系中定居的北方树种（中美洲和北美洲的栎树属不同种类，生长在中美洲南部的栎树种类很少，而到了南美洲北部，栎树仅剩下1

种了）。

综上所述，形形色色的山地与地形切割的存在，再加上雨量充足、干湿季分明的热带气候，让哥斯达黎加成了无数物种的家园。动植物由于适宜生存的海拔高度不同而分化成不同物种的现象，即垂直成层现象，是这个小国拥有这么多物种的一个尤为重要的原因。这一原因，放到南美洲的安第斯山脉中也同样适用。

南美洲安第斯山脉

南美洲也有不少“生物多样性热点”地区。安第斯山脉东麓和亚马孙、奥里诺科河流域接壤的地区面积广阔，气候和哥斯达黎加很相似。坐落于此的哥伦比亚、厄瓜多尔、秘鲁、玻利维亚等国家，也都拥有数量众多的动植物物种。安第斯山脉是全世界最大的热带山系，其东侧温暖多雨。哥伦比亚的鸟类种数位居世界第一，约有1800种。这里丰富的生物多样性主要得益于以下几个方面：一、西北部降雨充沛的乔科地区；二、高耸的安第斯山脉在此处分成三座平行的高山；三、奥里诺科河流域广阔的草原；四、东南部亚马孙热带雨林的植物群落。

和哥斯达黎加一样，安第斯山脉东侧的高海拔地区也有大片阴凉的常绿森林，林中终年云雾缭绕。盛行风迫使湿热空气沿山路向上，随着上升空气逐渐冷却，水分的缺失又导致频繁的降雨和雾气的形成。这里常年居高不下的湿度给附生植物的成长创造了绝佳的条件，附生苔、蕨类、兰科、天南星科和凤梨科植物欣欣向荣。其中，有几种长有“积水槽”的凤梨科植物极大地增加了当地的生物多样性。这些植物具有宽大的叶柄，叶柄排列紧凑形成一种可以积聚水分的“槽”。这样，它们就在其附生的树冠层形成了一汪“小池塘”。尽管高于森林地表，但动物可以在这里找到饮用水源，某些小型水生动物甚至还能在这里安然度过一生。美国博物学家爱德华·威尔逊曾把这些附生植物称为“生物多样性翻倍器”（Biodiversity Multipliers），因为它们不仅种类繁多，还能给其他小生命提供舒适的家园，进一步提高物种丰富度。这当然是好事，但也有不好的地方，由于这些附生植物越长越重，可能会把它们赖以生存的树枝压断，所以我们常能看出山地云雾林比低地雨林里的树木要矮不少。尽管如此，山地云雾林仍可能是所有植被类型里物种最丰富的，其单位面积上的物种丰富度甚至比低地热带雨林还要高。

我们说过，哥伦比亚、厄瓜多尔、秘鲁这些国家物种极多，但因其地形复杂，人们其实只在主要道路和城镇附近收集过数据，此外，我们对当地生态的了解基本上也都来自孤立的保护区和与其相关的研究所。作为安第斯山脉东侧最大的自然保护区之一，秘鲁东南部的玛努国家公园面积约有1532806平方千米，海拔300—4000米不等。这里降雨充沛，除了最高的山顶，全部山地都覆盖着常绿森林，旱季约持续3个月。据统计，包括热带低海拔地区、山地森林和高山草甸在内，这里的高等植物约有6000种。2006年的记录表明，这里有鸟类1005种，是同类区域内鸟类种数最多的保护区。玛努国家公园还有222种哺乳动物，包括92种蝙蝠、58种啮齿动物、21种食肉动物和14种灵长类动物。让人惊讶的是，这次统计并未发现新的鸟类，反而发现了12种新的哺乳动物。这就清楚地表明人类对鸟类的了解远远多于哺乳动物。更绝的是，人们当时还在19种鼠科动物身上发现了15种虱子，其中3种是以前从未见过的！

由于把玛努国家公园全部的海拔地区都纳入调查范围有一定困难，目前大部分研究都集中于帕基亚研究中心附近河道的低海拔地区。在这里，被采集和计数的蝴蝶标本共1300种（截至1995年）。类似的研究还发现了33科498种蛛形纲动物，以及136种蜻蜓和蟌。此外，发现的两栖动物和爬行动物共128种，包括1种鳄鱼和67种蛙。不过这些数据均来自短期研究。也有其他研究所曾进行过长期研究，并发现了113种两栖动物和118种爬行动物，而这表明玛努国家公园里一定还有更多物种亟待人们的发现。总之，安第斯山脉东侧湿润的热带生境很可能是全球生物多样性的一个高峰所在。

其他多雨的热带生物多样性热点地区

如上所述，生物多样性高的区域，通常有以下几个基本特点：能量输入高、降水丰沛、地形复杂。国土狭长的哥斯达黎加和安第斯山脉东侧的热带国家都符合上述特点，气候温热、雨量充足，而且层峦叠嶂。当然，全世界满足这些条件的地区也不止这些，东南亚就是另一个例子。

婆罗洲岛（马来西亚沙巴州）就凭借其多样的动植物远近闻名。京那巴鲁山国家公园的面积只有区区737平方千米，却是5000—6000种维管植物的家，此外，这里还有326种鸟和700多种兰科植物。在京那巴鲁山的森林里，你还能找到好几种食虫的藤本植物，一个个都吊着自己的“小水罐”。除了婆罗洲岛，邻近的印度尼西亚群岛、苏拉威西岛和新几内亚群岛等岛屿也都拥有极高的物种丰富度和大量的特有种。米特麦尔及其同伴当初确定的25个生物多样性热点地区中，有4个就在东南亚：印缅地区面积广大，西起喜马拉雅山脉南麓和印度东部，穿越缅甸，东抵越南；巽他古陆则以马来半岛南部为起点，南至爪哇岛和婆罗洲岛；华莱士地区包括印度尼西亚东部的一些岛屿、苏拉威西岛和新几内亚西部的小岛；菲律宾群岛则顾名思义，仅限于这片群岛的成员。

其他重要的热带湿润山地生物群系还可见于西非的喀麦隆火山，以及东非大裂谷地区更高海拔的山地，尤其是乌干达和刚果（金）边界的山地，那里是山地大猩猩的家乡。在亚洲的喜马拉雅山脉南部山地，即从尼泊尔经由缅甸、泰国、老挝、越南，最终抵达中国南方的连绵山地上，也能找到高山湿润森林。印度的西高止山脉和斯里兰卡的物种丰富度也很高，因此也被选为了热点地区，而新几内亚群岛的动物群系虽然令人叹为观止，但由于受人类威胁较小而尚未入选。

季节性干冷与干旱森林中的物种丰富度

温带和热带的落叶阔叶林也是贡献生物多样性的主力军。温带阔叶林的冬季不好过，但这里的研究价值很高，比如高加索山脉就已经入选了生物多样性热点地区，中国西南山地的物种丰富度也很高。然而，并非所有温带森林的物种数都很高。美国加利福尼亚西北部的红杉树林、太平洋西北沿岸由花旗松和异叶铁杉组成的针叶林，其中的树木高度和木材硬度堪称双绝，全世界再无任何地方能把这么多笔直、高挑的木材如此密集地排列到一起，可这些森林中物种的总数却不多。不管长在哪儿，只要建群种是长球果的裸子乔木，那森林里的物种总数似乎总是多不了。也许这是由这类植物分泌出来用以自卫的一种化学物质导致的。针叶树活着的时候叶片受到的病虫害就比其他开花植物要少，死了之后木材的腐烂也比开花植物要慢。再往北看，成片的泰加林（北方针叶林）里也没多少物种，但这很可能缘于北方的冬天太过漫长和寒冷。当然，除了季节性干冷的温带森林，季节性干旱的热带疏林对物种的丰富也做出了自己的贡献。

季节性干旱的热带疏林和刺灌丛常常拥有丰富的特有种，很多地区也因此被选为生物多样性热点地区。这里的物种总数也许比不上热带湿润森林，但因其特殊的气候，这里有许多特有种。在北美，美国西南部和墨西哥西北部的索诺兰沙漠植被，以及下加利福尼亚半岛的植物群系，物种数量就不少。而在南美，巴西东北部的查科地区和巴西南部、玻利维亚境内的喜拉多与卡廷加草原上，都生活着多样的特有种。喜拉多草原的维管植物多达10000种左右，在过去500万年里，这里火灾频发，但许多植物都发展出了特殊的适应对策。在非洲，埃塞俄比亚东部和索马里境内的金合欢－没药刺灌丛，以及纳米比亚沙漠、南非台地高原上的半荒漠植被群系，也是许多奇特动植物的家园。这些地区有的是开阔的稀树草原，树木普遍较矮，有的则是零散生长在岩石土壤中带刺的灌木丛，灌木丛之外的平坦土地上还有低矮的草原，而火灾是这里的“家常便饭”。

在上一章中，我们曾提到过一类地处亚热带、拥有季节性干旱气候、物种异常丰富的地区——地中海气候区。这些地区及其附近的一些西亚山地，是我们喜爱的许多花园观赏植物的原生地，比如水仙、风信子、郁金香、金鱼草、罂粟，还有夹竹桃。西方文明的发展，也得益于这片地区生产的粮食、蔬菜和香料，如小麦、大麦、扁豆、豌豆、胡萝卜、洋葱、生菜、芹菜、欧芹、洋蓟等。葡萄、无花果、橄榄、海枣和石榴等水果，也同样原产于这块宝地。这么多经济作物正是地中海气候区植物多样性极高的一个反映。事实上，全世界共有5个地中海气候区，且都入选了生物多样性热点地区。而在这5个地区中，有一个地区的植物多样性最值得详细讨论，那就是非洲的最南端，南非的开普省。

南非开普省植物群

几十年来，植物学家一直想不通南非最南端植物群系的成因。南非开普省处于地中海气候区，冬天多雨，夏天干旱，拥有大片干燥荒漠和季节性干旱的稀树草原。这里的山地全是古老、风化严重的砂岩，土壤贫瘠，树木稀少，地表植被都是零零散散的灌木。然而，根据2000年的估测数据，这里却拥有近9000种高等植物，分属近1000个属和5个特有科。要知道，这片季节性干旱的土地一共才74000平方千米，能有这么多种植物实在令人惊讶。2007年，生态学家霍尔加·克列夫特和统计学家沃尔特·杰兹为研究高等植物多样性及其全球分布规律的决定因素，对全球1032个植物区系进行了统计分析。他们发现，在同等降雨量和气温条件下，开普省植物群的物种数能达到其他植物区系的两倍。可是为什么呢？这个降水有限、地形与海拔也平平无奇的大陆之角，为什么会有这么多种植物呢？

鸢尾、百合、芦荟和兰花等多年生植物在南非开普省植物群中尤为丰富，但一年生植物很少。这个植物群的优势种是多种小叶或针叶灌木，多肉植物也有很多，如漂亮的生石花、叶片肥厚的芦荟，以及长得和仙人掌很像的大戟属植物。和植物相反，动物在这里却并非什么“优势居民”，这里的鸟类一共只有288种，哺乳动物更少，只有127种。有趣的是，在这里几乎有上千种植物的种子是依靠蚂蚁传播的！它们会把植物的种子带进蚁穴，以种子中的脂肪组织为食，这样就相当于帮种子制造了一个潮湿的发芽环境，还让种子躲过了啮齿动物的捕猎。而且还有一点好处，就是蚂蚁会将找到的种子带走，但一般走不了太远，这就在无形中推动了生态分化产生新物种的过程。开普省许多植物属内都有很多十分相似的种，这些相似的种生活在只有细微差别的不同环境下，这证明这些种正是生态分化的产物。多倍体化也是当地某些植物物种数增加的重要原因。鸢尾科在开普省共295种，其中因多倍体化而形成的新种却有27种，占了将近10%。

开普省植物群另一个有趣的特点，是这里拥有好几个特大属，所谓特大属是指下属种数特别多的属。在开普省，杜鹃花科的欧石楠属有560个种，番杏科的龙须海棠属有700个种，但这个属后来又被细分成了多个属。还有一类豆科灌木属松雀花属，以及牻牛儿苗科的天竺葵属，这两个属下面都各自包含200多个种。内含这么多种的特大属，一般都在至少500万年前就走上了完全不同的分化道路。利用DNA分析技术，科学家本·沃伦和朱莉·霍金斯曾研究过远志科的荆远志属植物，这个属在开普省有100多个种。研究发现，这些种大都早在1000万年前就已经各自分化了，而这也与非洲本格拉寒流的形成时间大致相同。本格拉寒流将冰凉的海水从大洋南方带到北方，同时制造低气压压迫海面，让非洲西南海岸的环境越发干旱。或许荆远志属植物大规模分化成种正是受到了这个洋流的影响。也有可能，这个洋流对陆地的作用一直在缓慢地积攒和显现，从而导致开普省各类植物都进行了适应和分化。说到这儿，既然我们又提起了时间的魔力，那不如就让我们仔细讨论一下时间对生物多样性的影响吧。

生物多样性与区域历史

在上一章中，我们曾利用历史因素解释了非洲中部植物种类贫乏的原因。历史上，广泛而严重的干旱大大限制了非洲中部地区植物的发展。而对于南非开普省茂盛的植物群，我们也能用同样的原因来解释——这并不矛盾。如果严重的干旱（或者其他灾害）能导致物种灭绝，那条件适中的环境一定就能促进物种的形成，让物种增加。在最近的地质时代中，非洲大陆最南端没有经历任何致使物种大规模灭绝的灾害，因此各类植物渐渐占领了这片陆地。而且南非还有比澳大利亚强的一点，就是非洲大陆没怎么漂移过，不像澳大利亚从一个气候带漂到了另一个气候带。不过开普省植物群的植物多样性似乎存在随经度的梯度变化，越靠西，物种越丰富，不过这很可能与地形和降雨量有关——南非西部地形更加多样，而且冬季的降雨也更有规律。

和南非类似，哥斯达黎加也“安然度过”了最近的地质时代。附生植物靠攀附高大树木的枝干为生，稳定的环境湿度是它们保命的重中之重。将哥斯达黎加与印度尼西亚和面积更大的西非热带地区相比，我们会发现，哥斯达黎加被附生植物青睐的双子叶植物科数是另外两个地区的两倍。由于附生植物的繁殖体必须在其他树木的枝干上才能发育，所以附生植物多就表示这些树木的分布很广。哥斯达黎加的许多附生植物物种都可能是从安第斯山脉向北迁移而来的。不过不论其原生地环境如何，多种附生植物的存在都能证明该地区在长时间内有着规律、稳定的降雨。

特有种向我们传达了什么信息？

一个地区的特有种能向我们揭示该地区的许多生物地理学信息。特有种，也就是只能在某片特定区域发现的植物或动物，有的也许是近期进化的产物，但其他的则是历经万代的物种，它们都是时光中的幸存者。夏威夷群岛的特有种就说不上有什么历史，整个群岛都非常年轻，不少新物种都是群岛的原生物种。岛上的无数种果蝇就是一例，这是一场最近才出现的“物种大爆发”。而澳大利亚的鸭嘴兽和新西兰的喙头蜥可就不一样了，还有马达加斯加的狐猴，它们身上都承载着各自栖息地悠久而独特的历史。[①]显然，古老的岛屿就像“避难所”，保护着古老的物种，而年轻的岛屿则像生命的“摇篮”，为新物种的形成提供了无限的机遇。

相比之下，哺乳动物携带着更多的生物地理学信息，能向我们讲述更多“过去的故事”，原因有二。一是因为陆生哺乳动物一般无法穿越海洋。与鸟类或高等植物相比，陆生哺乳动物不会飞，迁徙能力很受限制。诚然，遍布全球的哺乳动物当然也不少，美洲狮就是整个美洲的霸主，猎豹也曾踏遍从南非到东南亚的广大土地，但你必须承认，大面积的水域对陆生哺乳动物来说就是天堑。二是哺乳动物的化石记录比较详细，我们因此可以弄清楚哺乳纲动物许多科的分化历史。

比较一下世界上较大的生物地理区，我们会发现：澳大利亚的哺乳动物中有91%的特有科，占比最高；其次是南非，特有科占47%；然后是非洲，占36%；再次是北极，占16%；最后是东洋界，占13%。在进一步分析哺乳动物的地理分布前，我们必须知道，现代地图的地理区划很可能造成误导。今天，马、斑马和野驴只分布于非洲和欧亚大陆，但化石记录清楚地表明，马的祖先在几百万年前其实是从北美起源和分化的。它们后来才迁徙进入“旧世界”，结果却在原生栖息地上消失了。野生的马在北美洲一直生存到差不多12000年前，但在人类的捕猎技巧突飞猛进后，它们就在这里灭绝了。

① 岛屿能够帮助原生物种提高幸存的概率，这与麦克阿瑟和威尔逊于1967 年提出的平衡理论相悖。麦克阿瑟平衡理论认为，某个区域内物种数目的多少取决于新物种的迁入和原有物种的消亡之间保持的动态平衡。

另一类意义重大的哺乳动物，就是我们自己——灵长目。目前发现的最早的灵长目动物化石，来自大约6000万年前的北美洲。最古老的食虫灵长目动物如今已经全部灭绝，但仍有一些早期分化出来的灵长目物种幸存至今，比如非洲的丛猴、东南亚的懒猴和马达加斯加的指猴。它们体形娇小，都属于树栖、夜行的物种。马达加斯加的狐猴也是幸存灵长目的早期分支，欧洲曾出土过狐猴类动物的化石，时间大约在5000万年前。狐猴以岛为家，栖息地偏远闭塞，因此也就保留了许多原始灵长类动物的特征，比如它长着一张像狗一样的尖脸。通常，科学家认为美洲“新世界”的猿猴要比“旧世界”的猿猴更古老，因为美洲猿猴的牙齿数量更多，而且大部分缺乏三色视觉，而拥有三色视觉正是旧世界猿猴（包括人类）的普遍特征。一般来说，牙齿多代表着一种古老的性状，而更强的颜色辨别能力则代表着有所发展的、更高等的性状。

综上可知，在灵长目动物演化的过程中，在非洲和东洋界分化出了几类奇特的物种。狐猴只存在于马达加斯加，新世界的猿猴只存在于美洲热带地区，而更加现代的旧世界猿猴则遍布非洲、南欧、东亚，一直延伸到华莱士地区。从中我们可以总结出这样一条规律：灵长目一个重要的早期分支及其近亲，曾经分布于欧洲和亚洲，但目前只在马达加斯加可见。新世界的猿猴目前只在美洲可见，而灵长目进化到最现代的物种，则可见于这两者之间的区域——非洲和欧亚大陆南部。最后提一句澳大利亚，这里没有灵长目动物，今天没有，过去也没有。那么这个规律告诉了我们什么呢?

狐猴的出现在灵长目动物的早期进化史上意义重大。过去，狐猴的栖息地分布甚广，但今天就只剩下了马达加斯加。类似的，新世界猿猴也不是灵长目动物最近的进化形态，但它们也失去了祖先曾经兴盛的旧世界栖息地。能解释这种现象的原因只有一个：这些动物所在的岛屿（马达加斯加岛和南美洲）与外界产生了隔离，它们没有与其他进化更加完备的灵长目动物发生竞争，也无须面对进化更加现代的食肉动物的捕食。得益于岛屿的特殊环境，这部分种群免遭生存竞争，幸存了下来。那么，更加古老的丛猴和懒猴该如何解释呢？这是因为它们种群小，在深林里深居简出，而且只在夜色庇护下活动。从上述信息中我们还能看出，随着灵长目动物的不断进化，这一目内的物种竞争似乎也愈演愈烈。除非你与世隔绝，或者占据一个小而安全的生态位，否则就得时刻面临着被比自己进化得更现代、更厉害的新物种击败，老巢也被占领的威胁。

在简单了解物种多样性的地理分布情况后，我们需要考虑另一个基本的生态学问题：一个生物群系，是怎么同时承载那么多物种活动的呢？为什么始终没有出现一种“最高级”的物种把其他物种挤掉，然后将全部资源据为己有？全世界有数不清的食草动物，它们一刻不停地大吃特吃，为什么地球上居然还有这么多的绿色植物？复杂的生态系统究竟是如何保持这种复杂性的呢？

第六章

区域生物多样性的维持机制

地球上有着多种多样的生态系统，这些生态系统存在于各个地区，甚至各个空间尺度上。当你走进一片森林，你可以选择观察一根树枝上的叶子，也可以观察以树叶为食的昆虫。你还可以以整棵树，甚至是整片森林为观察对象。同样，我们可以只研究一片栖息地或一个区域景观（比如一片森林或一座草原）内的生物多样性，这个层面上的多样性我们称为 α 多样性。我们也可以研究更大地理尺度上的生物多样性，而这样的多样性我们称为 γ 多样性。在本章中，我们将主要讨论如何维持区域性的生物多样性，即 α 多样性。

许多区域的生物群系内都生活着数量众多的动植物，它们共同形成了一个看似和谐、稳定的“居住社区”。不论是高山山顶的冻原、山下的落叶林，还是热带常绿森林，上百种动植物都在几千年的时间里相互依存，一起进化。这给我们带来了不少困惑：为什么从未出现过某种“顶级”物种，把群落中的其他成员一举消灭？为什么食草动物这么多，地球上的绿色植物却怎么也吃不完？数十年来，这些问题始终困扰着生态学家，不过为了了解不停发展当中的区域生物多样性，人们也提出了许多精彩的设想。

什么是生态位？

对动物学家来说，解决动物多样性之谜的一大利器就是下面这个概念——**生态位**。这一概念的关键在于，我们需要假设每个物种都有其特定的生态位，即最适合该物种生存和发展的环境和生活方式。还记得我们之前说过在人身上寄生的两种虱子吗？一种寄生在我们的头发里，另一种由于喜欢温暖和潮湿的环境，通常寄生在人的私处。这两种虱子可以在同一个人（更大的环境）身上共处而不互相影响，靠的就是占据不同的生态位。同理，哥斯达黎加有四种甲壳虫都以黄苞蝎尾蕉为食，但每种甲壳虫吃的都是这种植物的不同部位。蝎尾蕉是香蕉的一类近亲，长有独特的蝎尾状花序，这种植物常用作插花艺术的材料。而那四种甲壳虫亲缘关系很近，连食物来源都一样，仅在食性上产生了细微的区别。我们管这种现象叫**生态位分化**。

在非洲大草原上，大型哺乳动物身上就存在着明显的捕猎生态位的分化。在这里，狮子是体形最大的食肉动物，比花豹足足大两倍。狮子通常集体捕猎，一个狮群足以捕杀草原上最大的食草动物，甚至包括大象。体形比狮子小的食肉动物还有猎豹、花豹、鬣狗和非洲野犬，每一种都有其独特的捕猎方式。鬣狗和花豹通常在夜间捕猎，鬣狗成群捕猎，偶尔食腐，而花豹则独来独往，还会爬树抓猴子。野犬和猎豹在白天的开阔草原上活动，它们也是一个群居一个独居。猎豹依靠闪电般的速度扑杀猎物，而野犬则善用车轮战术，通过接力追捕来拖垮猎物。而同样是非洲大草原，其实还生活着体形更小的食肉动物，如犬科的胡狼、猫科的薮猫和几种狐獴。除了草原，非洲还有成片猎物稀缺的干旱荒漠，那里生活着沙漠猫。沙漠猫的体形和家猫差不多，平时独来独往。和其他沙漠哺乳动物类似，为节省体内珍贵的水分，沙漠猫也遵循着昼伏夜出的生活方式。显然，非洲食肉动物之所以如此多样，是因为各种动物进化出了不同的体形和捕猎技巧。

生态学家还曾提出过一种“理想生态位”的概念。他们认为，每种动物都有一个“基础生态位”，占据基础生态位的物种就能最大程度地走向繁荣。两种基础生态位重叠的物种势必产生竞争，而结果就是一方会被消灭。还有的生态学家认为，生态位的本质就是“依据一个物种对各类环境因素的耐受度而划定的多维超体积”。20世纪70年代，围绕生态位的讨论进行得热火朝天，可再没能提出什么创见，对我们理解植物的生存规律未能提供多少帮助。

植物和植物生态位

植物学家对生态位的概念意见很大，这是因为绿色植物依靠的基础物质是一样的——阳光、水、二氧化碳，它们靠这些东西构建自身组织。而且，许多物种的植物总是友好地生长在一起，从表面上根本看不出它们的生态位有何区别。对此，英国生态学家彼得·J.格鲁布提出，对于植物的生态位，我们应当主要考虑以下四点：第一是**栖息地生态位**，这一点对所有生物都适用，是最基础的一个生态影响因素；第二是**生活型生态位**，即体形、三维结构、年生产量等适应特征；第三是**物候生态位**，即每种植物成长、开花、结实的时机；第四是**再生生态位**，即在一个景观中的物种如何更新和换代。

2007年，曾有科学家对新热带界三片雨林的树木分布情况进行了仔细的分析，结果发现，有约40%树木的生长都和特殊的土壤特性有关。在巴拿马、哥伦比亚和厄瓜多尔，这项研究检验了超过1400种树木和10种主要的土壤养分。尽管大部分树木有着类似的栖息地偏好，但也有超过三分之一的树种只在拥有特定营养元素的土壤中才能萌发。这就涉及一个我们之前未曾注意过的栖息地生态位。在婆罗洲岛进行的类似实验也表明，虽然决定区域树木物种多样性最重要的因素是海拔，但土壤特征的影响也很明显。

当然，将更多物种集中在同一栖息地最简单的办法，还是让各种物种的体形产生差异。以小型猫科动物为例，不管是在沙漠还是草原，它们都只会捕食小型啮齿动物，而和狮子、猎豹难以发生竞争。同时，对它们来说捕食昆虫意义也不大，因为小虫子提供不了多少能量。而对昆虫来说，部分小型哺乳动物、食肉昆虫、小型鸟类才是它们的主要捕食者。体形大的动物优势明显，但体形小的动物也不差，它们启动迅速、动作灵敏，容易找到藏身之处。还有一个最大的优势，就是它们不需要多少食物来维持生存。同样，小型植物也能生活在大型植物无法利用的空间中。还是以附生植物为例，地钱、小型蕨类和兰花一般都长不到10厘米高，但它们可以攀附在树木的枝条上长满云雾林。生命周期短暂的沙漠植物能在一年中区区两个月的雨季，就完成发芽、开花、结实的全过程。对所有物种来说，成熟后的体形大小在很大程度上决定了它们在生态环境中所扮演的角色，这就是生活型生态位。

不过就算体形相当，类似的植物物种也可以通过调整生命周期共存于同一栖息地，这就是物候生态位分化。在美国中西部草原，一年四季都会有不同的鲜花争奇斗艳。漫长而寒冷的冬天一过，草原从5月初就开始热闹起来，最先开花的是不足30厘米高的小型植物，比如马先蒿、火焰草、柳穿鱼、小金梅草和杓兰。再给植物一个月生长时间，到了6月，草原就是60—90厘米高植物的舞台了，其中包括金黄艾叶芹、加罗林蔷薇、羽扇豆和紫露草等。从7月初开始，草原的开花植物火力全开，天蓝绣球、野奎宁、灰毛紫穗槐、金鸡菊、野百合等开始集体绽放。8月，草原又会变成一片紫色的花海，几种大戟属的植物伸出短小的白色花絮，开得早的一枝黄花也能为这片景致再添上几点鲜黄。在这个月，几场大雨过后，最高的植株已经可达180厘米。再过一个月，金黄的一枝黄花属各种植物将一齐绽放，同时还能看见蓝白相间的紫菀，以及藏在灌木丛中姿态优雅的龙胆。而且整整一年时间，各种小草、莎草也都会相继开花。它们的花色没那么鲜艳，靠风力传粉，不同种类的开花时间各不相同。

大草原就像一个舞台，不同舞者在不同时间段相继登台和收场。这种现象并不是随机出现的。如果授粉动物供不应求，错开开花的时间就能减少植物之间的竞争，从而让更多的物种共享栖息地，这就是通过调整生命周期实现生态位分化，进而帮助维持区域生物多样性的过程。

植物群落的演替

不同植物占领同一片栖息地还有另一种重要的方式，即不同时间生长不同的植物，但这不是一朝一夕一年两年能达到的。首先，假如一次山体滑坡“清空”了山地的一面，或者一次大洪水过后陆地上形成了一片河漫滩，此时我们就得到了一块裸地。如果新生的裸地开阔、阳光充足、风力合适，就会有一些小型植物来这里定居，当然，这些植物首先得能生出可动性强的繁殖体，当繁殖体“找到”裸地，就能迅速成长起来。这些植物被称为**先锋植物**，它们是裸地的首批定居者。一旦裸地被铺上一层“绿地毯”，就会有别的植物种子迁移而来并长成更高的植物。几年过后，这片裸地就将变成高大、茂密的树林，树林还能继续吸引喜阴植物前来居住。这个过程就叫**演替**，即从没有生物的裸地，到有先锋植物定居，再到幼林，最终（如果雨量充沛）变为顶级森林的缓慢变化过程。你也可以这么理解：先锋植物为第二批迁入者创造了合适的条件，而它们又一起为后续顶级群落的出现铺平了道路。

灾难能毁灭一个区域的生态，但灾难过后，群落演替则可以重塑这一区域的植被。植物群落的演替在秘鲁的玛努国家公园表现得尤为明显。玛努国家公园位于安第斯山脉东侧，由于山脉逐年增高，山上马努河的海拔也不断上升，这就导致了马努河河漫滩位置的改变（据说安第斯山脉增高的速度和手指甲生长的速度差不多）。在海拔升高的过程中，马努河的流向逐渐向东偏，于是年代较久的梯田都集中在了河道同一侧。也正因为马努河只朝一个方向变向，科学家才有机会研究河道旁边新、旧河漫滩上的植被情况。研究发现，野草是首先在河边开始生长的植物，接着是爪哇木棉属和伞树属树木，然后一些早期先锋植物也来到了这片阳光充足的绿地。这些树木逐渐长成了小树林，然后又吸引了更多新生的森林在周围出现。在不到100年时间里，这里的植物高度长到了将近30米——这就是群落演替的力量，但演替的过程至此还未结束。

200年后，这片森林达到了生长的高峰，高大、粗壮的乔木数量众多，其中还有数不清的藤本植物。然而发展到300年左右时，这片原生森林却开始衰败，并逐渐失去了原本的繁荣。500年时，森林结构发生了巨大变化，早期的原生植物消失殆尽，取而代之的是纤细高挑的新树木。纵观这几百年，马努河河漫滩上的森林一直处在动态的变化当中，这种变化极其关键，因为森林中的物种就是在这种变化中随时间不断增加的。

生活史对策

从植物群落演替的概念中，我们其实可以引申出生物在另一个维度上的生态位：寿命。生长在热带河流边缘的野草，也许在两个月内就完成了开花结果的整个过程，可就在野草身边，“年幼”的爪哇木棉树这时可能刚刚踏出生命旅程的第一步。如果河边的爪哇木棉树能够在生存竞争中活下来，它就能长成一片森林，在未来200年里不断开花结果。有些植物长得快、死得早，有的植物则活得潇潇洒洒，等个几十年才开始成熟和开花。蜉蝣出生几小时就已然性成熟，可大象的漫长一生却超过半个世纪。每种生物都有不同的生活方式，生物学家就把这些生活方式称为动植物的**生活史对策**。

兔子和小型猿猴的生活史对策就大相径庭。比较而言，这两类哺乳动物体形差不多，生活方式却截然不同。雌兔通常比母猴每胎产下的后代数量更多，产崽也更频繁。究其原因，主要是因为兔子不如猴子聪明，但兔子后代“更好养活”——幼兔比幼猴的能量需求和育幼需求少得多。这其实也很好理解，相同体形的兔子和猴子，兔子的大脑只有猴子大脑的一半大。大脑是很奢侈的器官，构建、保养和工作都需要大量能量。利用省下来的能量，兔子妈妈就能多生几次幼崽，还能每次多生几只，而猴子妈妈每胎就只能生一两只幼崽，这一两个孩子还得花妈妈更久的时间来养育。兔子和猴子之间还有一个明显的差别，这就是个体寿命，猴子的平均寿命是兔子的两倍！对猴子来说，长寿成了对低繁殖率的一种补偿。真是精明，猴子住在高高的树冠层，生的孩子少而精，活得还更久。兔子倒是生得频繁，儿孙满堂，可一个个寿命都相对更短。这两种生活史对策都是自然选择的结果，而且都已经经过了时间的考验。

为什么自然选择能决定人类和其他物种的寿命呢？原因其实很简单。一旦人类（或其他物种）到了一定年龄，无法再为后代提供好处时，自然选择就对我们无效了。比如，如果我们携带一种能缩短生命且对生育后代不利的基因，那我们孩子的存活概率就会下降。从结果来看，导致幼年发病的基因不太可能传递给下一代。这是一种激烈的净化选择，或称负选择。可是，假如我们已经70多岁了，不能再生育或养育后代，这时如果我们携带有对疾病敏感的基因，自然选择根本就不会理会这些基因！因为这种情况下的基因无法给后代和种群带来帮助，所以这个基因自然也不会表现为有利变异，因此也就不会发生正选择来进行保留了。也就是说，我们与地球上任何物种都一样，寿命是与我们的生活方式和生态位相适应的。

营养级

我们还可以从更加宏观的角度考察和分析生态位的分化，即生态系统的营养级。想象一个填满各种生物物种的金字塔，金字塔最底层是**生产者**，它们主要是利用阳光制造各类有机物的绿色植物。上一个营养级是食草动物，或者叫**初级消费者**，即直接取食绿色植物的动物种。再往上就是直接捕食食草动物的动物种，称为**二级消费者**，包括食肉动物、食虫动物等。还有一个营养级，即寄生虫和病原体，它们以其他所有营养级为食。此外，生态系统中还有大量以死去的有机体为食的生物，包括细菌、真菌和不少小动物。综上，所有营养级排列在一起，构成了一座生态金字塔。由于能量随着食物链从低营养级流向高营养级的过程中会有损耗，所以营养级越高，其内部的生物量就越低，但有时，在小范围内，高营养级内的物种数也可能超过低营养级，就像一棵大树上有可能住着多种食草小动物一样。

然而，你可别以为处于生态金字塔顶端就能高枕无忧。美国的顶级掠食者白头海雕甚至曾有险些灭绝的经历。杀虫剂DDT曾被人类用于农业生产和灭蚊，而水生植物可以从农业灌溉或灭蚊时的用水中吸收这种杀虫剂。紧接着，小型鱼类吃掉水草，同时也把DDT带进自己的脂肪组织。然后大鱼吃掉小鱼，进一步增加DDT积累，最后白头海雕捕食大鱼，高浓度的DDT也随之进入它们的身体，彻底扰乱其繁殖机能。除了白头海雕，还有许多其他猛禽也是DDT的受害者，这证明DDT的使用必须受到控制。以前，每个人都觉得杀虫剂只会在地表扩散，然后逐渐消失，但DDT的扩散打破了这种幻想，它可以通过生物的捕食行为留在生物体内，还能通过食物链逐级浓缩，这种作用叫**生物放大**或**生物富集**。人类也是如此，在我们燃烧化石能源、挖山采矿的过程中，针对汞、砷、铅、镉的生物富集作用都在无形中进行着。

利用生态位的分化和由营养级绘制出的生态金字塔，我们能得到一张内部关系复杂的**食物网**。2008年，一项关于蚜虫的研究揭示了一张食物网内部的复杂性。蚜虫是一种微小的昆虫，只有1—4毫米，靠吸食草本植物茎秆的汁液为生。它们通常成群结队一起出现，还常常有蚂蚁陪伴左右。由于植物汁液中蚜虫生长必需的营养浓度很低，所以为了生存，蚜虫一般会吸食大量的汁液以提取营养素，再把多余的汁液经肛门排出。蚜虫排出的分泌物富含糖分，常常吸引蚂蚁来觅食。作为交换，蚂蚁会给蚜虫提供保护。但弱小的蚜虫也能引来其他寄生者和保护者，如小型寄生蜂类就会攻击蚜虫，并对蚜虫“拟寄生”，也就是把卵“注射”进蚜虫体内，然后卵孵化出幼虫，以蚜虫的身体为食，最后幼虫化蛹，蛹羽化出新的寄生蜂。不过，真正的食物网可没这么简单，精于拟寄生的寄生蜂自己也有可能成为宿主！这些觊觎“螳螂”的“黄雀”也是小型蜂类，它们的策略一般有两种：一是攻击宿主寄生蜂的幼虫，二是攻击宿主寄生蜂的蛹。等等，还没完，就连处于金字塔最底层的植物也能对整个食物网产生影响。除了两种蚜虫、5种初级拟寄生虫和10种二级拟寄生虫，科学家还以未被人工栽培过的野生甘蓝和经人工栽培的变种抱子甘蓝两种近亲植物作为实验对象，考察了不同生产者对食物网内生物数量和多样性的影响。结果表明：生产者的质量确实能够影响食物网的生物数量和多样性。取食野生甘蓝的蚜虫数量更多，拟寄生食物网的物种多样性也更丰富。这个实验仅仅对照了两种植物和两个食草动物种而已，至于整片热带雨林的食物网有多复杂，你大可自己想象一下吧！

干扰与物种多样性

生态位分化的概念也许能帮助我们理解一个区域的生物多样性为什么丰富，但还是没能解决我们在本章一开始提出的问题：为什么没有一种顶级掠食者统治整片生境？区域多样性又是如何维持的？为什么一片热带雨林里竟能有300种树木共生？为找到答案，生物学家分析了所有能够干扰生物群系现状的生态变量，并将所有的干扰分成了两类：物理干扰，如暴雨、干旱、地震；生物干扰，如捕食者、寄生虫、病原体。让我们先从物理干扰看起。

虽然热带雨林中的树木大都比较分散，但人们总能发现有些树种喜欢群居。它们不仅是同一物种，甚至年龄相仿。原因其实显而易见。这里以前一定发生过类似于山体滑坡或者巨型树木消失的干扰事件，然后新入侵的树种立即占领了这个新出现的断层，时机正好，地点也正好。植物的生长需要阳光，但雨林的地表其实是很阴暗的，因此任何能让树冠层出现缺口的干扰，都能增强林下层的阳光射入，从而极大地改变林下层的生态。为此，甚至有好几种林下层植物都被磨炼成了“找缺口”的专家。在哥斯达黎加有这么三种棕榈，每一种都对应着一个特定的阳光缺口大小。要是雨林的缺口太小，棕榈就得不到足够的阳光来生长；如果缺口太大，就会有别的棕榈长势压过自己。这是一种针对森林环境下的特定干扰而分化出来的生态位。看到这里你也许会问，茫茫雨林，这些棕榈是怎么找到正确的缺口位置并开始生长的呢？答案是，位置不是它们找的，它们只会在森林中播撒大量的种子，只有恰巧在正确位置上的种子才能发芽。

不论是森林里巨大的树木倒下、河流改道，还是山体滑坡形成新的裸地，这些干扰事件都能改变区域生态环境的现状，让新物种找到机会入侵，并在这里开始新生活。以前在中美洲考察时，我们总能遇到高速公路因山体滑坡被封的情况，极其耽搁行程。一开始我还抱怨设计路段的工程师不好，但经过几年野外调查后，我逐渐明白，山体滑坡频繁的原因根本不在道路和工程师身上，而在山体本身！这些年轻的山脉极不稳定，经常崩塌并发生滑坡。在中美洲、南美的安第斯山脉乃至全世界其他山脉中，地质变动都会不断抬升山的高度，导致陡峭山坡上的土壤异常疏松，只要一地震，不稳定的山体就会滑坡，并形成新的断层，但这同时也是大量物种入侵和占地的时机，区域的物种丰富度也因此大大提高了。板块运动，多亏有你了！

物理干扰通常都是随机的，如山体滑坡、暴雨、树木突然倒下等，都无法预测。多数植物都靠不停地播撒种子来应对这些干扰，希望能有小部分种子找到合适的地方，将来“出人头地”，而另一些植物则会选择等待。曾有人在马来西亚的森林中观察到，有些约10米高的未成熟的林下层树木，能将这个高度保持20年以上。由于光照不足，这些植物无法继续长高，也无法开花结果，似乎一直在等待什么。如果某一天，它们附近真的有树木倒了，它们就可能得到足够的阳光，并长到树冠层开花结果。由此可见，无法预测的随机干扰是支撑许多栖息地内物种丰富度的一个重要因素，甚至有些幸运的植物种子还能通过干扰打入一片已经被几百种其他植物占领的成熟森林。美国生态学家史蒂芬·胡贝尔和罗宾·福斯特曾研究过巴拿马巴洛科罗拉多岛上的树木生态，并总结道：“热带树木群落的种群生物学和群落生态学，很可能主要就是依靠概率不确定的突发事件形成的。”

无法预知的天气变化是维护植物群落内多样性的另一种干扰。美国中西部草原一个令人称奇的特点，就是这里的景色每年都不一样。所谓的天气并不局限于降雨量，前一个冬天的温度、长短也是很重要的指标，而来年春天是否干旱，也能影响许多植物的生长和发育。一种植物适应的天气并不一定适合其他植物，环境条件不同时，植物产生种子的能力也会随之变化。2006年，一项对美国堪萨斯州草原的研究展示了一年内的气候变化对三种相似草类共生的影响。土壤内种子的存储状况、世代重叠和天气变化，三个因素使这三种草只能共生，任何一种都无法独自称霸草原。

在这片草原上，还有一个重要的干扰因素就是火。有一年，在目睹了草原花开的绚烂景象后，我决定和朋友们共享这一视觉盛宴。于是第二年同一时间，我约上几个朋友，驱车再次前往。然而很遗憾，草原花海没有了。当然花还是开了的，但远不如前一年开得壮观，我的“赏花之旅”远没能达到我想要的效果。多年研究草原生态的生物学家罗伯特·贝茨发现，火灾在很大程度上影响着草原植物的密度，一场火灾过后，大量营养回归土壤，来年夏天草原植物集中开花和结实的概率就会提高。同样的，在世界其他地区的季节性植被中，火灾也是一种常见的干扰。

中等程度的干扰是维持高物种多样性的重要手段，不过中等程度的干扰和严重的干扰带来的结果完全不同，我们必须加以区分。东南亚的森林常常受到剧烈台风的侵袭，因此这种森林里的树木物种数就比台风路径以外的森林要少。同理，严酷的寒冬或长久的干旱也会给区域多样性带来挑战，只有适应性强的物种才能存活。

提高物种多样性的生物干扰：捕食者、寄生虫和病原体

维持物种丰富度的除了物理干扰，还有生物干扰。在中美洲的低地森

林中观察四纹豆象许多年后，美国生态学家丹尼尔·詹岑发现，这种昆虫对作为其食物来源的植物的分布有明显影响。豆象类昆虫都以豆科树的种子为食，它们会聚集在树下面，等着果实裂开，种子掉下来。然后，豆象的成虫和幼虫就会捡走种子大快朵颐，同时也毁掉种子发芽的机会。从观察中詹岑得出结论，豆科树种子生存、发育的机会是和其与母树之间的距离成反比的。如果它们掉落得离母树越远，生存概率就越高。另外也有一些生物学家则在类似的实验中发现：在母树周围的种子要比离母树远的种子死得快，因为在母树周围的土壤中存在致病性真菌。确实，在森林中，有几种树木已经展现出了一种“超分散”的分布模式。

不过，真实情况可没这么简单。森林的地表层还生活着主要以种子为食的啮齿动物，它们也会寻找被美味的豆象幼虫感染了的种子。这就又改变了植物的成活率。如前所述，有些树木喜欢聚在一起，但这些豆科树不一样，它们同种之间都离得很远。昆虫取食种子的理论也许能解释少数植物的分布规律，但并不适用于大部分植物。[①]不过无论如何，特定的捕食者和病原体确实有助于控制食物或寄主物种个体的数量。甚至连放牧动物都能帮助维持草原物种的多样性——一项针对英国草原的研究显示，被羊群吃过的草地要比没有被羊群吃过的草地上的植物物种多两倍！

此外，物种之间的竞争关系也能给整个群落的生态带来干扰。我们都了解捕食者会给猎物的物种带来生存压力，也见过许多物种之间迫于压力而展开的“军备竞赛”。今天的马和其5000万年前的祖先相比体形更大，跑得也更快，今天的许多植物为了防备食草动物，纷纷进化出了特有的毒素。植物携带的毒素能有效地做出防御，绝大多数食草动物都无法破解这种防御，不过也有少数动物学会了将毒素与身体隔绝，它们吃下有毒植物之后，能让毒素为己所用！马利筋属植物和“帝王蝶”黑脉金斑蝶就是这样的关系。黑脉金斑蝶的幼虫是少有的几种以马利筋属植物为食的昆虫之

---

① 作为“中性理论”的提出者，史蒂芬·胡贝尔认为偶然性是雨林丰富的生物多样性的唯一成因，这一理论与人们先前认为的雨林中拥有众多物种是因为有众多不同的生态位的观点相悖。

一。它们吃掉马利筋属植物后，不仅不会被植物毒素所伤，反而能将毒素吸收，因此黑脉金斑蝶的幼虫和成虫也都有毒，而且都长出了独特、显眼的警戒色。再过一段时间，鸟类便也记住了它们，并不再招惹这种蝴蝶和它们的幼虫。

雨林或草原中的植物也许看起来都是一派欣欣向荣的和谐景象，但实际上，植物是名副其实的“化学家”。就像马利筋属，它们拥有各种用于防御的化学物质。古柯叶中的可卡因、咖啡豆中的咖啡因、罂粟果实中的吗啡，以及各种薄荷中带有辛香气味的油脂，这些都是植物用来防御食草动物的“有力武器”。新西兰的本土植物没有一种带有对哺乳动物有用的毒素，因为在人类到来前，不会飞的哺乳动物根本无法登上新西兰群岛。在数百万年的时间里，新西兰岛上都没有哺乳动物，植物自然也就不需要进化出防备哺乳动物的能力。

对动物来说，躲避掠食者另一个有用的办法是躲。这也是有些动物选择昼伏夜出的原因之一。甲壳虫的飞行能力一般，所以它们基本都在夜里活动，以避免和更加灵活的鸟类撞个正着。许多哺乳动物也将活动时间严格限制在夜间。除了躲以外，你还可以通过模仿周围环境避开掠食者。蚱蜢模仿草叶；许多毛毛虫受到惊吓后会保持静止，仿佛一根小树枝；蛾一般会收起翅膀，假装自己是树皮或落叶——它们的伪装都很成功。这些动物都是自然选择的成功者，欺骗了一双双想要吃掉它们的掠食者的眼睛。除了模拟环境，还有动物会模拟其他动物，比如有些热带蛾会模仿叮人的蜂类，有的毛毛虫能在尾巴上生出两个酷似蛇眼的斑纹来模仿小蛇，还有的蝴蝶会通过变成鲜艳的橙色，来模拟有毒的同类。这些模仿者生动地传达了它们生存的世界所面临的危险。

敌人的敌人就是朋友

对植物来说，食草动物的猎食者都是朋友！举个很好理解的例子，狼群被重新引入黄石国家公园就很好地体现了食肉动物和植物的关系。1926年，狼在黄石公园彻底消失，导致食草动物，尤其是马鹿数量激增，许多作为其食物的植物，如杨树、柳树和多种蔷薇科小灌木等种群随之锐减。虽然公园内还有其他捕食动物，如郊狼、熊和美洲狮，但光凭它们仍不足以限制马鹿的数量。于是在1995—1996年冬天，公园重新引入了31只狼，情况很快有了好转！重新引入前，拉马尔山谷的杨树和柳树长不到1米高就会被吃光，但在引入后它们已经能长到2—3.6米高了。河边植物长势的变化更明显，因为河边植物更加密集，狼群在这里更方便隐藏和伏击猎物。

马鹿当然不会坐以待毙，聪明的它们改变生存策略，学会了避开茂密的植物群以防狼群窥视。很快，公园又恢复得和20世纪初留下的照片中呈现的景象差不多了。黄石公园的例子清楚地向我们展示了顶级食肉动物对维持植物生长的巨大帮助。总结一下，就是一片拥有多种捕食者、保持着动态稳定的栖息地，能够更好地支持更多植物物种的生长。不过，狼这种大型食肉动物只能说属于“看得见”的捕食者，在自然界，许多“看不见”的捕食者也扮演着重要的角色。

相比之下，自然界“看不见”的捕食者要多得多。它们就是寄生虫和病原体，通常都是微生物，小到肉眼看不见，如病毒、细菌和各种细长、蠕动的小虫（其实不属于昆虫）。这些微生物对维持生物多样性意义也很重大。寄生虫和病原体大都是难缠的对手，能带来致命的疾病，因此能有效制约动植物的种群数量，而制约寄生虫和病原体的一般都是物理性干扰因素。当作为宿主的动植物数量众多、分布过密时，病原体就会很容易从一个宿主传播到另一个宿主，从而酿成流行病，而当宿主动植物数量过少、分布过稀时，传染就很难发生，病原体只能等待时机。因此通过寄生虫和病原体制约种群数量时，主要的影响因素就是种群密度。在现代医学兴起前，人类种群的数量也曾受制于此。更重要的是，病原体通过给稀有物种提供比常见物种更多的存活和繁殖机会，维持着生物的多样性。

幼小的动植物一般对疾病的抵抗力更弱。早在1984年人们就发现，在巴拿马巴洛科罗拉多岛上，被真菌性疾病杀死的树木一般都没超过一岁。在前几章中我们曾提到过，有性生殖能让一个物种的基因组合处于不断变化的状态。其实，在减数分裂过程中不断发生的基因重组，很可能就是物种应对寄生虫和病原体挑战的唯一手段。通过有性生殖繁殖的物种，其后代会不断发生遗传变异，每个后代个体面对寄生虫和病原体的反应都不一样。不过话说回来，虽然经过许多努力，但我们仍可能被传染得病，不过从宏观上来看，这些都是维持生态系统多样性和物种丰富度的必要过程。当然你先不必担心，除了上面这些，大自然还有好多看起来“不那么残酷”的办法来维持生物的多样性呢。

种间合作提高物种多样性

有科学家认为，不同物种之间的**相互合作**也是维持生物多样性的一种有效手段，但这个观点一直以来备受争议。毕竟，自然选择从根本上说是作用在动植物个体上的力量，影响的是个体的繁殖效率。可如果自然选择真的是针对“个体”的，那帮助他人繁殖又怎么和这个规律兼容呢？也许答案是这样的：今天我们在自然界常见的合作行为，最开始其实是各合作方独立进化出来的“利己”行为。很早以前，也许有一些被昆虫吃过花粉的鲜花发现，它们的繁殖效率要比没有昆虫光顾的鲜花高，所以到了后来，它们就学会了用彩色的花瓣、蜂蜜和香气打扮自己，以吸引更多昆虫前来。鲜花和昆虫就这样慢慢地形成了一个松散的共生系统，在这个系统中，昆虫找到了食物，鲜花的传粉效率也得到了提高。换句话说，在形成互利互惠的关系前，植物和动物都各自先满足了自己的利益。在这种关系中谁得利更多我们暂且不谈，但这样的合作关系确实对生态系统的多样性起到了极大的促进作用。

传粉动物的存在是热带雨林能在同一个小区域内容纳多达300种树木的主要原因。风媒传粉也是一种有效的传粉方式，不过这种方式要求同种植物紧密地排列在一起，比如美国的栎树疏林、非洲草原，或者世界各地的针叶林，这些地方的风媒传粉都很有效，但如果同种植物排列分散（比如热带雨林），风媒传粉的效果就会不佳。动物的主观能动性强，能跨越较长的距离，主动寻找同种植物完成传粉。要是没有传粉动物，拥有几百种高等植物共生的热带雨林根本不可能出现。

> 昆虫只为吸引它们的植物服务。当昆虫飞抵时，这些植物为它们提供歇脚之处，为它们指明前进的方向，并对它们的辛勤大加赞赏。
>
> ——彼得·汤普森

可是，传粉昆虫又为什么只会寻找同种植物的花朵呢？其实答案很简单：因为省力！想象一下，你刚在一朵紫色小花里吃完花蜜，为什么要费力地研究怎么从另一种完全不同植物的花朵里采蜜呢？你的觅食对策已经很明朗了，就是再去找一朵一模一样的紫色小花。这种对策连昆虫的小脑袋瓜都想得出。我们管这种现象叫传粉昆虫的**专一性**。在这种对策驱动下，传粉昆虫一般都会在同种植物之间徘徊。只有当栖息地中的紫色小花全部消失时，它们才会开启新一轮搜寻。

花朵与传粉动物之间“松散的共生关系”也催生了很多不同程度的适应性进化，其中最重要的就是蜜蜂家族。蜜蜂科含2000多个种，是唯一一类以花粉和花蜜为食的昆虫，因此蜜蜂和熊蜂才永远围绕在花朵身边。它们采蜜不仅是为了填饱自己的肚子，也是在为孩子们采集食物。除了昆虫，鸟类也常常扮演传粉者的角色，它们更加偏爱鲜红的花朵。而新热带界植被的一个显著特点就是拥有多种花筒狭长的红色鲜花，不过这些花朵旁边根本没有落脚之处！这样的植物是美洲独有的，原因就在于蜂鸟是美洲的特有物种。蜂鸟善于在半空“停飞”，所以它们在采蜜时不需要落脚点。非洲、亚洲和澳大利亚的传粉鸟类还得找个地方站定才能开始采蜜，蜂鸟则无此需求。据估计，在新热带界，有十几个科的8000多种开花植物都为吸引蜂鸟到来而做出了特殊的适应性改变。

无花果与榕小蜂

共生关系的一个极端例子，就是榕属的无花果和传粉昆虫榕小蜂。无花果的花长在球状的无花果内部，无花果虽然看起来像个果实，但其实是个中空的花序，小小的花都藏在这个花序中。无花果顶端有层叠的苞叶，将花序入口完全遮住，脑袋平平的榕小蜂若想进入，就只能挤出一条路来，穿过苞叶的阻隔。在这个过程中，榕小蜂甚至常常折断翅膀。榕小蜂出生在无花果里面，生来身上就带着某颗无花果的花粉，一旦钻进一颗新的无花果内部，它就会将以前的花粉带进来，帮助原来的无花果完成传粉。然后，榕小蜂会在无花果的瘿花里产卵，产完卵后，雌蜂的生命就结束了。卵会在瘿花里孵化，然后幼虫会在这里生长、蛹化、羽化。目盲、没有翅膀的雄蜂会先从蛹里钻出来，这些长相难看的小伙子的任务就是和新生的雌蜂交配，然后聚在一起，为困在无花果里的雌蜂咬开厚厚的“墙壁”，打开一条对外的通路。而姑娘们此时已经将花粉装在肚子上一个特殊的“小袋子”里，只待从雄蜂咬出的通道离开了。雌蜂离开后，必须找到一棵物种对应同时也正等待传粉的无花果树。上述共生关系中一共涉及无花果的三种花：雄花，即为雌蜂提供花粉的花；两种雌花，一种为瘿花，不会变成无花果，专门为榕小蜂幼虫提供成长场所，另外一种是普通雌花，受精后能为植物提供种子。新一代雌蜂离开后，无花果很快就变得甜美多汁，等待着鸟类、蝙蝠、猴子等动物前来取食并帮助它们传播种子。

榕小蜂只能在无花果里面交配、产卵，而无花果没有榕小蜂帮忙传粉也无法产生种子，这种关系就叫**专性互利共生**，换句话说，就是系统内所有成员之间的一种高度依赖的共生关系。这种共生系统风险很大，如果系统内其中一个成员灭绝，另一个也无法独活。确实，在几万个开花植物属中，也只有区区几个专性互利共生系统而已，无花果-榕小蜂系统就是其中一个。然而，无花果所在的榕属（属桑科）却是地球上最成功的植物属之一，拥有700多个种。和其他植物相比，无花果树有一个独特的先天优势——它们不需要和其他植物竞争传粉者，它们有专为其服务的榕小蜂！还有一点十分关键，在热带常绿森林中，无花果树为了自己和榕小蜂有更好的生存条件，在每个季节都会结果。也就是说，一年中的任何时候，无花果树都在为各种动物提供食物，就算在其他水果稀缺的旱季也是如此。因此在玛努国家公园，无花果就成了旱季中猴子的主要食物来源。在这里，一棵无花果树能孕育约20万颗成熟无花果。一项实验中，研究者曾对这些无花果树进行连续20天的观察，结果发现在白天前来取食的鸟类和猴子约有89种。再加上晚上出来觅食的蝙蝠和其他动物，你能明白为什么无花果树常常能成为植物群落中的**关键种**了吧！而一个群落中其他成员的生存状况，在很大程度上都取决于关键种。

其他共生关系

蚂蚁也和许多种植物形成了合作关系。在中美洲，一种蚂蚁栖息在胡椒属植物和樟科树木的枝干、叶柄中，这些植物为蚂蚁提供封闭的住所，而蚂蚁则为植物带来有机物质，为其补给营养。更神奇的是，有些植物甚至会招募一群“士兵”——会咬人或叮人的蚂蚁。如果招惹这些植物，你就会碰上这群气势汹汹的小战士。不过这也有坏的一面，“养兵千日”是很昂贵的，它们的住处和食物都要靠你提供。金合欢属有几种植物生长在非洲和美洲的热带地区，它们就有这种共生关系。还有在美洲低地湿润森林里很常见的伞树属乔木，也会在末梢中空的树枝里培养蚂蚁军团。只有行动迟缓的树懒会以这些植物为食。在哥斯达黎加，我曾为了制作标本砍下这些植物的树叶和花序，然后我站在一边等待，以为这些蚂蚁最多也就只能爬上靴子来咬我的腿，这样我很轻松地就能将它们赶走。结果，这群魔鬼以极快的速度一路高歌猛进，爬上我的腿，然后一直冲向某个不堪一击的地方。反正我是绝对不会再犯这种错误了。

另一个重要的共生系统有点像我们人类的农业。白蚁和切叶蚁都会在蚁穴中筑造特殊的空间，用来培养它们的美食——真菌。美洲的切叶蚁常从高高的树木上切下叶子的碎片，然后将其带回蚁穴，滋养它们的地下真菌“田地”。热带草原上的白蚁还会打造高塔一样的中空蚁穴，让空气在其中充分循环，保持“室内”和“田地”的凉爽。由于白蚁和切叶蚁的蚁穴能帮助营养物质循环和疏松土壤，因此它们在许多生态系统中都有着重大的意义。

最近的DNA研究结果向我们展示了一种对动物生存至关重要的共生关系，这就是动物与其消化道微生物的共生。消化道中的微生物能帮助动物消化食物、形成粪便。在大型动物中，会反刍的有蹄类动物（如奶牛、水牛、羚羊、鹿、山羊、绵羊等）一般拥有最复杂的消化系统，这些动物的胃有四个部分，吃下植物后会进行消化、反刍、重新咀嚼，然后在排出之前沿着消化道进一步加工。细菌、变形虫、真菌作为这些动物消化系统的一部分，帮助它们消化纤维素，并让植物成了它们唯一的食物来源。

就连小小的实验室果蝇，也都有许多细菌帮助它们消化食物！而在食物短缺时，这些共生菌尤其重要。人类的消化道里也有共生微生物。基因筛查结果显示，有几百种细菌生活在人类的消化道中，数量达上万亿。这些细菌可以帮我们消化食物，为我们提供几种必需的维生素，甚至还能帮我们抵御疾病。“人类－微生物”共生系统对我们自身的健康必不可少。

不过，共生关系有时也会带来坏处。水稻有一种真菌疾病就来源于一种和真菌共生的细菌。这种细菌能产生一种可以杀死水稻植株的毒素（根霉素）。由于细菌伙伴的存在，这种真菌就成了人类最重要的农作物的敌人。还有一个人类最近才在热带草原上发现的共生系统，涉及三个成员：一种真菌，一种在真菌内部与其共生的病毒，以及草。这种真菌和病毒一起生活在草的庇护下，结果增强了草的耐热性。显然，这种共生关系对草是有利的。

从更宏观的角度来讲，陆地生态系统中最重要的共生关系，应该要数特定的土壤真菌和植物根的共生，由此形成的共生体被称为**菌根**。这类共生系统还分两类：一类是外生菌根，即某些土壤真菌将自身组织包围在植物根的外层细胞上；另一类是内生菌根，即一些更小的真菌进入植物根细胞内部。通过共生，植物和真菌就能交换土壤中的营养成分、水和糖类。真菌尤其擅长吸收土壤中可利用的氮化物和磷化物，并将这些营养物质传送到植物根系中。而植物通过光合作用产生的大量糖类，则可以通过菌根的连接转移给真菌。通过在植物和真菌之间交换糖类和营养物，这种共生关系帮助了80%—90%的陆地植物生长。在4亿年前，这种共生关系似乎就已经开始了，而那时植物才刚刚离开海洋，登上陆地。

除了上述的共生真菌，还有许多真菌的作用也很重要，它们能消化木头，将木质中的营养素归还土壤。不论是以何种营养方式存在，真菌都是一个健康生态系统必不可少的成员。甚至，有些真菌还能形成一种更神奇的共生体，使其即使在最严酷的极地环境都能生活。

地衣：遍布全球的共生体

说实话，“地衣”这个名字并不合适，我们今天或许更应该管它叫“**地**

衣菌”。这缘于以下两个原因：第一个原因很简单，因为大部分地衣本质上是一种真菌。和真菌在一起构成地衣的还有一个微小的光合藻类，但这个藻类太小了，几乎不可见。第二个原因也是最根本的原因，即地衣并非单纯的一种生物，而是由不同种类的真菌和藻类甚至蓝细菌结合而成。DNA研究表明，在不同历史时期，不同种类的真菌“大显身手”，各自独立地形成了多种地衣。

地衣最令人惊叹的一点，在于它们往往是全球环境最严酷的栖息地里少有的几种长居生物之一。在南极洲，地衣的数量远超其他动植物。这里只有少数地区能见到苔藓，高等植物少于10种，屈指可数的鸟类和哺乳动物，更是只能靠着丰富的海洋资源生活。再看看地球另一端，地衣也是北极冻原上的永久居民，是驯鹿最喜欢的食物。除了极地，地衣在高山的裸露岩层上也很常见。它们就这么直接长在树干或岩石表面，直面狂风暴雨。在北美，地衣共有约3600种，颜色从鲜艳的橙色、明亮的黄色到安静的灰色和低调的棕色，一应俱全。在热带，有些地衣长得就像在光滑的树干上涂上了一块颜料。热带地衣在植物丰富的环境里似乎并不显眼，但在哥斯达黎加的拉·席尔瓦自然保护区的低地雨林中，随意截取1平方千米的样方，就能找到600余种。

地衣为什么有这么强的适应性呢？事实上，这在很大程度上源于其一个重要的品质：**自养**。依靠能进行光合作用的共生藻类，地衣在营养上完全可以自给自足。而真菌则会将这些藻类包裹起来，为它们提供保护。有时候在同一种地衣中，就算真菌一样，其中的藻类却可能不同。藻类通过菌丝向真菌提供光合产生的糖类，而作为回报，真菌必须负责寻找合适的生存环境，抵御恶劣外界天气的影响。用地衣研究专家特雷弗·高沃德的话讲，地衣就是“发明了农业的真菌”。地衣的种类超过17000种，可谓不同生物种间相互协作的绝佳典范。

豆科植物：另一个重要的共生系统

还有一对在许多生态系统中可以帮助维持生物多样性的共生伙伴，就是豆科植物和根瘤菌。豆科包含多种令人印象深刻的热带乔木，如非洲大草原上的金合欢树和雨林中的蔷薇木等，也包含多种攀缘植物，如豌豆、紫藤、野葛等。豆科植物还为我们提供了多种食物，如鹰嘴豆、扁豆、芸豆、豌豆、大豆、花生等。豆科食物营养丰富，通常和主食（大小麦、水稻、玉米）相佐，是氨基酸的重要来源，能帮助人体合成蛋白质。除了为人类提供营养，豆科植物在死亡、腐烂之后还能给土壤提供大量可利用的氮元素，为农业的可持续发展做出贡献。最后，豆科植物还能和固氮细菌共生，通过这种关系，它们不仅为自己提供了养料，还滋养了栖息地的土壤。那么，为什么豆科植物－固氮细菌共生系统如此特殊呢?

氮气，即分子形式的氮元素，虽然是地球大气的主要成分，却无法被动植物利用。原因很简单，因为氮分子由两个氮原子“紧紧拥抱”构成，并被三根共价键牢牢“锁住”，只有极少数细菌有能力将两个氮原子拆散，将空气中不活泼的氮转化为生物可利用的氮。氨基酸、蛋白质、DNA、RNA等生命必需的物质都是含氮的，因此可利用的氮对所有生命来说都不可或缺。不过，这些细菌在工作时也有个要求——它们都是厌氧的。这也就是为什么豆科植物的根上总是长出粉色根瘤的原因。根瘤就是上面说的这些细菌生活、工作的场所（所以我们称这些细菌为根瘤菌），它们之所以是粉红色的，是因为其内部含有一种特殊的豆血红蛋白。而豆血红蛋白能和氧气结合，为根瘤菌维持一个低氧的环境，这样它们就能一直工作，拆散氮气分子了！

豆科植物－根瘤菌这一共生系统听起来很美好，但有个现实的问题。正所谓有得就有失，长出根瘤、培养固氮细菌是需要花费海量的能量的，这也导致豆科植物一般要比谷物的种子产量低很多，这一点不论是在野外还是在农田都一样。不过不得不承认，这点牺牲换来的成功是巨大的——豆科如今拥有超过600个属，约19500个种，在全球生物多样性的维持中起到了举足轻重的作用。

除了豆科植物，还有几种动植物也能与固氮细菌共生，其中最神奇的就是白蚁。人们发现，某些帮助白蚁消化纤维素的细菌竟然也能固氮。而这里的共生系统是个三级系统，这种固氮细菌只能生活在一种原生生物体内，而这种原生生物则生活在白蚁的消化道里。有了这些细菌一边帮忙消化纤维素一边固氮，再加上呼吸作用产生的水分，白蚁即便是在干燥的枯木里也能建起家园。

总而言之，就好像内共生创造了真核细胞，细胞间的配合造就了多细胞生物一样，物种间积极的相互联系和配合也不断地提升着现代生态系统的多样性。[①]同时，上述诸多共生系统还有一个惊人的共同点，那就是共生系统内的成员都来自不同的生物界：藻类加真菌组成地衣、豆科植物加细菌进行固氮、花朵加动物进行传粉、微生物帮助我们进行消化……这些例子充分证明，要在这个艰难的世界活下去，和其他类别的生物“搞好关系”有多么重要。那么，在前文中我们已经讨论过共生、干扰和生态位分化对维持区域生物多样性的意义了，接下来让我们再看一看维持生物多样性的另一个重要方面。

如何避免灭绝：繁殖和扩散

我曾经带领生态旅行团去过亚马孙森林。除了带团，我当时还得在晚上给团员讲课。某个晚上，在我做完生物多样性主题的演讲后，有人提出了问题。提问者是个商业管理方面的作家，整个人很精神，问题也很单刀

① 但不论在经济系统还是在自然世界中，共生的系统也可能变得更脆弱。

直入。

“蚊子的存在有什么意义呢？”他问。

“为了生更多的蚊子！”我回答。

地球上每种生物都有着同样的生存本能，不仅仅是生存，还有**繁殖**。一只独立生长的蘑菇能向空气中散播数百万个孢子，一只灵长类母亲会精心养育它的独子——不管是谁，生存的本质都没有差别。就像死亡是所有多细胞生物生命的终点，灭绝意味着一种特定生物的彻底消失。从生物学意义来看，现实世界危机四伏，天敌、灾害，甚至单纯的坏运气，防不胜防。如果无法产出可靠的后代，你的生命根本毫无意义。在这里，驱动生物繁殖的力量还有自然选择。繁殖欲望强的健康个体能产出许多后代，而不健康或繁殖欲望低的个体，留下的后代就少，这些性状再通过基因的交流一代代遗传下去，强烈的繁殖欲望就会在每个物种中被永远地自动保留。

每种正常的动植物都从祖先那里继承了繁殖本能，所有没能完成“繁殖”任务的个体都会危及其物种的未来。繁殖也是决定一种生物行为模式的根本因素。营养和存活，对于生物来说也许是一切的前提，但它们的行为往往还是只为繁殖服务。正是由于生物繁殖欲望的存在，区域和全球生物多样性才有了丰富起来的可能。对许多生物来说，长期存活下去的最好办法就是产生尽量多的后代，越多越好。榆树拥有数万颗随风飘荡的种子，年复一年，它们的后代长满了地球的草地。等到初夏，你还能看到杨树数不清的絮状种子飘来飘去。溪流和湖泊里的鱼类通常会向水中释放无数枚精子和卵，这些配子在水中受精。在上述例子中，产生数量巨大的种子或受精卵是生物降低灭绝概率的一种常用方法。

在植物学中，我们经常管种子和果实叫**传播体**，因为它们的工作就是向外传播。可动性是决定一种生物能否存活的关键特征之一。如果一种动物可动性强，它们就能更轻松地逃离或避开捕食者，还能在更远的地方找到食物。对植物和真菌来说，可动性强往往意味着它们能将种子或孢子散布到更远的地方。如果幸运，这些传播体中的一部分就能找到正确的生态位，并在其中生长和繁殖。当气候变化或自然灾害发生时，可动性甚至可以决定哪些物种能幸存，哪些物种会灭亡。甚至在水下，还有许多动物会经历一种特殊的“幼虫”状态，它们的幼体通常很小，更方便向远方传播。而且，不论是微小的水生动物幼体，还是数不清的植物种子或果实，这些传播体往往又是群落中其他生物主要的食物来源，这也从另一个角度有助于当地生物多样性的维持。

如今，人类也在有意无意间带动着各种物种的全球扩散。比如在达尔文到达大西洋中的英属阿森松岛时，岛上几乎没有树木，是他将乔木引入了这座岛屿。180余年过去，阿森松岛上早已绿树成荫，大片云雾林滋养着小岛的溪流。在这里，人为带来的扩散已经形成了新的自给自足的生态系统。

如上所述，产生大量后代是生物在自然世界进行“生存赌博”的一种方法，但这并不是唯一一种，还有一种方法同样有效，即生下更少的后代，但对其悉心照料和保护，这种方法也能带来繁殖上的成功。动物诸如掩埋、隐藏或保护卵的行为都能提升后代的生存概率。以鸟类为例，它们每年春天都会建造一个舒适、安全的巢，不辞辛苦地养育一窝幼鸟。同样，哺乳动物也会倾尽全力去保护和养育幼崽，并将这种育幼行为代代传承下去。还有多种陆生动物（甚至几种鱼类），完全抛弃了产卵后孵卵的繁殖模式，而是选择让卵留在母亲体内孵化，然后再由母体直接产下已经孵化的后代。有几种丽鱼会在口腔中育幼，它们会将幼鱼含在嘴里，保护它们，直到它们长大，自卫能力更强为止。总的来说，这两种繁殖模式的差异还是很明显的：一种是产生多个卵/孢子/种子，然后任其在环境中扩散；另一种是生下少数后代，然后精心照料。后者正应验了以下这段话：“每种生物的后代都不是随随便便活下来的，都要经过竞争，这与生物个体的努力、技巧和决心是分不开的。而这些个体必须肯悉心地进行生育、抚养和哺育。”

许多生物为了提高自己的生存概率，还会用上不少额外的“保险措施”。比如细菌能在环境恶化时变成类似孢子的状态；再比如多种植物和昆虫都难以度过干旱或严冬，而它们的后代却能以种子、卵或蛹的形式度过这段时期。还有一种更绝妙的提高生存率的办法，就是让同期产生的卵或种子，通过调整**休眠**时间，错开孵化期。就算环境条件很好，也总有些种子和卵会选择继续休眠，“等”上好几个繁殖季才开始发芽或发育。这是有原因的。万一下个夏天久旱不雨，可所有种子都发芽了，那它们很可能会全军覆没，延续种群的任务也会失败。而在后代中挑出一定的比例延长休眠时间，就能避免这个问题。在动物界也有用这招的。甚至还有几种大豆害虫，能在农民种玉米的时候保持休眠，这是因为在同一片土地上，农民一直遵循着两年玉米、三年大豆的循环耕种模式。不用说，大豆害虫肯定是“学到”了农民们循环耕种的规律。其实害虫本身并没有学到什么，但它们并没经过多少代，就将自身基因决定的休眠时间和大豆出现的规律基本调整一致。休眠两年多后，第三年孵化的大豆害虫一出生，就正好是大豆种植的时间！这种调整都是自然选择的功劳，这是大自然解决大量生存问题的一个利器。另外，通过调节种子的休眠时间，植物就能在土中形成种子库，而种子可以在库中存活多年，直到恶劣的生存条件过去再发芽。不过，能在恶劣的环境中幸存是一回事，生在狡猾的邻居身边，时刻要防着被吃掉可就是另一回事了。

激烈冲突！

食肉动物、寄生虫、病原体和食草动物一道，组成了一个残酷而危险的世界。当然，这个世界的物种有数百万之多。长久以来，每个物种都与其天敌上演着“军备竞赛”，每一片地区都仿佛是火光四溅、剑拔弩张的战场。食肉动物通过自然选择变得越来越迅猛。病原体通过进化打破了宿主身体一道又一道的防线。而食草动物团结起来，对维护区域植被的平衡起到了重要作用。每一片地区都在不断发生着各种生态相互作用，不论积极还是消极，这些物种间的相互作用正是一个生物群系内能够存在这么多种动植物的原因。你若想在这场混战里留得性命，要么需要找到一个独特的生态位，要么就只能祈求自己有好运气。在这个战场，运气也成了重要的影响因素，被这块“馅饼”砸到的物种，甚至可以轻易在复杂的生态环境中存活下来。但无论如何，有些规则是永远不会改变的，大量的繁殖和有效的扩散永远是生态系统运转的动力。

在《生命的多样性》一书中，哈佛大学博物学家爱德华·威尔逊曾提出一个有关生物多样性的ESA理论。所谓“ESA”，分别指的是“能量”（Energy）、“稳定性”（Stability）和“面积”（Area）。生命所需的**能量**，不必说，当然主要来自太阳。这个影响因子解释了为什么在阳光充沛的热带地区物种更为丰富。**稳定性**和冰盖膨胀、长久干旱或气候突变等自然灾害相对应。最后一点，**面积**越大，栖息地能承载的生物也就越多，这对一片新近发生过大灭绝的区域尤其重要。来自面积更大区域的迁徙动物或植物能在被毁区域上重新定居，进而重塑区域生物群系。一个地区的某个物种灭绝时，它们还可以被来自其他地方的“移民”所取代。若想要有稳定的“移民”流，就需要在面积更大的地方有相似的群落，这就是威尔逊的理论中面积如此重要的原因。

如今，人类活动范围的扩张让自然群落越来越小，自然迁徙的来源也越来越少，因此利用动植物的自然迁徙来取代灭绝物种越来越难。与此同时，全球贸易的日渐发达让大量原本相隔千里的物种得以见面。进入没有天敌的新环境，许多物种的数量很可能出现爆炸性增长，严重入侵当地的生态，比如导致美国栗树灭绝的真菌病毒、取食北美五大湖区浮游植物的斑马贻贝，还有威胁着鸟类和人类的西尼罗病毒。我们生活的世界，就是个不断上演着生物灭绝的舞台（这个话题我们会在最后一章中再分析）。

协同进化是形成生物多样性的一个至关重要的过程，在这个不断变化的世界中，协同进化过程既灵活又保守地在不同物种之间发生着交互关系。

——约翰·汤普森

自然环境不是一成不变的，不论是区域还是全球环境都充满变化。多变的天气、令人讨厌的寄生虫、致命的疾病、凶猛的捕食者，以及几种为你保驾护航的共生关系……所有这些影响因素长久以来共同作用，一起维持着区域的生物多样性。达尔文曾将这种物种交互关系形容成“植物缠绕的河岸”，就像你走在河边，常常能见到在水面上的光照下，小灌木和攀缘其上的藤条盘绕、纠缠的景象。区域生物多样性的维持是多种因素互相影响、互相配合的结果。不过，本章我们所讨论的，都是今天的生态环境，能够帮助你理解当下生物多样性的发展情况，可过去呢？如此复杂的生态环境是如何出现的？要了解这一点，我们还得转向古生物学，穿越时空，去看看地球生物多样性发展的起点。

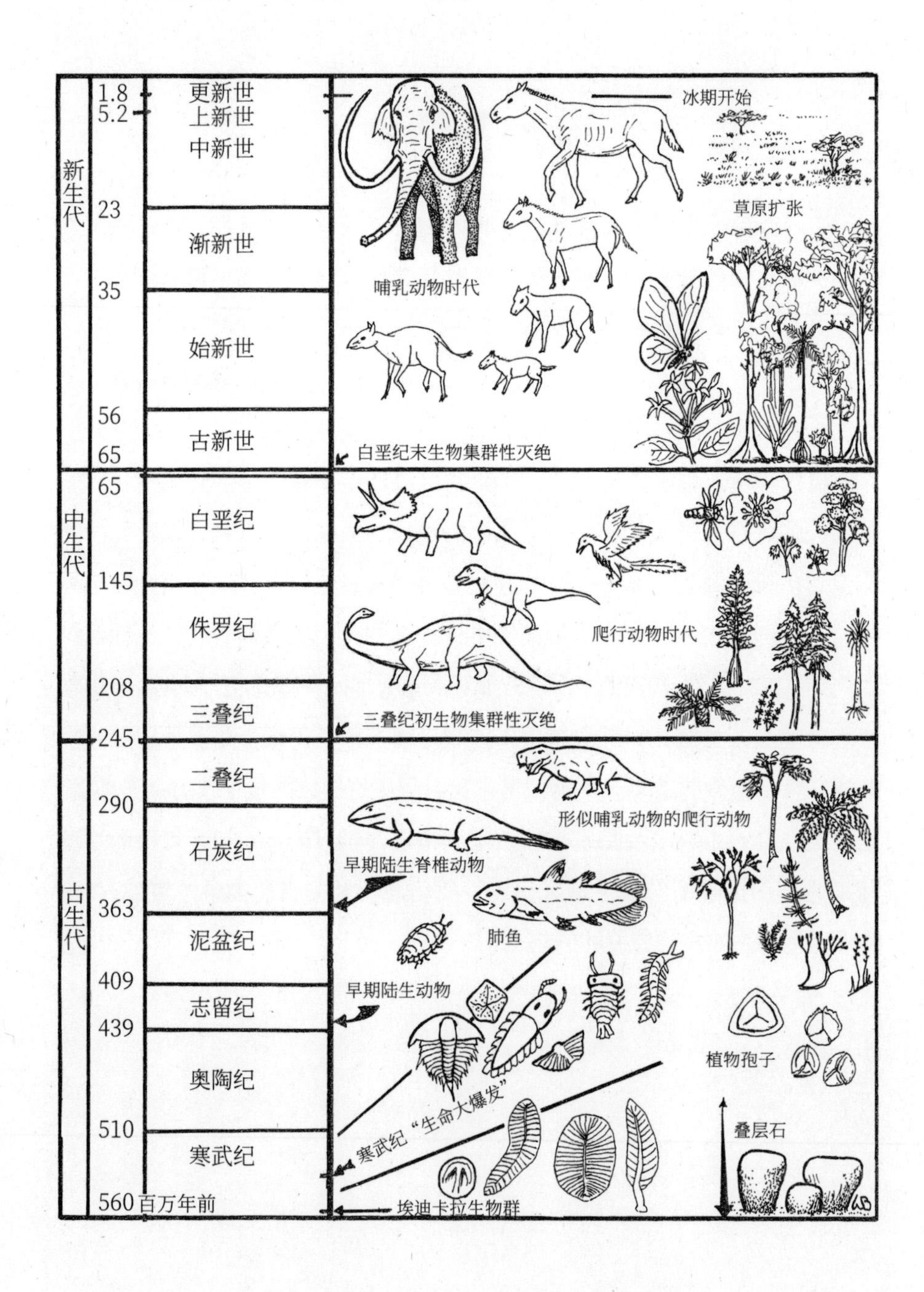

图1.过去5.6亿年的地球历史，即整个显生宙的历史。在新生代开始后的6500万年里表格精确到“世”，新生代前的6500万—5.6亿年前表格精确到“纪”。请注意两个阶段的时间比例尺并不相同。时间单位：百万年。

第七章

穿越回地球生物多样性发展的起点

陨石，顾名思义，就是从天上“陨落”的石头。通过测定陨石中一系列元素的同位素比率，天文学家估测我们的太阳系大约形成于45.6亿年前，而地球紧随其后就形成了。[①]那段时间太阳系一定十分凶险，充满了飘浮的碎石。这些碎石彼此相撞、融合，才逐渐形成了今天的稳定环境。月球和水星表面的环形山正是那时候小行星撞击留下的痕迹。有些行星学家还声称，木星和土星等气态巨行星拥有超高的引力，在过去40亿年里为太阳系清扫了大量碎石障碍。直到今天，宇宙中依然存在不少较大的彗星和小行星，其中有一些可能威胁到地球，但它们数量很少，而且距离地球极远。

天文学家相信，彗星和小行星的撞击在40亿年前极为频繁，但这些撞击也给地球带来了大量的水，让地球成了一颗举世无双的星球。此外，还有一次剧烈的撞击可能直接造就了月球的出现。根据**大冲击假说**的描述，曾有一个火星大小的物体和地球相撞，这次撞击堪称地球历史的一个幸运的转折。撞击过后，除了月亮的形成和地球质量的增加，地球的磁场也跟着变强了。更强的磁场让地球得以更好地抵御太阳向我们发射来的高能粒子，同时降低外太空气体的侵蚀。不过月亮给我们带来的最大好处，其实是它牵制了地球的轴向回转，让地球形成了更加稳定的气候。

早期地球

地球早期的历史可分为三个主要阶段，称为宙。最早的第一阶段是**冥古宙**，距今约45.6亿—40亿年前。这一时期的地球宛如置身“地狱”，因为当时整个太阳系都在遭受大量的陨石袭击。第二阶段为**太古宙**，从冥古宙结束至距今约25亿年前。在这段时期，铁矿开始在早期海洋中沉积。第

① 有些元素及其同位素是不稳定的，会随着时间发生衰变，每种同位素都有其特定的衰变率，从几秒钟到几十亿年不等。由于元素的衰变发生在原子核内，衰变过程不会受到压力、温度或周围化学环境等因素的影响，因此衰变率是一个极其稳定的数值。通过分析岩石中的元素同位素衰变情况，科学家就能估测岩石的年龄，因此衰变率对研究地球的起源和历史至关重要。

三阶段是**元古宙**，距今约25亿—5.42亿年前，依然早于任何动物的出现。美国著名的大峡谷底部最古老的岩层就能追溯到元古宙时期，其中还没有任何多细胞生物存在过的踪迹。地球形成后的前40亿年，整个星球上都没有出现过像样的动植物，但已经有了一些很可能是由细菌制造出的壮观景象。

地球上最早的、由生物体形成的大型石化构造被称为**叠层石**。叠层石在远古化石岩层中很常见，但今天已经很难再形成了，只能在一些热带浅水海岸见到。叠层石一般为圆靠垫形，或柱形的岩石结构，直径30—60厘米，高10—200厘米。在浅水中，叠层石能够形成平坦的纹层状结构，也正是这种结构让每一块叠层石都变得独一无二。观察一块还在生长中的叠层石，可以发现形成叠层石的细菌和藻类都在其表面排列成层，并用胶状的膜结构捕获沙砾和物质碎屑。经过一段时间的沉积，这些细菌和藻类就会形成新的层，然后捕获更多物质，最终形成一种层层相叠的结构。世界上最古老的叠层石大约出现于35亿年前。

很多地质作用都能形成纹层状结构，如圆锥形石笋的形成，就是缘于其四周水的化学成分发生了变化。在海岸边，波浪的冲击作用也会使岩层中的不同沉积物出现分层。然而，叠层石的纹层表明，它们是细菌组成的薄层和其捕获的沉积物共同形成的。由于只能形成在温暖、高盐度以及没有水生食草动物的海域中，现代叠层石实属罕见，但在过去，它们绝对是各地热带浅海海岸上的一道风景，直到动物的出现。

人类发现最早的多细胞生物化石证据大约形成于5.6亿年前，正值埃迪卡拉纪时期（6.35亿—5.42亿年前）。这个时期的生物大都呈现叶片形，通过一根“叶柄”与地面相连。除了叶状，还有些生物呈管状或是轮状，边缘光滑，形似煎饼，有些长有平行的横嵴，看起来就像一个个小睡袋。这些生物基本上都相当于人的手掌大小，只有一些叶状体能长到大约1米高，没有生物超过2.5厘米厚，也没有生物在体外长有孔洞或附肢。很明显，它们无法进食，而且似乎是通过身体的一段增加环节来生长的。更为重要的是，这个时期的生物都不会动，没有留下过任何移动的痕迹，也没有证据显示它们曾被捕食。人们目前识别出了约50种外观独特的物种，我怀疑它们都是自养型生物，通过将蓝细菌捕获在其透明的水母状组织中来获取营养。由于化石证据只显示了这些生物的外部形态，我们对它们的内部状态和细胞结构仍一无所知。

多个埃迪卡拉生物遗址都曾经被极少物种所占领，这个特点就像我们今天一些冷水栖息地的情况。而且冷水环境也正好能解释，为什么化石显示埃迪卡拉生物似乎没有遭遇过细菌的感染和破坏。确实，埃迪卡拉纪以前，地球曾出现过冰期。地理学家认为，在约10亿年前，地球地表合体成了一块超级大陆，名叫**罗迪尼亚超大陆**。超大陆阻挡了洋流，就此引发了两次冰期。甚至还有科学家提出，这次冰期之寒冷，使地球表面完全被冰雪覆盖了。他们还给这种现象起了个名字，叫**雪球地球事件**。对当时的生物来说，这段时光是很难熬的，因此它们只得潜入相对暖和的海底深处生活。更惨的是，这个冰天雪地的地球反射了温暖的阳光居然还没有融化。后来还多亏了火山活动将二氧化碳释放到大气层中，整个星球才再次恢复了生机。感谢板块运动吧！

神秘的埃迪卡拉纪过去后，从距今约5.45亿年前起，一段新的时期开始了。这段时期伊始，地球上出现了一些小的贝壳状生物。同时，人们发现从这段时期开始，遗迹化石和岩洞普遍多了起来——这正是较为大型的复杂生物开始出现的证据。与此同时，生命突然加快了进化的脚步。

动物的出现：寒武纪“生命大爆发”

寒武纪之前，不知寒武纪。

——安德鲁·诺尔

距今约5.42亿—5.3亿年前，海洋世界中的复杂生命突然暴增。前文说过，在5.45亿年前，地球岩石内新出现了不少岩洞、遗迹化石，以及小的贝壳状化石。又过了一段时间，约在5.35亿年前，**寒武纪生命大爆发**发生了。当时最早登上历史舞台的寒武纪生物包括软体动物、腕足动物和棘皮动物，到了5.3亿年前，又增加了三叶虫和另外一些动物的祖先，这些动物后来进化成了蝎子、马蹄蟹和鱼类。在前后总共不到1000万年的时间里，寒武纪地层内就突然出现了众多拥有头、尾、腿、脊柱、眼睛等有用特征的动物遗骸。这些新出现的生物能永久保留在化石中留下证据的原因也很简单，即它们都演化出了可用于防御的坚硬外壳。当然，从它们能生出易于变为化石的表皮来看，那时候它们就已经有了不少虎视眈眈学会捕食的邻居了。

最令人惊讶的是，寒武纪生命大爆发诞生的动物门类众多，而且每类动物的身体结构还都有着本质的区别。这些动物不是由某个“共同祖先”缓慢地分化出不同模样，而是从一开始就一齐出现并且差异十分巨大的。螺形或蚌形的软体动物，一众小蠕虫、分节明显的三叶虫、原始甲壳动物，带螯肢的节肢动物（蜘蛛、螨和马蹄蟹的祖先），海星形的棘皮动物，以及形状奇怪、根本找不到现代动物来对应类比的奇特生物你来我往，齐聚一堂。寒武纪的大幕刚一拉开，形形色色的“演员”就立即闪亮登场了。

最近200多年里，古生物学家一直没搞明白寒武纪初期生物激增的真正原因。在寒武纪到来前，地球已经度过了严酷的冰期，其间甚至还可能经历过雪球地球和神秘的埃迪卡拉纪。这些都过去之后，多种差异巨大的动物随着寒武纪的到来，爆发式地同时出现了。人们还曾在5.6亿年前的岩层中发现过一些微小生物的化石，这些生物的体形还不到0.25毫米。这些化石表明，其实有不少古老的生物类别在寒武纪前就已经存在了，只不过体形很小！那么，它们又为什么会在生命大爆发那么短的时间里将体形迅速变大呢？

我们可以这么比喻：这些化石里早已存在的微小生物就像生命的火种，

问题在于，是谁点亮了火种？是什么原因，让多个互相独立的生物种在历史上的同一时刻突然变大？地球刚刚度过冰期，只有在海底小部分温暖水域生活的微型生物能够幸存，这很好理解，但是是什么推动它们在5.42亿—5.3亿年前这段时期迅速增大并分化？可能性只有一个——地球环境的突变。环境突变让不同的动物在同一时期走上了变大的道路。不管它们是选用碳酸盐、硅酸盐还是磷酸盐来筑造坚硬的外壳，总之这一切变化都发生于这短短的历史一瞬。

关于寒武纪生命大爆发的成因，最简单也最靠谱的一个理论是这么说的：是生物自己改变了世界。最早的时候，蓝细菌独自在海洋中忙于光合作用，并分解出水。大概10亿年之后，真核藻类成了蓝细菌的伙伴。它们一起利用水中的氢原子固定空气中的二氧化碳，产生含有能量的化合物，并将游离的氧气释放到大气中。与此同时，空气和海洋中也发生着多种氧化反应，并持续消耗着氧气。然而，几百万年之后，在距今大约25亿年前，出于某种未知的原因，平衡被打破了，大气中的氧含量开始上升。要知道，地球地壳中有相当大一部分是铁，而地壳中几乎所有的条带状含铁建造都是在25亿—18亿年前沉积形成的。氧气含量上升前，空气中二氧化碳含量很高，大量的铁元素以二价的亚铁形式溶解在海洋中。随着游离的氧气越来越多，二价铁和氧气接触形成三价铁，相当于让地球大面积“生锈”了！今天我们90%的工业用铁，其实都来自当时形成的条带状含铁建造铁矿床。

进化中的大气层

很早以前，地球的岩层几乎全是死气沉沉的灰色，后来氧气氧化了铁，红色的岩石才开始出现。红色岩石正是22亿年前这场“大氧化事件”的证据。生命本身当时已经开始改变大气层。然而，在光合生物刚刚出现时，空气中氧气的含量仍然很低，古生物学家还给这段时期起了个名字，叫

“沉寂的10亿年”。直到6.35亿—5.48亿年前，硫化物中的同位素比率才证明，当时空气的含氧量达到了现代空气的水平。在当时的海底化石记录中，同时涌出众多不同类型的复杂生物，其中的关键因素很可能就是空气中的氧分压。较大的复杂动物依靠呼吸作用生存，呼吸是耗氧的，所以较大的动物需要更多氧气。如果氧气在空气中占不到更大的份额，这些动物就活不下去。寒武纪的“生命大爆发”是生物史上多样性剧增最突然的一次，现今世界中几乎全部的生物门，都在这一时期出现在了那个全无复杂生物的蛮荒世界里。

寒武纪“生命大爆发”也许打响了复杂生物增殖和进化的第一枪，但绝不是这些生物真正的生命起点。通过研究主要动物门之间基因的关系，人们推测，不同类别的动物有可能在更早的时期就已经开始分化了。不然为什么在寒武纪岩层中能发现那么多种不同的动物呢？这些动物刚诞生时体形都很小，但已经做好了朝不同方向独立演化的准备。等到氧气含量增加，体形变大成为可能的时候，所有类别的生物就都不约而同地走上了同一条路——变大，在变大的基础上再演化。自此，整个世界突然变得更加复杂，也更加危机四伏，再也不是“沉寂的10亿年”了，复杂、大型、竞争力强的动物们开启了一片新的天地。

寒武纪的开启源于一次偶然事件。在这个纪元的全过程中，动物物种都在持续增多和演化。寒武纪结束后是奥陶纪（距今约4.88亿—4.43亿年前）。奥陶纪时期，生物的物种数量有了空前的增加，但在奥陶纪结束时发生了一次生物大灭绝。再之后便是志留纪（距今约4.43亿—4.16亿年前）和泥盆纪（距今约4.16亿—3.6亿年前），每个纪元都有其标志性的海洋霸主，而且每个纪元的更迭都是由于动物群落的消失和更替。从数字上来看，动物属的数量从寒武纪晚期（5亿年前）的约700个增长到了奥陶纪时期的1500个，然后在大灭绝后，又用了2亿年才又恢复到了高位。在这几个纪元当中，海洋一度十分活跃，大量生物为我们留下了丰富的化石遗产。最早的硬骨鱼在5亿年前出现，但它们没有下颌（无颌类硬骨鱼），今天的七鳃鳗和盲鳗就是这类鱼的后代。约在4.16亿年前，有颌的鱼类走上了自己的进化之路。大约同时，生命史上的另一次“跃进”发生了。

植物登上陆地

陆地植物改变了地球的陆地，也改变了地球的秩序。

——奥利弗·莫顿

我们刚才提到的生命都是水生的，登上陆地对它们来说就是“挑战不可能”。然而，人们还是发现了生物成功登陆的第一个证据：一块4.7亿年前的显微孢子四分体化石。大海中没有生物能产生这样的孢子，这块化石证明了一种新的、不同的可能性。化石中的孢子四分体看起来来自一种最简单、最原始的陆地植物，是它们的繁殖传播体。再往后数5000万年，人们都没再发现其他陆地植物存在的证据，没有茎干，没有叶片，没有根，只有这些孢子化石。很遗憾，小型植物死亡和腐烂都很快，并没有时间变为化石。孢子四分体是四个孢子结合在一起形成的一个组合。回想一下减数分裂的过程，两个体细胞最终分裂形成四个单倍的生殖细胞。孢子四分体也是减数分裂的产物，只不过四个单倍的生殖细胞没有分开，而是直接结合在了一起。这些孢子拥有厚实的细胞壁，能紧紧锁住水分，让它们能够在长时间干燥的环境下存活，并向远处传播。之所以容易变为化石留存下来，是因为它们的外壁覆盖着一层坚硬的孢粉素（真菌和细菌也产生孢子，但它们的孢子在形状和构成上与植物孢子不同）。这些化石中的孢子四分体就这样成了植物走上陆地，开始适应陆地环境的第一个证据。

在寒武纪的早期海洋中，较高的氧气浓度对复杂动物的新陈代谢至关重要，而在生命走上陆地的过程中，空气中氧气浓度的升高同样重要。氧气增加以后，地球大气层之上就随之生成了一些臭氧（O_3），臭氧气体进而组成了薄薄的一层。这层高高悬挂的**臭氧层**包围着地球，形成了一层“护盾”，能吸收掉太阳照射来的大部分紫外线。紫外线带有很高的能量，能损伤生物体组织（想象一下没做防护的白人晒过太阳的样子），因此臭氧层对生物圈起着重要的保护作用。对于早已适应海洋环境的生物来说，由于紫外线被臭氧层吸收，陆地变得更宜居了。

不过，在任何绿色植物登陆之前，蓝细菌、多种藻类和一系列真菌早已在潮湿的地表生活了数百万年。今日，你在泥泞的池塘边缘看到的一片片暗绿色，或者在小水坑里看到的黄绿色黏稠物，都是这些东西在愉快地生活着。池塘和水坑里面的藻类和细菌，直到今天还在延续很久很久以前的生活方式。这些生物需要在湿润的栖息环境中才能存活，一旦环境变干就会死亡，而且它们也就不过如此了，从古至今都没有什么更高级的发展。然而植物就不一样了。首批陆地植物很可能长得像纤弱的匍匐在地面上的**地钱**。地钱属的植物今天依然遍布全世界，它们生长于潮湿的森林和阴暗的土壤中，和众多苔藓一起被分在了苔藓植物门。地钱主要分两类：一类是扁平、带状的，1—2厘米宽，没有叶片，生长在潮湿的基质上；而另一类则拥有极小的叶片（2—5毫米或更小），这类地钱的叶片长在细细的茎上，整棵植株很少有超过8厘米高的。长叶的地钱可见于湿润森林的林下层，经常悬挂在树木枝干上。总体上说，地钱这样的植物缺乏挺直的茎，组织纤薄，因此几乎形成不了化石。人们推测，地钱类的植物曾产生最早的植物孢子，只是没有在历史上留下自己的痕迹。

大约在距今4.25亿年前，化石记录出现了变化——孢子四分体减少，取而代之的是大量的单独孢子粒，一些植物组织也出现在了化石当中。这表明陆地植物的性状开始改变，而其中的一项重大进步就是**木质素**的出现。木质素让纤维素构成的植物组织变得更加坚硬。另外，植物表面还长出了一层角质膜。这层“蜡”能减少水分散失，还能保护植物免受紫外线辐射、微生物侵袭和腐蚀性化学物质的伤害。不过有利就有弊，被角质膜覆盖也带来一个问题：这样的植物该怎么吸收空气中的二氧化碳呢？只有将湿润的内层细胞暴露在空气中，植物才能吸收二氧化碳并进行光合作用。但暴露细胞也会带来问题，那就是蒸腾作用会加强，水分会加速流失。因为这时候空气中的二氧化碳含量已经低下来了，所以直接吸收势必同时失去大量水分。最终，植物通过进化出气孔解决了这个问题。气孔是植物表皮上的小开孔，由表皮上的两个保卫细胞组成，保卫细胞能根据环境湿度的高低自动开启或关闭。气孔的开启能保证气体交换，关闭则能节省水分，因此也是陆地植物不可或缺的一个“创新”。

但不管怎么进步，植物在气体交换的同时还是不可避免地会造成水分的流失。大型植物只能从根系吸收水分，这就是说，它们需要一套体内管道系统来输水。在植物的茎中，一大批死细胞构成了输水导管。这些死细胞只留下了细胞壁，一个个都形似中空的管子，它们首尾相接，形成了能让水分运输无阻的通道。我们把这套管道系统称作植物的**维管系统**[①]。通过维管系统，植物从土壤中吸收的水分就能被运输至进行光合作用的组织中，补偿蒸发的损失，同时用作光合反应的原料。另外，导管细胞中的木质素会和细胞壁里的纤维素配合，增强维管系统的强度，让茎干变结实。你可以对比一下，结构简单的地钱体内就不含木质素，也没有气孔、根和维管等结构。由于只能利用表皮组织从环境中直接吸收水分，所以它们长得既矮，对栖息地的湿度要求又高。

等到距今约4.2亿年前的时候，人们终于见到了拥有直立茎干的植物化石，株高10—20厘米不等。这些植物绿色的枝干光秃秃的，末梢顶着生成孢子的结构。虽然没有叶片，但它们确确实实已经进化出了维管系统，能将根系吸收的水分运输至顶端，保持植物体组织的湿润。当时的植物根系很小，所以还是一副纤细矮小的模样，但没关系，因为从那时起，广袤的陆地终于不再那么荒芜、寂寞了。

---

① 维管系统分成两部分：运输水分的木质部导管和运输糖分、有机物的韧皮部导管。——译者注

植物越长越高大

随着气孔、木质素、维管系统和根系的发展和成熟，陆地植物越长越高。植物的生长需要依靠分生组织，这是一种始终具胚性的组织，能不断保持生长，分化出新的器官，如叶和茎。分生组织一般位于根和茎的顶端，在那里，这些组织源源不断地进行着细胞分裂，“建造”着新组织。（植物分生组织的生长是终生的，而动物不一样，动物体内类似的全能干细胞只在胚胎阶段才存在。）大约在4亿年前，植物在分生组织中演化出了**形成层**。形成层位于维管系统中间，是一层薄薄的分生组织，围绕着茎的中心线长满一整圈。维管形成层最初只有一层细胞薄厚，能通过细胞分裂，同时为其内侧和外侧的维管系统提供新细胞。这些新细胞再进一步分化成新的维管组织，让植物的茎持续变粗。每过一个生长季节，形成层都会变厚一些、变强一些，为植物提供一层一层的维管组织和结构支持。而且，由于形成层内侧就是木质的死细胞导管，不断给内侧加厚就意味着不断给整个植物的主干均匀增加木质的部分。新长出来的组织再被木质素一加固，陆地植物中就出现像模像样的树了。

> 树出现的意义就在于占领高空，毕竟高处的阳光最充足。
>
> ——戴安·艾克曼

最早的树是没有树叶的。那时候的树长得有点像今天的棕榈，一根笔直的树干，头上顶着几根短小、分杈的绿色树枝。随着树越长越高，顶端的树枝还随时可能脱落。直到约3.7亿年前，树才开始长叶。树叶轻薄，但表面积相对较大，是接收阳光的一把好手，但植物若想维持叶片的日常所需，就需要更多维管组织和更繁杂的枝条。随着时间的推移，不同种的树演化出了各具特色的叶片。到距今约3.65亿年前时，湿润的热带河口和河流流经地区甚至已经长出了森林！没过多久，最高的树就蹿到了24米，而低矮的蕨类铺满了林下层的地面。这些郁郁葱葱的绿色植物，是地球生物多样性发展史上向前跨出的一大步。大约3亿年前，巨型马陆称霸了当时的原始森林，同时登上舞台的还有巨蜻蜓，它们的翼展将近1米。想来这些“巨虫”的出现，正是当时的大气含氧量进一步升高的结果。如今，我们管这个时代叫石炭纪（距今约3.63亿—2.9亿年前）。水源地附近绵延无尽的森林是这个纪元的标志。而且顾名思义，地球上巨量的煤炭矿藏也是在这个时期形成的，直到今天的现代化社会，这些煤炭依然是我们的主要能源。

正所谓凡事都有两面，石炭纪森林的快速蔓延对地球气候也产生了消极的影响。因此，地球大气中的二氧化碳消耗迅速，大量二氧化碳被固化在死去的木材中，最终形成了煤炭。本来这种气体是给地球充当“保温层”的，所以在这段“绿色的时光”结束后，接踵而来的就是最近5.8亿年里规模最大的冰川期。也差不多与此同时，树木开始巨量地转化为煤炭，而地球的煤炭储量达到有史以来的巅峰。但是，为什么这些有机质要等这么久才开始转化呢？在现代森林中，白蚁、部分蜂类和多种真菌都是木材的分解者，它们的合作让森林不至于被死去的树木堆满。2012年，一项综合真菌系统发育和化石年代测定的研究表明，能降解木质素的白腐菌直到约3亿年前才出现。这种分解木材的真菌能利用酶消化木质素，它们独特的酶很可能也推动了石炭纪的终结！

地球环境在不同地质时代中的变化，其实可以在陆地植物身上清楚地看出来。不管对于植物还是动物，登上陆地都意味着开启了生物多样性与生态复杂性发展的壮丽新篇章。但我们不禁要问，植物也好，动物也好，它们为什么要放弃舒适、湿润的水环境，跑到生存压力明显更大的陆地上来讨生活呢？

登上陆地需要面临的挑战

明明留在水中能活得更简单自在，为什么这些动植物还要拼命向着条件更艰苦的陆地环境演化呢？并非由于自然选择。自然选择只能作用于当下，不会让生物为未来可能出现的环境条件早做准备。这个问题最合理的解释是这样的：这些动植物进化出陆生的能力，其实最早只是为了能更好地在水里生活。栖息在内陆浅水区的植物和鱼类常常遭受干旱，因为这会导致它们的栖息地（溪流、湿地或泥潭）彻底变干。热带许多地区的旱季漫长干燥，滴雨不下。除了占有约30%热带植被的雨林外，多数热带地区都不得不经历旱季，落叶森林、草原甚至荒漠，无一例外。

热带地区降水有限，但河流、沼泽众多，这些湿地为生物提供了丰富的水环境。但它们中的大部分会在旱季时完全干涸，给水生动植物带来巨大的生存危机。今天，东非的肺鱼在河流枯水时会钻进泥地里休眠。在泥地里，肺鱼会分泌出一张包裹身体的黏膜，在黏膜中它仍能利用“鳔”呼吸空气，并利用囤积的脂肪撑到来年雨季到来。很久以前，肺鱼的祖先肉鳍鱼类就已经学会借助朝前的鱼鳍，灵巧地在被倒下的树干和水生植物堵塞的浅溪中移动，久而久之，这类脊椎动物最终称霸了陆地。

和动物相似，陆地植物也是从淡水中演化而来的。DNA比较研究证明，地钱及其近亲与一类仅存于淡水中的现生藻类结构最相似。对植物来说，陆地演化之路很可能是这样开始的：生活在浅滩和溪流中的植物在雨季快速生长，然后产生孢子。孢子能克服干燥的条件，或能传播到其他湿润的地方。曾有人认为，富饶的海滨环境和规律的海洋潮汐推动了动物向陆地的演化，这种说法对许多无脊椎动物或许适用，但陆地植物和陆生脊椎动物的演化道路与此大相径庭。

其实，众多不同类别的动物都奋力离开了水里的家，纷纷“上岸”。蜘蛛、昆虫、马陆、多种蜗牛、蠕虫，以及脊椎动物（四足动物）的祖先原本都生活在水里，后来各自独立地陆生化了。这些动物都来自不同的动物门，彼此完全没有亲缘关系，但默契地走上了相同的发展道路。与动物正好相反，所有陆地植物似乎都源于同一个祖先，即一类复杂的淡水藻类——轮藻。淡水栖息地周围遍布湿润的土壤，正好给植物界的“开路先锋”提供了便利的条件。与动物相比，植物的登陆堪称难上加难，因为它们没有动物的灵活性，身体不能自主移动。还有一点，植物还得发展出一套新的外形构造才能适应陆地环境。最早成功登上陆地的植物因此进化出了较大的体形（藻类一般都很矮小）、胚，以及新的一套生活史对策。有了这些创新，植物才开始“攻占”热带湿润的低海拔地区。

总结一下，早期的陆地植物应该就生活在溪流或池塘边。每年到了旱季，这些水系就会干涸。陆地植物对此做出的第一个适应，就是产生显微孢子或孢子四分体。这样的传播体能在干旱条件下存活并传播，如果幸运的话，还能到达远方某个平静的池塘或湿地，然后在新的栖息地安家。孢子四分体是植物登陆最早的实证。植物的角质膜、气孔和维管系统都是后来才逐渐演化出的结构，在维管形成层出现后，木质植物快速发展，催生出了更加复杂的植物体，植物世界的多样性因此大幅提升。

陆地植物在全球均有发展，它们不仅是复杂生命进化的里程碑，也明显增加了当时世界上的物种数量。植物的冠削减了降雨的冲击力，减少了水土流失；死去的植物遗骸为土壤增加了有机质，还让更多营养物质流入大海；有叶植物能形成保护层阻挡干燥的风，还为食草动物提供了食物来源；植物还能吸收阳光，通过蒸腾作用向空气释放水汽，给被大太阳炙烤的热带降低气温。在三维的陆地植物群落的荫庇之下，动物物种的数量也大大增加了。

种子：陆地植物的又一个“伟大发明”

早期维管植物的后裔有石松、木贼、蕨类及其近亲。如今，石松和木贼最高也不过一两米，但在过去这些植物可都是参天大树。现生的蕨类株高一般在10厘米到15米以上不等，颀长的树形蕨类植物有着宽大、漂亮的叶片，和3亿年前它们的祖先很像，今天却只存在于热带雨林了。远古时期沼泽中的森林是石松、木贼和高高矮矮各种蕨类的天下。在一片片庞然大物组成的森林中，封印木属的植物足有30米高，鳞木属的树木更是能长到40米。石炭纪时期，这样的森林遍布河谷和三角洲地区，后来则变成了巨量的煤炭矿藏。正当上面这些植物组成的早期森林遮天蔽日之时，植物界的一项新发明悄然出现了。

种子的出现绝对是植物的一大创举。在登陆之后，动物才学会了体内受精，并产下坚硬又抗旱的带有卵膜的卵。简单地说，种子之于植物，就好像这样的卵之于陆生动物，其意义就是让植物能脱离水环境进行繁殖！就算发展到现代，地钱、苔藓、蕨类等植物，以及动物类的两栖动物还是需要额外的水环境才能受精。早春时分，溪流和池塘边总能传来青蛙和蟾蜍的“歌声”，这是因为它们只能在水里抱对。两栖动物的精子必须在水中游动，才能接触到雌性的卵细胞。而爬行动物进行体内受精，因此省去了交配前非得找条河的麻烦，而且结实的卵也不必非得在水下孵化。结果就是，爬行动物很快就爬遍了每一寸土地。同理，花粉的出现也让种子植物得以摆脱需要游泳前行的精子细胞。**花粉**就像微小而坚韧的孢子，能传播到很远的地方，还不受干旱的困扰。在风力和传粉动物的帮助下，雄花的花粉最终将到达雌花的**胚珠**，胚珠里有卵细胞，随即，受精就开始了。然而，蕨类、苔藓和地钱就只能借助水让精子和卵细胞邂逅。和动物类似，这些植物的精子也会摇晃着长长的小尾巴，推动着头部游向卵细胞发出的化学信号。

风和动物都能携带花粉粒，因此就解放了种子植物，它们的受精过程不再需要水作为中间介质。花粉粒落在胚珠附近后，在化学信号的作用下，会萌发出一根极细的管道通向卵细胞，然后精子通过这根花粉管与卵细胞会合，进而完成受精——全程不需要液态水参与。受精后的胚珠将发育成种子，种子再被传播开来，长成新的植株。因此，在水资源稀缺的陆地生态系统中，种子植物得以大量繁殖。已经灭绝的种子蕨，以及今天也还存在的苏铁、松柏、银杏、买麻藤纲植物（如麻黄属、买麻藤属或百岁兰属）与开花植物（被子植物），都是种子植物大家族的成员。

种子的优势有两点：首先，花粉粒让植物摆脱了在受精时对液态水的高度依赖；其次，花粉和胚珠简化了许多原始植物的生命周期。严格地说，在原始植物中，单倍体的配子体结构相对复杂，经过“简化”后，这些复杂的配子体中，雄性的一律变成了花粉粒，雌性的变成了胚珠的一部分，由二倍体的母体植物产生。在化学信号的作用下，花粉粒会在胚珠附近萌发，并找到卵细胞，形成二倍体的胚，继而发育成种子，为成长为成熟的二倍体新植株做好准备。

开花植物：生物多样性的下一步跨越

紧随种子脚步的，是陆地植物的下一项重大进步。在大约1.4亿年前的化石记录中，我们找到了开花植物，或者被子植物出现的第一个铁证——一些结构独特的花粉粒（由于植物腐烂极快，通常只能留下很少的化石记录）。开花植物在恐龙时代后半期开始大量繁殖，对当时生态系统的发展起到了重要作用。今天，世界上绝大部分地区都能找到这类植物的踪迹。据保守估计，在约30万种陆地植物中，开花植物就多达26万多种。[①]除此以

① 也有人估计，开花植物的总种数能多达40万种，但这个数字并不准确。考虑到一些种可能同时拥有多个学名（同义学名），或同种植物被不必要地分成多个种等情况，我认为26万这个数字更加合适。

外，被子植物的形状和体形也非常多样。伟岸的猴面包树，高大的栎树、桤树、金合欢树，低矮的马铃薯、大麦、睡莲，娇柔的玫瑰、仙人掌、禾草和兰花，这些全都是被子植物。可以说，被子植物的一大特点就是形态多样。然而，这么突出的丰富性是怎样形成的呢？

被子植物区别于其他植物最重要的特征，是它们的种子会在一个紧紧闭合的器官——**子房**中发育。开花植物的胚珠会被一片或多片类似叶的结构包覆，这种结构名叫心皮，子房即由心皮构成。胚珠会在子房内完成受精，而子房则为胚珠提供保护和营养，在受精后的胚珠变为种子的同时，子房会发育成果实。这一新的发育过程，即子房变成果实的过程，为我们的现代世界带来了太多的美好。成熟的子房让我们吃到了鲜美多汁的番茄、唇齿留香的木瓜、营养丰富的牛油果、拥有木质外壳的椰子，还给豌豆提供了豆荚。若子房和花的一部分融合在一起，就产生了苹果、樱桃、南瓜和西瓜，还有更加稀有的——整个花托都参与进来形成的草莓和西番莲，还有由花序轴形成的果实——菠萝。某些植物的子房壁在整个发育过程中会保持一种薄而坚硬的状态，坚定地保护着里面的种子。这些植物中就包括了人类最重要的食物来源——禾本科的各种谷物。谷物果实湿度低、营养价值高且易于储存，在很大程度上帮助人类建立了无数伟大的文明，直到今天，小麦、大麦、黑麦、燕麦、水稻、粟米、玉米、高粱这些谷物依然在给人类提供每日所需的能量。除了谷物，如豌豆、扁豆、鹰嘴豆、大豆、花生等各类豆科植物的种子不仅富含蛋白质，而且也是支撑人类社会发展的核心元素。还有些人喜欢把不少植物的块茎、球茎或者块根当成主食，比如马铃薯、山药、红薯、木薯、胡萝卜、芜菁等。这些食物无一例外，全都是被子植物！而且除了为人类提供食物，它们还是整个陆地生态系统的主要能量来源。开花植物不但自己分化出了无数形态，还带动了其他陆地动植物的多样化发展。

那么，为什么不同的被子植物体形和形态差异这么大呢？这个问题的答案和被子植物的另一个特性——**双受精**有关。在花粉接触雌花的柱头并开始萌发后，伸出的花粉管将直达胚珠。此时，花粉管中有2—3个精子。精子到达胚珠内的卵器后，跑在前头的那个与卵结合完成受精。听起来似乎没什么特别的，这个过程和大部分动植物的精卵结合过程一样——但别急，还没完呢。其他精子也有活儿干！它们要和卵器内另外一两个非配子的细胞结合，而结合成的新细胞将在胚珠内形成胚乳。胚乳的作用是给种子里发育中的胚提供营养。双受精是植物多样性的一个进步，同时也带动了生物多样性的巨大提升。

双受精的优势

通过双受精过程，植物能产生三倍体的胚乳，即胚乳细胞中有三套染色体。可是，是否有这个过程对植物来说有什么区别吗？从胚和种子发育的角度来看，没有。然而，双受精却是被子植物取得成功的关键所在。为了更好地理解这一过程的重要性，让我们先去看看种子植物的另一大类——裸子植物吧。裸子植物包括松树、水杉、红杉，苏铁、银杏两种针叶树，以及买麻藤纲植物等。“**裸子植物**”顾名思义，就是这类植物种子裸露在外的意思，即它们的种子没有子房包覆。相反，种子被子房包起来的**被子植物**，名字的意思就是包住种子。在开花植物出现之前，裸子植物遍布陆地。直到今天，裸子植物也是许多地区的主要植物类型，比如美国西北部的太平洋地区、落基山脉、肯尼亚山山顶之下的罗汉松森林，以及北方大面积的针叶泰加林。虽然裸子植物有悠久的演化史，它们的物种数却未超过1000种，而且还全都是木本植物。这一点很关键：裸子植物门中没有任何一种草本植物！相较之下，被子植物门的每一个类群中都有草本植物，兰花、小草、牵牛花和无数种田间杂草都是实例。那么，为什么被子植物能演化出这么多草本植物呢？

答案很简单，因为裸子植物太傻了。大部分裸子植物都会在受精完成前发育出种子和胚乳。太不划算了！裸子植物主要依靠风力传粉，所以要进行有效的受精，就得满足风力持续和植物距离较近两个条件，缺失任何一个都可能导致受精失败。如果你花费大量能量生出了一颗种子，却因为没能受精而无法把它给传播出去，那岂不是能量的巨大浪费？[①]高大的乔木经得住这么浪费，矮小的草本植物可不行！也就是说，大多数裸子植物在受精前就发育出了富含能量的种子，这和被子植物的发育方式完全不同。被子植物**双受精**机制的一大功能，就是在保证受精完成后再开始产生胚乳。由于双重受精，宝贵的资源将不会浪费在无法发芽的种子上。此外，受精与胚乳萌发的紧密结合还能加快种子的生产。这既是被子植物能够分化出多种低矮且生命周期较短的草本植物的原因，也是裸子植物门里一棵草都没有的原因。

开花植物：越复杂，越多样

从结构的复杂性上来看，开花植物远胜于其他所有植物门类，而且实现超越的方式还不止一种。在第三章中我们讲过染色体组的数目加倍能够导致新物种的形成，这种成种方式在开花植物家族多样性的发展历程中也十分常见。被子植物基因组的可塑性很强，增加或者加倍它们的基因组很少会有什么负面影响。而且，在被子植物门内部，不同物种的基因组大小也有着天壤之别。最小的螺旋狸藻属植物，基因组只有6340万个碱基对。基因组最大的是百合花的远房亲戚——衣笠草，其基因组有约1500亿个碱基对，两者之间相差了足足2000多倍！比较而言，哺乳动物家族中基因组最大和最小的成员差距仅有5倍，鸟类就更小了，只有2倍。

① 也有些裸子植物依靠虫媒传粉，但就算是这样的植物，也会在受精完成前发育出种子。

更绝的是，开花植物还有另一个生存绝技——自我营销！不少开花植物都学会了用鲜艳的颜色来装饰自己的生殖器官，它们还会让花瓣围成漂亮的旋涡形，再配上香甜的气味和高糖的蜜汁。这样一来，大量昆虫都会循着诱惑前来采蜜，同时也在不同花之间完成花粉的传播。在开花植物的发展史中，虽然时期不同，但不同的植物种很可能都独立进化出了**色彩艳丽的花**这一器官。而且花的结构也并非“千人一面”。木兰属的花在中心有柱状花托，支撑着一小丛雄蕊和子房（子房长得有点像树枝上的叶）。这个属的花和月桂杯状的小花完全不同，也和百合的3数花、野玫瑰等的5数花多有差别，其结构非常独特。

传粉动物的出现，表明地球在生物多样性的发展上又跨出了一大步。想象一下，如果你的物种在某一片地区分布密集，那么风媒传粉就是有效的，你的花粉粒很可能会接触到某朵花的柱头。然而，如果你的同类稀少或居住分散，那仅仅依靠风力就很难完成传粉了。以现代热带雨林为例，在几亩地里就能挤满300多种树木，在那里进行风媒传粉就肯定无效，因为每亩地里同物种的开花植物一般就只有一两棵，这对风媒传粉来说远远不够。不管是在物种拥挤的雨林还是在土地贫瘠的荒漠，鲜艳的花都很容易被传粉动物发现，而且也只有有感知能力的动物才能完成复杂的传粉任务，在传粉过程中，它们需要穿越茂密的树叶或崎岖的道路，联结两朵同种的花朵。大部分花都会给来访的动物提供丰厚的报酬：高能量的花蜜和有营养的花粉。动物传粉提高了原本处于弱势地位的被子植物的生存概率，让被子植物得到了长足发展，并从1.2亿年前的几百种，发展到了今天的超过26万种，极大地增加了生态系统的复杂性。

让我们继续探索被子植物结构的复杂性。不同的被子植物，外形可谓千差万别，仙人掌长得像个长刺的小桶，灌木枝条茂盛，树高大笔直，棕榈树形态优雅，还有小草一样的草本植物。这种丰富性也改变了地表的面貌。主要由裸子植物组成的针叶林形态单一，里面都是瘦高的“尖塔”，但被子植物组成的森林就完全不同。被子植物的枝条延伸力强，因此能形成宽阔的树冠层，这就意味着附生植物有了更大的生长空间，而猴子家里也有了更大的后院可以玩耍。除此以外，被子植物还拥有更加高级的维管束，其维管系统中输水的木质部和输送有机物的韧皮部都比裸子植物发达。不同被子植物的叶结构也各不相同，细长的叶柄不仅能让叶片调整朝向，获得更多日照，还能帮助叶片抵御强风。更重要的是，植物还能在叶柄的基部生成离层，生长季节结束后，叶柄将从离层断开使叶片脱落。虽然**落叶现象**并非被子植物独有，但这种适应对策也让它们在季相变化激烈的环境中活了下来。同时，大部分被子植物的叶片上都有密集的叶脉，叶脉虽然增强了水分的蒸腾，但也提升了二氧化碳固定和光合作用的效率。由于被子植物的冠层蒸腾作用极强，它们不得不从土壤中汲取更多水分提供给冠层，因此被子植物能够维持雨林的稳定发展。也正是因此，砍伐雨林极易造成局部地区气候的剧变。

被子植物多样性的发展，还体现在果实和种子的多样性上。椰子树和炮弹树的果实从树上掉下来能砸碎人的脑袋，但兰花的种子小到犹如灰尘一般。许多被子植物的果实味美多汁，吸引着动物们前来取食，比如长满种子的西瓜和只有一粒种子的牛油果；而有些虽然味道稍逊但营养丰富，如谷物。有些被子植物的果实没有食用价值，生来注定随风而逝，所以身上长有类似翅膀的组织或絮状的软毛，还有的则长着倒钩状的毛，能贴附于动物体表或人的衣服上（尼龙粘扣的灵感就来源于此）。总之，这些形形色色的果实和种子让开花植物得以“声名远播”。

外形结构、果实和种子五花八门的被子植物，还吸引了其他各种动物和植物随着它的脚步一起进化。就在开花植物开始发展后不久，现代蕨类的数量就跟着上升了。蚂蚁种群的数量也在大约1亿年前开始增多。还有甲壳虫，以开花植物为食的甲壳虫的种数远远超过不以开花植物为食的甲壳虫。而在被子植物森林扩大后，附生植物和多种小动物的数量也随之增加了。

尽管这些进化早在1亿年前就已经开始，但此后进化的脚步从未停止。

草原和热带草原林地是典型的现代植被类型，大型食草动物的高冠齿表明，草原和草原林地直到3000万年前才开始发展。草是极难变为化石的，所以我们只好通过食草动物牙齿长度的变化，来推测草原发展和扩张的情况。草的细胞里含有二氧化硅晶体，能磨损食草动物的牙齿，所以这些动物的牙齿就越长越长。草在被火烧过或被动物吃过之后还能从根系再生（这就是为什么人们经常修剪草坪，却没人修剪牵牛花田的原因）。在过去的3000万年里，世界上许多地区由于气温逐渐降低，导致降雨减少、火灾频发，给了草原扩张的机会。

草类植物发展起来后，人们又在它们中发现了一种新的光合作用方式，称为碳四光合作用。进行这种光合作用的草在干热环境，甚至火灾环境下的生存竞争力都要超过其他草类。在每场大火过后，这类草都会猛长，并不断拓展它们的领地。从人类发展的角度来看，不断扩张的草原及其富有营养的食草动物还为人类的发展打下了基础。在之后的300万年中，人类的脑容量增加了两倍，并称霸了整个地球。总的来说，开花植物就是如今陆地生物多样性的开路先锋！①

陆地霸主：四足脊椎动物

如前所述，陆地脊椎动物发源于淡水河流和河口。其实，在它们还是鱼的时候，就已经为登陆做了许多准备。溪流和河口常常被倒下的树木和茂盛的水生植物堵塞，给住在这里的鱼类造成通行障碍。为了通过这些障碍，鱼类就需要前鳍的帮助。前鳍生长于鱼类的身体两侧，拥有叶状的基部，运动自由度很高，能帮助它们向前行动。很快，鱼鳍的基部变长，逐渐形成了类似手臂的结构。再后来，手臂上又发展出了肘关节，以及用于

① 开花植物的重要性还不止于此。我说过，如果没有开花植物，人类和我们迷人的社会根本就不可能出现。

抓取的指节。虽然水下充满泥沙还缺氧，但鱼类当时就已经发育出了肺，可以用来辅助鳃的工作。同时，鱼类的胸腔中有了肋骨，能在没有浮力的陆地环境中保护肺部。最后，鱼类的后半身进化出了一对后肢。那么问题来了，是什么驱使着鱼类产生这一系列不可逆的演化呢？最有可能的答案是——饥饿！美味的猎物都住在溪流的岸边，而且早期登上陆地的脊椎动物里面根本没有吃素的。大约3.6亿年前，鱼类体侧的四个鱼鳍进化成了四条肢体，因此后世的绝大多数陆地脊椎动物都是**四足动物**。

和无脊椎动物相比，脊椎动物在许多方面都有着显著的进化优势。脊椎动物把躯体的支撑物藏在体内，这样就无须在身体长大的过程中脱掉外部的“盔甲”了。同时，内骨骼让身体各部位的肌肉和骨骼有了更多的连接方式，增强了身体的灵活性。硬骨鱼的脊椎分成多块，能同时保证坚硬度和一定的灵活度。陆地脊椎动物拥有一根脊椎和两对肢体，其身体结构被美国古生物学家威廉·格雷戈里称为“一座会走路的桥”。四足动物的脊椎确实就像一座悬索桥，前后分别被肩膀和盆骨所固定。从3.4亿年前两栖动物蹒跚地爬上陆地开始，它们的上下肢就被固定在了身体两侧（和之前的鱼鳍一样），并保持着向外生长，同时下肢也在逐渐进化，从而使行动越来越高效。随着时间的推移，陆地脊椎动物以脊椎为身体中心，进化出了多种形态。身材高大的食草恐龙、体态优雅的羚羊和爆发力强的猎豹，无一不是陆地脊椎动物适应性进化的结果。除了这些，自然环境还迫使一些动物抛弃了肢体和部分身体组织，最后变成了滑动前进的蛇。利用双腿直立行走是陆地脊椎动物的另一项创举，这让食肉恐龙及其后裔鸟类，还有人类取得了各自的成功。

支撑力强的身体内部构造让陆地脊椎动物有能力进化出多种形态，既有两栖的蛙类，也有在陆地上奔跑的雉鸡。陆地脊椎动物体内配备有较大的肺、辅助呼吸的膈肌和拥有4个腔的强力心脏，这些器官保证了它们在体形变大的同时还能保持活力。在体表，原来的鱼鳞进化成了皮肤，鸟类长出了漂亮的羽毛，而哺乳动物则长出了柔软的皮毛。在食草和食肉恐龙统治地球的超过1.5亿年里，哺乳动物一直低调地保持着较小的体形和昼伏夜出的生活习惯。听力是夜行动物用来保命的重要感官，以爬行动物为例，它们就有3块下颌骨逐渐演化成了早期哺乳动物内耳里的骨骼，这让哺乳动物能听到的声波频段更宽。更强的听力也让哺乳动物的大脑功能进一步进化，使它们能更快地获取更多信息。

毋庸置疑，生物进化的历史就是一部生物的身体构造朝着更新、更复杂的方向进步的发展史。5.5亿年前，多细胞生物的出现是这部历史向前跨越的最大一步。自那以后，陆地生境的环境变得越来越复杂，生物物种不断增多，生存方式也越来越多样。然而，生命的发展之路绝不是一帆风顺的，在此期间，严峻的集群性灭绝事件也曾多次发生。

大灭绝：生命历史每一章的终止符

早期的地理学家曾发现过许多证据，证明历史上的动物群落曾多次在极短时间里发生过剧变。他们试图利用化石证据拼凑出完整的地球历史，并将这些剧变事件当成划分不同地质年代的标志。然而，一直以来，这些生物发展的“断档”仍未被彻底填平。寒武纪的“生命大爆发”是真实存在的，但这些突然诞生的复杂生物，在过往的时代中找不到更小、更简单的“祖先”。奥陶纪末期生物多样性曾有过一次锐减，但这次锐减也并非科学家的研究不足或野外证据缺失所致。对地质学家来说，生态系统的突变有助于给漫长的生命历史划分章节，尤其是动物的集群性灭绝事件。在历史上的几次集群性灭绝事件当中，最严重的一次发生在大约2.5亿年前的二叠纪末期。在**二叠纪-三叠纪灭绝事件**中，有至少超过80%的海洋生物消失。就在这次灭绝事件发生的同时，西伯利亚地区的火山大规模喷发，大量岩浆让全球的空气都染上了毒素，这很可能就是事件发生的原因。

生物史上排名第二的灭绝事件，是发生在距今6500万年前的**白垩纪-第三纪灭绝事件**。这次灭绝事件的发生也很突然。似乎在同一时间，世界各地的化石记录都出现了变化，有史以来体形最巨大的陆地统治者——恐龙，似乎在一瞬间消失了。[①]幸存下来并存活至今的恐龙后裔只剩下了一支，那就是被毛的鸟类。大型海栖爬行动物，如沧龙、蛇颈龙、鱼龙等，也就此灭亡。数量庞大的海洋浮游动物有孔虫受到重创，用了很长时间才慢慢恢复。白垩纪-第三纪灭绝事件虽然不如二叠纪-三叠纪灭绝事件那么严重，但时间上距离现代更近，似乎也发生得更突然。这次灭绝事件消失在水土中的证据相对较少，因此科学家的研究可以更加细致。

为什么众多高等生物会在某一时刻突然消失呢？这个问题一直困扰着进化论者，直到一小群科学家为人们描绘了一幅非同寻常的画面。1980年6月6日，在《科学》杂志的支持下，美国物理学家路易斯·阿尔瓦雷茨和同事宣称，地外陨星物质撞击地球导致了恐龙的灭绝！在严肃的科学殿堂里，这个理论实在显得太大胆了。不过阿尔瓦雷茨的研究小组也提出了证据，那就是在白垩纪末期的地层中，黏土中金属铱的含量极高。他们从意大利北部、丹麦和新西兰采集了地层沉积物，所有样本都来自白垩纪地层保留完整的地区。研究发现，白垩纪末期的泥土中，金属铱的含量突然升高。由于金属铱在陨石中一般比在地球地壳中更常见，所以阿尔瓦雷茨的研究小组认为，金属铱的含量异常可以作为大陨石狠狠撞击过地球的证据。

陨石撞击假说在当时引起了轩然大波，支持者和试图驳倒这一假说的人都深陷其中。人们又在斯堪的纳维亚地区、美国西部和澳大利亚做了进一步调查，发现地层中金属铱的含量异常是全球普遍的，而且各地的异常现象几乎都是同时出现的。除此以外，人们还在世界各地发现过这一时期产生的玻璃陨石（地外物体剧烈撞击地球时产生的高能将物质熔解后形成的天然玻璃），其中最大的一块发现于美洲墨西哥湾附近。当时，科学家利

① 为什么恐龙，尤其是食草恐龙的体形能长到那么大，这是个有趣的问题。在最近5000万年里，就是最大的哺乳动物，其体形也比不上当时的大型食草恐龙或食肉的霸王龙。

用该地区的石油钻井平台采集到的地底样本，发现了深埋于墨西哥尤卡坦半岛下面的希克苏鲁伯陨石坑。最终，科学界达成共识：地层中铱含量的异常，就是陨石撞击地球引发灾难的直接证据。

白垩纪末期，印度发生了强烈的火山喷发，大量岩浆涌上地面，也对生态系统造成了极大威胁，但导致生物灭绝的主因似乎还是陨石撞击。当时撞击地球的陨石直径达0.8—10千米，其对地球造成的具体影响至今尚无定论。据猜测，在陨石撞击尤卡坦半岛后扬起的大量灰尘，完全遮蔽了阳光，使植物无法存活，同时还产生了小块的玻璃陨石，并造成了地层铱的含量异常。遮天蔽日的灰尘云可以带来许多可怕的后果，比如遮住阳光使全球陷入永夜，以及使地球各处温度降低。1991年菲律宾皮纳图博火山喷发，就曾让北半球平均气温降低了将近1摄氏度，这种影响持续了几乎一年，白垩纪的陨石撞击产生的后果，在此可见一斑。虽然我们无法确知陨石撞击后形成的灰尘云具体持续了多久，但它确实永久地改变了地球生命的历史。

更重要的是，陨石撞击假说可以帮助我们弄清楚为什么有的生物“惨遭灭族”，而有的生物却能幸存下来。假说表明，海洋生物受到的影响尤其严重。微小的浮游植物生活在海洋表面，负责进行光合作用，但如果能源丧失了，整个海洋生态系统就会崩溃。海洋不比森林或沼泽，底层没有腐烂的植物层作为积蓄。对美国新泽西州海岸的地质岩芯的分析发现，陨石撞击留下的碎片位于沉积物之上，而在沉积物中，就包含许多微小海洋生物的残骸。在撞击痕迹层以上，几乎所有的生物痕迹全部消失了，然后又沉积了几千年以后，动物群落才逐渐重新建立起来。这些岩芯的采集地离撞击中心纵然相隔千里，但这里的海洋浮游植物还是经历了转瞬之间的大灭亡。

在陆地上，大部分昆虫和某些哺乳动物成功地挺过了这场灾难，但恐龙不幸全部罹难。一些体形虽大却能忍受较长时间饥饿的动物，如鳄鱼、乌龟、蛇、蜥蜴等也活了下来（这里也证明了恐龙是活跃的温血动物，需要规律性地大量进食）。部分鸟类也灭绝了，但活下来演化到今天的也不少。不过，既然撞击事件发生在北半球，那很有可能南半球的损失会小一些。相比于动物，陆地植物受到的影响似乎较小，孢子和花粉的多样性恢复得很快。总而言之，在白垩纪末期，虽然频繁的火山活动已经让恐龙的数量不断减少，但真正致命的一击是来自地球之外的力量，这一点是无可辩驳的。

生物多样性随着时间不断提高

虽然大大小小的灭绝事件从未间断，但地球生命总体来说是朝着数量和复杂性不断增加的方向发展的。复杂的生命形式在神秘的埃迪卡拉纪试探性地迈出了第一步，在距今约5.6亿年前的化石记录中，我们终于见到了地球上的第一批复杂生命，它们是树叶形和煎饼状的。埃迪卡拉纪之后的一小段时间，岩石内出现了一些岩洞和遗迹化石，以及小的贝壳状化石。紧接着，大概在5.4亿年前，更大的生物突然增多，寒武纪“生命大爆发”开始了，海洋变成了一座喧闹的动物园。在这里，动物家族不断壮大，这种数量的增加还贯穿了之后的整个奥陶纪。随后，一场大灭绝给奥陶纪画上了句号，我们又迎来了志留纪（距今约4.43亿年前）。之后的纪元里，各类生物的多样性经历了大大小小的起伏，最终，灾难性的二叠纪-三叠纪灭绝事件（距今约2.5亿年前）发生了。然而灾难过后，动植物又开始了新一轮的演化和分化，等到距今约1.5亿年前时，地球生物物种的数量甚至已经超越了大灭绝之前的纪元。

得益于历史上的集群性灭绝事件，地质学家可以按照时间顺序给不同的化石分类。事实上，正是两次最严重的生物集群性灭绝事件，使我们可以将生物的历史分成三个主要的“代”。第一个代称为**古生代**（距今约5.6亿—2.5亿年前），结束于二叠纪末期的灭绝事件。第二个代称为**中生代**

（距今约2.5亿—6500万年前），结束于白垩纪末期的灭绝事件。第三个代即**新生代**，开始于白垩纪末期的灭绝事件，粗暴地结束于最后一次冰期。本章开头时曾介绍了地球早期历史的三个宙，在距今5.6亿年前往后的历史，被划分为第四个宙——**显生宙**。

集群性灭绝事件的意义，可不只是划分时代这么简单。恐龙灭绝后，哺乳动物迅速转换角色成为主宰，直到今天。一个优势动物群的陨落为新生态系统的建立创造了机会。美国古生物学家尼尔斯·埃尔德里奇曾指出，灭绝是动物演化的一个重要动因，因为旧的动物群被毁灭后就会被新的动物群所取代。然而，植物的发展道路却不是这样的，集群性灭绝对植物的影响要小得多。在两次最严重的大灭绝中，植物依靠播撒种子或孢子的形式在土壤中得以幸存。当然，不是说集群性灭绝事件对宏观上的植物生态没有影响，二叠纪结束后，植物也花了上百万年才完全恢复元气。但在历史上，还没有什么事件对植物的影响像恐龙被哺乳动物完全取代这么强烈。[①]这是由于动物之间的竞争和捕食关系更加激烈和紧张，毕竟“在尖牙和利爪之下，大自然鲜血淋漓”！

与动物相反，植物界的演化往往都是自身形态结构上的创新：维管系统让植物直立了起来；维管形成层让植物能产生木质组织，进而推动了树的出现；花粉让开花植物能在干燥环境下繁殖。最终，开花植物一路分化，进化出了无数种更多样、更有活力、更有营养的植物物种。数十年前，古植物学家诺曼·休斯就曾估测过在过去3亿年里不断增加的维管植物种数。希望你还记得，维管植物包括开花植物、针叶树、苏铁、蕨类及蕨类的近亲，它们是构建陆地三维结构植被群落的主力军。休斯估测，在距今约3亿年前的石炭纪时代，全世界只有约500种维管植物，到距今1.5亿年前时，变成了3000种，再等到6500万年前的白垩纪末期，已经增长到25000种。

① 在经历很长一段时间的温暖后，地球开始变冷。气候变冷开始于大约3400万年前，也是始新世和渐新世的分界点。从那时起，南极洲的冰盖开始增加，全球气温开始降低，这一时期是最近2000万年里地球最冷的时期。2008年，科学家曾提出一项假说，称喜马拉雅山脉的生长是当时气候变冷的主要原因。

时至今日，维管植物的种数已经超过了27.5万种。虽然休斯当年的估测主观性很强，但也表达出了在过去3亿年里，陆地植物的多样性一直在持续增加的趋势。更关键的是，休斯的估测数据显示，在过去1.5亿年里，维管植物从3000种蹿升到了将近30万种！虽然蕨类和苔藓的数量在这段时间也没少增加，但这么大幅的提升主要靠的还是开花植物。而且在开花植物多起来以后，甲壳虫、蚂蚁、鸟类、哺乳动物等各种动物种群也都开始繁盛了起来。

尽管物种数量远不如开花植物，但哺乳动物和鸟类的物种数量也是逐渐增多的，这要归功于生物学家所说的“**亲代投资**”。鸟类和哺乳动物是复杂、聪明、高能量的生物，所以它们的繁殖和生存成本也较高。鸟类和哺乳动物的幼崽无法离开父母独立存活，所以需要父母规律性地为其提供高质量的食物，这就是作为父母的意义所在。与大部分两栖动物和爬行动物不同，不管是鸟类还是哺乳动物的新生幼崽都是“嗷嗷待哺”的。在过去2500万年的演化历程中，雀形目鸟类逐渐学会了寻找隐蔽的地点筑巢，以此保护自己的雏鸟。鸟类和哺乳动物物种多样性的发展，都是建立在必须育幼这个基础之上的。

雏鹰和幼狮都需要只有在长到接近成年的体形和体重时，才能外出捕猎。幼狮并不追逐兔子，雏鹰在羽翼完全丰满之前也不会离巢。也就是说，只有等到鹰和狮子的子代完全能够继承父母的角色时，它们才能登上生态系统的“舞台”大显身手。在小狮子成年之前，狮群会一直为它提供食物，而且绝大多数鸟类和哺乳动物都是这样的。和霸王龙比比吧！霸王龙小时候就得自己去捕食小的猎物，自给自足，逐渐长大，直到二十多岁长成伟岸的成年霸王龙。这说明了两个问题：一是霸王龙一生中捕食的猎物范围很大，二是当时的世界根本没有多余的空间去容纳其他的小型捕食动物。古生物学的证据显示，恐龙时代的生态系统中动物的物种数相对较少。你可以对比一下今天的非洲草原，无数种捕食者共享着同一片大地。多亏了亲代投资的存在，鸟类和哺乳动物在其生态系统中的角色才被严格地限制住了，许多相似的物种也才能通过精确的生态位分化和谐共处。可以说，鸟类和哺乳动物对长时间育幼的需求，在很大程度上推动了动物物种多样性的发展。

简单回顾一下地球生命精彩的发展历史，我们可以清晰地发现：随着时间的推移，陆生动植物在复杂性和物种数上都有了跨越式的提升。所有的数字都指向一个简单但意义重大的结论：当代的生物多样性比过往的任何一个时代都要高出许多。不幸的是，化石一般都在海底形成，所以绝大部分化石记录的都是海洋生物的形态，陆生生物很少。但即便如此，化石证据也表现出了生物科和属不断增加的趋势。虽然现在人们发现早年间对海洋生物多样性的估测过于乐观，但演化的结果是显而易见的。有分析表明，在过去2.5亿年间，海洋生态系统确实越来越复杂了。但也有反对者声称，海洋生物多样性并未提高，化石记录的增加仅仅是由于越近的时代，地层中的化石越容易暴露。很明显，海洋生物的多样性是否有所提高尚无定论。或许，生物的演变就像“抢车位”游戏，所有车位早就被占满了，剩下的只有新物种把旧物种取代的过程？这种画面在大海中确实可能出现，但陆生生物的进化完全不是这样的。陆生生物的物种多样性在过去4亿年中取得了巨大提升，这一点绝对是无可辩驳的。

讲到这里，我们不得不提到一个生物学史上的未解之谜了。为什么在每次大灭绝事件之后，动植物的总数都不降反增呢？在过去4亿年里，为什么陆地植物从形态结构到物种数量都会提升？在下一章中，我们就将探索一下，生物的多样性和复杂性随时间提高背后的原动力到底是什么。

第八章

生物多样性和复杂性都随时间提高的原动力

这么说吧，生物的进化是一种行之有效的、能解决各类复杂问题的创新之举。它还是一种不断变化的算法，会随着环境的改变和知识的积累而进步。进化是自然世界的一切秩序、复杂性和多样性背后的准则。

——埃里克·贝哈克

在前文中，我们已经浏览了一遍地球生物的高度多样性及其悠久的发展历程。然而，这一切背后的动力是什么？为什么我们可爱的星球上会出现这么多种动植物？富饶的雨林和鲜花烂漫的草原又是怎么形成的？根据化石记录，我们已经清楚地了解到地球生物的多样性是如何随着时间不断发展和提升的。当然，地球也为生物多样性的发展提供了舒适、稳定的环境基础。波兰天文学家哥白尼曾发现，地球在围绕太阳公转时地轴并不是垂直的，而是会产生一个倾斜角，正是这个倾斜角让地球有了四季。每年，这个倾斜角让阳光直射点在南、北半球间来回移动，并给赤道南部和北部的热带地区带来季节性的大规模降雨，热带地区的生物多样性因此大大提高了。今天，我们已经摸清了地壳板块运动形成高山的规律，这也是推动生物多样性提高的因素。无数化石记录告诉我们：在太阳系形成40亿年之后，复杂的海洋生物才开始出现，而陆生动植物则是地球更加“现代”的“产物”。

历史上生物数量的激增主要是由两个因素推动的，其中最广为人知的可能是新物种的形成。为了占领更多栖息地，生物的种群会分化，与原种分开的一部分逐渐会变成新物种。种间或种内产生的竞争也可以推动新物种的形成。此外，进化往往还和另一个更重要的因素有关，即生物体复杂性的持续增加。这是一种强大的力量，形态简单的生物体逐渐向形态复杂的生物体过渡。不论是形态结构还是生活史，甲壳虫都比蚯蚓复杂得多。水母不如蚯蚓复杂，但又比单细胞生物复杂多了。虽然在生物史上，形态结构复杂性不断升级的例子比较少见，但其重要性已经得到了充分的显现。

内共生现象的出现让真核细胞可以长得更大，承载更多功能。有了线粒体提供能量，真核细胞就能携带更多遗传信息，久而久之，生物体的体形也就变大了。多细胞动物的受精卵分裂时会“抱团”形成一个有鞘的中空球体，这些细胞后续会形成两到三个胚层，在这一阶段，胚胎细胞将迅速分化，变为无数种不同的组织细胞。和动物类似，植物在拥有叶绿体之后，也开始在世界各地形成丰富的绿色景观。生物体形态结构的升级，加上新物种形成的各种驱动力，慢慢地将生物圈内各类生物的生活方式和相互交流都推向了更加高等的水平。

> 在进化过程中，生物表现出了诸多趋势和方向性，其中最明显的就是复杂性的不断增加。
>
> ——凯文·凯利

生物学上的“复杂性”这一概念没有简单的定义。虽然从字面上看，这个词可以简单地解释为“组成一个特定系统的部件数量”或者“庞杂”“烦琐”，但在科学上，人们无法达成共识，不确定该如何量化“复杂性”。“复杂性”是将一个复杂系统整合起来所需的能量总量吗？还是算法信息量（Algorithmic Information Content），或者一个系统的内部层次结构？一个复杂的系统必须拥有内部的节点才能传达信息吗？可是若要对这些问题进行讨论，那话题很快就得上升到哲学的高度了。

数学家也同样关注过“复杂性”这一概念。但是，正如美国应用数学家史蒂芬·斯特罗加茨所说：“复杂性理论告诉我们，许多简单的元素通过简单的命令进行交互，可能得出意想不到的规律。但这一理论既不能精确地解释出这种规律是如何得出的，也无法将理论与实际问题完美结合。因此，复杂性理论对大多数理论数学家和科学家来说都影响甚微。”

尽管存在这些问题，但是我认为我们仍然可以继续使用“复杂性”的一般意义来展开讨论。森林是复杂的，因为森林里住着许多生物；人类是复杂的，因为我们是由多个独立的部分组成的，而每个部分也都由上亿个独立的细胞构成。但推动生物世界朝更复杂的方向发展的动力到底是什么呢？从古到今，生物大分子、生物体本身和生态系统都在朝越来越复杂的方向发展。谈到物种形成，我们能列出多个使动植物物种数量增加的因素——这是生物数量增加的一个原因，但为什么进化也同样能表现出复杂性增强的趋势呢？生物学家丹尼尔·W.麦克西亚和罗伯特·布兰回答了这个问题。他们大胆地提出了一个“新的生物学法则”，并声称，即便环境没有发生剧变或产生强力的选择作用，生态系统也会变得更加复杂和多样。他们管这一法则叫作零压力进化法则（ZFEL）。该法则表明，只要时间在延续，多样性和复杂性就会增加。生物在繁殖时不可能保证子代100%准确地复制亲代的性状，变异是必然的，而子代的变异会不可避免地增加整个物种的多样性。达尔文提出的自然选择学说需要三个要素共同作用：繁殖、变异、选择，但ZFEL法则只需要两个：繁殖、变异。既然任何形式的繁殖都无法保证准确复制，那复杂性和多样性的增加就是必然的。只有强烈抑制这些变异的选择，才能阻止生物发生变化。因此，今天的世界才会比过去的世界更复杂。绝大部分突变产生的变异都是不利于生物生存的，不过自然选择最终会将这些变异从种群中清除，但即便如此，系统中多样性逐渐增加的趋势依然存在。

那么，推动整个生物圈向前发展的动力是什么呢？答案很简单：**能量**。其实，所有生物体的细胞为机体供应能量的方式都是一样的。三磷酸腺苷（ATP）就像一块小电池，在机体内任何需要能量的地方，ATP都会抛弃一个磷酸基团并释放能量，转化为二磷酸腺苷（ADP）。而ADP会在细胞内进行相反的反应，吸收能量，重新与一个磷酸基团结合，变回ATP，等待着下次机体需要能量时再释放它尾端的磷酸基团。可是，这些在生物体内互相转化的能量，源头又在哪里呢？

第一次植物革命

任何活动都需要能量，不管是举起石头还是消化食物。因此，能量是所有生物存活的关键。在地球上，最原始的能源只有两种。时至今日，我们脚下地壳中的岩石依然在从地球形成的化学反应中获取热能。同时，地心深处不稳定的原子也在持续裂变，并释放核能。这两种能量加在一起，让地球的核心部位始终保持熔融状态，也让液态的岩浆不断从海床的裂缝中流出，并造成地表的火山喷发。在深海的热液喷口附近，有些奇特的生物群系就是依靠这些地球产生的能量存活的。某些生活在海底的细菌不仅能通过化学作用为自身的生理活动供能，还作为生产者，支撑起了一个个见不到光的神秘生态系统。

幸运的是，地球上还有一种更容易获得的能源——**阳光！**早年间，曾有科学家反对达尔文的进化论，他们宣称进化论与热力学第二定律相悖。**热力学第二定律**认为，任何物体都会自发地向能量更低的状态转变。事实上，地球上的进化正好与此相反。我们也无须担心，因为热力学第二定律只适用于封闭系统，地球可不封闭——任何被太阳晒伤过的人想必都能理解这一点。通过沿着太阳系的“金发姑娘地带”围绕太阳公转，地球和它的大气层使其上的液态水始终保持着既不会全部蒸发，也不会全部冻结的适宜温度。显然，热力学第二定律还是成立的，因为从宇宙的尺度来看，太阳的能量确实降低了。太阳向外辐射的能量被地球拦截了，尽管拦截的量不到十亿分之一，但光是这点能量就足以让我们的家园晴空万里，并让光合作用为生命的大厦打好地基了。虽然那些在海底热液喷口附近，一辈子见不到光，靠着地核的化学能过活的细菌也能体面地活着，但我们其他的各类生物赖以生存的能量，都来自太阳。

生物在学会捕获和利用阳光中的能量后，进化的脚步就大幅加快了。光合作用是生物发展史上最伟大的一个创举，光能将水分解，产生的氢用来合成糖类。分解水分子可不简单，需要一系列复杂大分子的默契配合。在制造糖类的过程中，起码需要10个光子才能“固定”一个二氧化碳分子。简言之，**光合作用**将阳光中的物理能转化成了食物中的化学能。人们经过许多年的研究才将光合作用的机制逐渐摸清，用一位早期研究者的话说：“**辐射物理**学帮助我们理解光，**固体物理学**研究捕获光能的过程，**物理化学**阐明最初的氧化反应原理，**生物物理学**解释电子传递过程，**生物化学**讲述二氧化碳如何固定，**植物生理学**展示生物化学过程如何被调控，**植物学**研究将所有化学反应和植物的生命相结合，最后，**生态学**告诉我们，光合作用驱动了自然环境。”

通过研究古代沉积物化石中的同位素变化，人们发现蓝细菌早在27亿年前就已经学会利用光合作用分解水了。这一进步有好处也有坏处。好处是它从此以后可以利用太阳的光能和水中的氢来合成高能量的糖类。但坏处是，这一过程向地球大气释放了化学性质高度活泼的氧气。游离的氧气开始改变世界，并成了当时一种有危害性的新型污染物。由于性质活泼，氧气能和多种矿物元素结合，不仅易燃，而且消耗得也很快，但自从学会光合作用后，蓝细菌就开始日复一日地释放着氧气。有的细菌直到今天还把氧气看作洪水猛兽，但当时就已经有几种细菌开始尝试利用氧气了！这些细菌重新设计了自身的能量代谢系统，新的代谢方式是要利用氧气的，我们称之为**呼吸作用**。需氧的呼吸作用分解糖类时产生的能量，要比无氧的发酵作用多出10倍之多！以这种新方式进行代谢的细菌有了明显的生存优势。简单地说，光合作用拆开水分子，而呼吸作用又把水分子重新聚合起来——利用太阳的能量，生物的代谢反应形成了一个完美平衡且持续不断的循环。

通过“强强联手”提升复杂性

利用氧气呼吸这一生理过程的出现，为另一项生命史的伟大进步打好了基础。在当初出现的这批进行呼吸作用（需氧）的细菌中，有一种日后竟然成了真核细胞的一部分。我们把这一部分称为**线粒体**。当时，空气中可用于呼吸的氧气已经大幅增加，再加上线粒体的供能，真核细胞就成了日后生物体继续发展的基础。线粒体通过分解糖类，向氧气传送氢，并在这个过程中为复杂的真核细胞提供动力，让它们有能力处理更浩繁的遗传信息，最终产生了更复杂的生命体。呼吸作用最大的成就，就是将一种新出现的丰富资源——氧气，变成了获取更多能量的工具。

如今，细菌世界和拥有成形细胞核，以及更大细胞体的真核生物世界之间的区别已经非常明显了。大多数细菌都没有足够的空间容纳一个完整的细胞核和多种细胞器。DNA若能被收纳进细胞核中，其含有的重要遗传信息就能得到妥善的保护，使其免受细胞中激烈的代谢过程的影响。真核细胞内部承载信息的空间更大，结构也更加复杂，可以说，这也是生命史上非凡的一笔。

和线粒体进入真核细胞使生命进步类似，其实还有一种细菌，也与真核细胞发生了内共生。蓝细菌可以通过细胞壁彼此联结，变成**蓝藻**，它们也会进行光合作用。和线粒体一样，这些光和细菌后来变成了植物细胞里一种不可或缺的细胞器，这就是**叶绿体**。叶绿体与其祖先蓝细菌工作的化学原理相同，它们会吸收红光和蓝光，为自身以及“吞掉”它们的细胞供能，并将不吸收的绿光反射出来，因此植物才能将大地装点成绿色。

然而，线粒体和叶绿体的出现，却给早期的生物学家提出了一个严峻的问题：光靠所谓“微小的随机突变”，已经无法解释生物世界为什么能发展出如此巨大的复杂性了。显然，“强强联手”已经不再属于“微小的随机突变”，所以人们才提出**内共生学说**，并圆满地解释了这一现象。通过研究，人们发现线粒体和叶绿体内部都携带着自身独有的遗传物质，这更证明了内共生学说的正确性——这两种细胞器，曾经就是细菌级的独立生物。这种“进化”不是什么碱基对稍作修改或者产生某种突变性状然后让大自然做出的选择，而是两种结构稳定的实体彼此融合，进而生成了新型的、更加复杂的细胞！靠着这种“强强联手”，会呼吸的真核细胞和吸收光的水藻才双双被载入史册。

线粒体为所有复杂的高等生物提供了能量，如变形虫、真菌、动植物等等。真核细胞在学会利用氧气呼吸后获得了更多的能量，因此可以比细菌细胞长得更大、更复杂，也能容纳更多染色体，承载更多遗传信息，进而分裂、增殖。这个革新发生在20亿年前，又过了10亿年，精致的多细胞动植物才开始出现。虽然在生命诞生之初，蓝细菌就开始不停地制造游离的氧气，但空气中的氧分压始终没有什么变化。只有到了距今约6亿年前，氧分压才逐渐上升，紧接着就发生了寒武纪“生命大爆发”，于是，较为高等的动物登场了。

动物：越进化，越复杂

动物的身体变大、结构变复杂也是有代价的。首先，更大的身体往往意味着需要更多能量，而且让无数细胞增殖、分化，并凝聚成一个整体也需要细致的规划才行。组合成一个大型生物体的细胞数量是巨大的，所以团队精神非常关键，每个细胞都必须接受自己的命运，成为一个大型个体内正常运转的单元。在生物体内，经过分化的不同细胞各司其职，在不同的工作岗位上鞠躬尽瘁。在人类身上，特化的细胞组成了我们的皮肤、肠道、肌肉和大脑。不过，虽然困难重重，但变大、变复杂的好处也是很诱人的，看看身边的生物你就知道了。凝胶状的水母、无数条腿的马陆、身姿绰约的蝴蝶、笨重憨厚的大象……动物的身体越大，可获取的资源就越多，可覆盖的生存环境面积就越大，成功繁殖的可能性也就越高。但遗憾的是，生物系统的复杂性是很难维持的，会随着生物体的死亡和腐烂一起消失。

显而易见的是，随着时间的流逝，复杂的东西总会瓦解。我们出生，长大，成熟，繁殖下一代，但总有一天我们也会死亡，销声匿迹，被我们亲手扶植起来的下一代所取代。太老旧的机器，总有失去修理价值的那一天，到了那一天，旧机器免不了被扔掉的命运。同理，复杂的大型生物也总有死去的一天。但细菌和单细胞微生物没有！这些生物结构简单，通过二分裂生殖，只要环境允许，它们就能一直分裂下去。从结果来看，它们就此达到了永生。从这个意义来讲，人类的基因组或许也能被视为永生，因为基因组可以遗传上千代还基本保持不变。但不管怎么说，多细胞生物能做的很多事是细菌做不到的，它们在许多方面改变了世界。

单个细胞是如何团结起来的，又是怎么学会相互交流，放弃自己原始的生活轨迹，从而变成一个更大、更复杂，由成千上万乃至数万亿个细胞组成的整体的？这个问题仅次于生命起源，堪称生物学中第二大未解之谜，同时也是发育生物学一直试图攻克的难题。独立生活的细胞都拥有一个根本目标——分裂增殖，也就是生出更多个自己。但组成一个复杂生物体的单个细胞，就无法再不加控制地无限增殖，不然生物体就会走向毁灭。我们对这个结果已经太了解了，人类还给这个结果起了个唬人的病名——**癌症**。当细胞不再遵守规则，在我们体内开始不受控制地增殖时，我们就会有生命危险。想象一下，我们每个人都是这样的，由数万亿个细胞精诚协作，组成了一个完整的整体。厉害吧！那么这么多细胞是如何达成合作，又是如何装配到一起的呢？这些问题可以细分为两类。第一类，我们每个人都是如何发育成这么一个高度复杂的个体的？这是个发育方面的问题，得从我们还是早期胚胎的时候开始寻找答案。另一类问题则更普遍，复杂动物塑造自己的能力，是如何随着时间变化的呢？

要构建一个更大的生物体，细胞必须同时学会两条：精诚合作与互相交流。那么，一旦细胞集结起来形成了系统，并形成了行使复杂生物功能的基础，你该怎样去制约这个系统的发展呢？有序的受控发展只有通过精确控制细胞间的交流才能做到，比如组织只能在应该生长的地方生长——在其他任何地方都不可以。在动物成长的过程中，有些细胞还需要给其他生长中的细胞腾地方，这就需要编写出一种“自毁程序”，即细胞程序性死亡，又名细胞凋亡。除此以外，不同细胞的分裂也需要协调出高度的同步性。你的左胳膊和右胳膊为什么形状吻合？没人知道，但很幸运，大多数动物的两侧都是对称的，即左半身和右半身完美匹配，正因为如此对称，动物才能很好地游泳、奔跑或者飞翔。最后还有一点，就是当动物幼崽长到成熟期以后，它就必须停止生长，开始为繁殖做准备。

当然，无论是甲壳虫、蜥蜴，还是鲸鱼，生物若想产生并保持对称的身体结构和适当的体形，就必须在发育过程中遵循一定的规则。复杂与大型生物的形成，少不了基因指挥、发育指令和自我调节机制的高度和谐与紧密配合，那些没能形成对称结构或内部和谐的生命早就被时光抛弃了。早在5亿年前，生物进化这个漫长的故事就已开篇，时至今日，已经成了在你、我和每个生物体身上不停重复的发育程式。回想一下，绿色植物、有羽毛的鸟类、毛茸茸的哺乳动物，这些生物都起源于一个单独的受精卵细胞。事实上，我们也可以说，生物体个体的发育过程就是一整部生命发展史的缩影。

对动物来说，在胚胎阶段形成新的胚层是一项关键的进化。在受精卵细胞经过多次分裂以后，形成的细胞团将变成一个中空的球体，这个球体的壁只有一层细胞厚。随后，球体一侧的壁将向内凹陷，贴向另一侧的内壁，变成一个具有双层壁的球体，与此同时，球体表面会发育出一个开口。新形成的球体的两层壁，即胚层，它们在未来的发展将大相径庭，每一层都会分化成不同的组织，直至最终发育成完整的动物体。球体表面剩下的开口会变成口腔（例如蜗牛、鱿鱼、蟹、昆虫），或肛门（例如海星、脊椎动物）。这两类动物随后会在身体的前侧或后侧发育出另一个小口，和刚刚的开口位置相对。在身体两端兼备一个“输入口”和一个“输出口”之后，动物就有了一个高效的消化系统，其特点为“单向通行”（扁虫、海葵和水母这类动物的身上只有一个开口，它们代表了动物进化史上较为原始的阶段）。

人类胚胎细胞发育成婴儿、成熟的蝴蝶破茧而出，这些都是动物界神奇的发育变形。这样的发育变形创造出了成千上万的人类和无法计数的甲壳虫，这样一想，就更令人惊叹。美国进化生物学家尼尔·舒宾曾指出：“人类的身体就像一首由不同乐器演奏的单独音符组成的协奏曲。在我们的发育过程中，每个细胞内彼此独立的基因不断启动或关闭着，我们的身体就是这些基因构建的作品。”科学家还发现，植物、动物和人类体内指导发育的基因都很相似，这正是很久以前生物都拥有共同祖先的证据。

最后回顾一下，在生物复杂性的发展历程中，最关键的步骤是什么呢？基因无疑是最初的发展模板，它们产生各种蛋白质以完成细胞的生理活动。负责监管的DNA会在合适的时间和地点启动基因功能。发育时机的变化是形成新进化的主要原因。每时每刻，细胞内部的新陈代谢系统都需要保持稳态，这对生物的正常运转至关重要。同时，细胞依靠互相之间的联结和沟通形成复杂的生物体。细胞能对毗邻的其他细胞给予的微量信息输入产生反应，并就此引起复杂性的增强。在连通性极强的基质中，无数细胞通力合作，组成更大的组织和器官，但这些组织和器官还需要一个复杂的神经系统来协调，组成一个和谐的机体。植物和动物都拥有无数种非线性的生理反应过程，组成相互交织的网络，最终形成了一个个自组织系统，结构复杂性也因此得到提升。我们每个人都是这么生长和发育的。用一句更精彩的陈述总结一下，就是：我们今天看到的生物多样性，都源于大自然在过去30亿年里缓慢的发展和变化。[①]

动物复杂性发展的原因

20世纪末最惊人的科学发现之一，就是动物体内控制发育的基因普遍相同。把鱿鱼体内控制眼睛发育的基因移植到果蝇的胚胎中，果蝇胚胎就会在移植处长出一只眼睛——不是鱿鱼的眼睛，而是一只果蝇的眼睛！这就表示，“在这里长一只眼睛”这个基因，对鱿鱼和果蝇来说是一样的。从小鼠身上获取同样的基因，得到的结果也相似，果蝇在小鼠基因的移植处也长出了一只果蝇眼睛。鱿鱼、果蝇和小鼠是完全不同的动物，眼睛结构也大不相同，却都在使用类似的基因控制着眼睛这一器官的发育。以前从未有人会想到鱿鱼和小鼠照相机般的眼睛，竟然和昆虫复眼无数的眼睛拥有共同的起源。事实上，它们的起源并不相同，只在进化的过程中，它们却使用了相同的基因工具来控制如此不同的眼睛。此外，所有动物都利用对光线敏感的视蛋白分子来感知光。我们人类有三种基因，控制着三类稍有不同的视蛋白，而正是这三种视蛋白让我们看见了世界的缤纷多彩。显然，只有一种基因时，这个基因只能产生一种视蛋白，但若这个基因序列出现意外，发生了重复，生成的新基因就有可能翻译出不同的蛋白质，从而开启生物的彩色视觉。再说到身体结构，单个基因可能只能产生桥蚕身上那种简单的、管状的附肢，而一旦这个基因发生重复，则有可能产生昆虫那种带有关节的腿。利用基因分析技术，科学家已经揭示了各类动物拥有独特身体结构的奥秘。

就在不久前，我们还以为人类最起码也得拥有10万个基因。不能更少

① 可能你更愿意相信生物的巨大发展源于一位神明的创造和指导，这当然也可以。但问题是上帝的“智能设计”理论无法被证实——这就是宗教信仰与科学实践的根本区别。前者基于传承自前代的信仰，而后者则基于我们对自然界的观察或实验得出的结论。信教者依据被宗教广泛接受的经文或圣典进行辩论，而科学家依据的则是直接从对自然的分析中获得的最新数据。对宗教经文的不同解读，或对实验数据的不同理解，让宗教和科学在不断争论中前进。

了吧？毕竟我们也是高度复杂的生物，头脑还那么聪明！但更深入的研究却证明，人类只有约24000个蛋白质编码基因。更没想到的是，与我们形态和行为最接近的动物黑猩猩，竟然和我们共享着94%—98%的基因。不过，上述计数仅限于编码蛋白质的基因，而这仅仅是遗传物质的一部分而已。

让我们先换个角度讨论这个问题，看一看植物。生物学家最爱用的实验植物拟南芥，基因组内竟然有约24000个基因！人们刚发现这一事实时着实吃了一惊。而生物学家最爱用的实验动物果蝇，却只有约13600个蛋白质编码基因。可是你想想，草本植物拟南芥最多也就不过30厘米高，一辈子只会待在原地，一动不动地捕捉阳光，然后开花，结果。但果蝇呢，可是拥有完整的四阶段生活史的昆虫，能自由飞翔，雄性果蝇不但会主动寻找雌性，甚至还会跳舞来取悦眼前的姑娘。你很可能会觉得，像果蝇这么复杂的动物，理应比一棵草的基因多才对，但研究结果出人意料。用以区分智人和黑猩猩的那一点点基因，以及拟南芥意外庞大的基因数，都在向我们诉说着进化的秘密。

显然，只看蛋白质编码基因是远远不够的。这一点在进行植物、动物对比时表现得尤为明显。最近，人们发现棉白杨树拥有约44000个基因！而深入的遗传学研究证实，动物基因组中的许多部分其实是用来合成RNA序列的，这些RNA序列对调控细胞和发育功能也有重要作用。其实在动物体内，RNA的加工和变异相对来说更加普遍，或许这就能解释为什么果蝇的“基因数”反而比一株小小的植物还少了。而人类和黑猩猩的巨大差别很可能也源于此，虽然两者共享绝大部分基因。不过，从我们的遗传蓝图——**基因型**，到我们最终的外观性状——**表现型**，之间还有一段曲折的发育之路。

遗传学家一开始将“基因”的概念想得太简单了，蛋白质编码基因的数量还不足人类基因组的5%，剩下的基因，我们称之为**垃圾**DNA。但如果垃圾DNA真如其名，是基因组中的“垃圾”，那为什么自然选择没有把它们淘汰掉？答案是这样的：人类基因组的功能远远不只是编码蛋白质，它们还要负责形成染色体、调控基因的表达、编码调节细胞功能的RNA，同时，它们也确实携带有少量“垃圾”——一些源自病毒的基因或者“基因化石”，这些基因目前已经失活。而且还有一点更加神奇：动物的复杂性越高，携带的垃圾DNA就越多。复杂生物的生命活动需要依靠的条件非常多，诸如多个基因并联互通、精确规划的发育信号、灵活的生理机能、活泼的形态发生场等，不一而足。

我们身体的胚胎发育过程（个体发育早期阶段）揭示了在生物进化史上，动物体发育指令的变化。在早期发育中，人类胚胎会发育并替换掉两组不同类型的肾脏。最初，胚胎会先长出一组类似鱼类肾脏的器官，随后被重新吸收。接下来是一组爬行动物的肾脏，但这组肾脏也留不到最后。最终，一组新生的哺乳动物的肾脏会跟随我们终生。这一发育过程启发了博物学家恩斯特·海克尔。作为达尔文进化论在德国最早的捍卫者，他宣称“个体发育就是种系发生的缩影”。早期胚胎的形成和发育过程，始终在为漫长的生命进化史提供着佐证。在我们的喉咙中，血管会向下、环绕，然后再重新爬上咽喉；如果你有Y染色体，睾丸就会在你腹内形成，随后穿越腹壁离开腹腔，自己找个更凉快的地方安顿下来（坏处是给你制造了一个弱点，同时增加了发生疝气的可能性）。这些观察结果，都是生物缓慢进化的证明（而且都不支持“上帝六天创造世界”的理论）。

“复杂生物的出现并非偶然，这是宇宙中的一大奇迹。”美国植物学家华莱士·亚瑟在其著作中写道，“动物从没有头部，进化到有形态简单的头部，到发育完全的头部，再到结构复杂的头部，正是沿着复杂性增强的阶梯逐步爬升的结果。”仔细观察一下昆虫的脑袋吧，看看它们漂亮的口器、硕大的眼睛和修长的触角，这些器官个个结构精巧、意义分明。除了细菌和水母经历千百万年，还停留在结构较为简单的层次上，其他各类生物都在新的可能性中广泛地探索着。而且，由于生命起源于水，生物离开水环境登上陆地时，更加需要全新的创造和发展。

第二次植物革命：陆地植物的出现

在序言中，我们已经提到过，大型复杂生物主要是在陆地上进化出来的。然而，生物从最初的水环境迁往干燥的陆地环境，可谓一项重大的变革，而且这对植物来说尤其艰难。其中的关键进化可能是植物的二倍体时期，而且这一时期自出现后又在整个生活史中变得越来越重要。陆地植物的藻类祖先——轮藻，其精子必须在水中才能与卵细胞结合，并形成一个拥有两套染色体组的合子（二倍体）。合子会长成一个短命的植株，而植株很快又会进行减数分裂，形成下一代单倍体轮藻，新的轮藻将会继续产生新的精子和卵细胞。在轮藻的例子中，二倍体的时期很短，而且整个生活史都是在水中度过的。那么这种水生藻类，将如何登上陆地，又如何在干燥的陆地上度过哪怕只是其生命中的一小段时间呢？

陆地植物的基因组中有两套调控发育的KNOX基因，而它们的藻类祖先却只有一套！显然，正是这套KNOX基因的出现，才使得二倍体的合子能萌发成一株相对长寿的二倍体植株。事实上，早期的陆地植物有两个区别显著的发育阶段——单倍体世代和二倍体世代。二倍体植株在减数分裂后，能形成单倍体孢子，并开启单倍体世代。进入单倍体世代后，单倍体的孢子会进一步发育产生配子，配子会结合，形成新的二倍体植株。植物学家将这个过程称为植物的世代交替，世代交替对蕨类、苔藓、地钱等原始植物的生命过程意义重大。那么，这种两个世代相互交替的生活方式，为什么如此重要呢？

如今我们可以知道，由于调控发育的KNOX基因发生重复，形成了两种基因KNOX1和KNOX2，从而让植物有了明显的进化优势。想象一下以下场景：陆地植物的藻类祖先生活在一片小池塘里。这种藻类是单倍体的，能产生生殖细胞（配子），游动的精子在水下给卵细胞受精，开启了下一轮二倍体世代。正在这时旱季来了，小池塘干涸了，不过池塘里的二倍体植株却能在阳光下存活足够久，也能进行减数分裂并产生单倍体孢子！单倍体孢子能在干燥的空气中传播，被风带到远方。也就是说，虽然精子依然需要水来寻找有化学吸引力的卵细胞，然后才能产生二倍体合子，拥有$KNOX_2$基因的二倍体合子却能萌发形成足够耐旱的植株，并传播单倍体孢子。在上述情况中，二倍体合子产生的植株能够在陆地上生存，但由孢子萌发的单倍体植株仍需生活在水中，以保证精子可以在水中完成受精过程。不过随着时间的推移，精子逐渐“学会”了仅利用植物表面上的微量积水“游泳”，植物的生活史也就完全转向陆地了。

复杂动物是在寒武纪早期以爆发式集体出现的，然而植物的进化道路并非如此。从发现第一粒陆地植物孢子到热带森林的出现，中间经历了1亿年的漫长时光。植物克服了许多挑战，才终于把大地覆盖上了一层绿色——长出一层角质膜以减少水分流失、利用气孔调节气体交换、发育根系和维管在体内输水……随后，分生组织的不断生长让植物越长越高，形成树木。再后来，种子植物在更加干燥的环境中不断繁衍。至此，地球地表才拥有了各式各样的植被和郁郁葱葱的森林，从此欣欣向荣。

第三次植物革命

大约从1.3亿年前起，开花植物的多样性开始迅速增加。被子植物减少了花在自卫上的努力，集中精力生长和繁殖，因此迅速占领了陆地环境。[①]加上被子植物能开出漂亮的花，吸引传粉动物，因此即便它们的种群

① 被子植物的崛起是生物互利共生的生存方式最大的成就之一。

没有那么密集，也能高效地繁殖，进一步增加种类数。物种更多、结构的差异性更大、全新的开花和结实方式，这些特征让整个植物世界变得更复杂，也更“有营养”了。采集花蜜的动物成了兼职传粉者，以果实为食的动物成了种子传播员。化石证据显示，在约1.25亿—0.8亿年前，陆地生物的多样性曾有过一次显著的飞跃，人们将这段时期称为白垩纪陆地革命（KTR）。KTR期间，动植物物种齐头并进，一齐发展、增多。而且很可能就是在这段时间，陆地上生物的物种数超越了海洋。

如今，植物的物种多样性在低地热带雨林地区表现得淋漓尽致。在这里，开花植物尽情地展示着它们外形结构的极致不同。高耸的乔木板根巨大、茎干修长，树冠在头顶铺展开来，连粗壮的藤条悬垂下来都不能将它们拉低。阔叶的天南星点缀其间，有的装点着林下的地面，有的顺着树干往上爬，想要争得一点阳光。棕榈树的树冠在高度上稍显逊色，但叶片宽大，形似一根根羽毛，长在毫无旁枝的细长树干顶端。还有些簇生在小溪边或空地上形似芭蕉的植物，叶子长在约6.1米高的地方。森林里的树叶多得让人眼花缭乱，从简单的椭圆形到轻微裂开，或者完全裂开变成几片复叶的，各式各样。可让人吃惊的是，你在雨林里几乎见不到花——有全年的闲暇时光可供它们慢慢开放呢，而且雨林里的花一般都只开在高高的树冠层。开花植物丰富的结构多样性同时也给许多其他物种提供了无数生态位，苔藓、矮小的蕨类植物和瘦弱的兰科植物可以直接以密布的树干为家，猿猴、鸟类和昆虫则热热闹闹地搬进了树冠。正如我们之前所说：在过去1亿年里，开花植物是陆地生物多样性提高的一个主要动力源泉。

偶然还是必然？

说回陆地植物的起源。众所周知，所有陆地植物都拥有共同祖先，但这会引起一个棘手的问题。美国古生物学家史蒂芬·杰伊·古尔德将这个问题问得很诗意："如果能将历史的磁带快退，回到一个合适的起点（比如5亿多年前寒武纪生命大爆发之前，现代生物门都还没出现的时候）重新播放一次，我们人类还会出现吗？"古尔德认为在生命的进化史上，意外情况和偶发事件占比太大，如果真的将历史"倒带"并重放，大多数动植物将面目全非。但另一位英国古生物学家西蒙·康威·莫里斯则持不同意见。他反驳称，如果不同的生物能进化出相似的适应性性状，那就表示这种进化不是偶然，一定是一种适应环境的必然。为了证明这一点，莫里斯举出了许多**趋同演化**的例子。趋同演化就是不同物种的动物或植物，在进化过程中各自独立发育出了相同的性状。比如说——很简单——如果你是个动物，想去一个什么地方，最好把脑袋长在最前方，这样你就能看清前路，不论你是什么动物都得这么长。这个例子太普通了，我们还可以举出更具体的实例。生活在澳大利亚的有袋目哺乳动物，外形特征和跳鼠、鼹鼠甚至小狗颇为相似，而这些动物都是澳大利亚之外的其他类哺乳动物。美洲沙漠里挺拔的柱状仙人掌长得也很像非洲的大戟属植物，但这两类植物其实根本搭不上关系，它们只是在类似的干热环境里各自独立进化出了相似的外观性状而已。当然，不论是古尔德还是莫里斯，他们的学说都有一定的道理，因为在生命的历史长河中，偶然现象和必然事件都时有发生。

植物和动物不同。最早登上陆地的先锋动物有很多种，互不相干，而最早成功登陆的植物却只有一种。要是没有那次"幸运的偶然"，可能地球也就没有如今复杂的陆地生态系统了。同理，如果最早的灵长类动物没有在被子乔木的树冠里追捕昆虫，可能也就没有哺乳动物会变得如此灵巧和聪明，人类也就不会出现。偶然发生的巧合和有限的环境资源导致的必然选择，共同决定了生命发展的方向，为生物的发展创造了新的机会，并指引生物走上了特定的道路。然而，新的基因和发育指令是从哪里来的呢？

墨菲定律：多样性和进步的源泉

历史上墨菲定律中的“墨菲”，其实是“二战”时期美国空军的一名工程师。今天，墨菲定律被描述得很简洁，却很有普适性：**在复杂系统中，只要可能出错的地方，就一定会出错**。生物在繁殖时就经常出错。然而在小概率情况下，“错误”也能成为适应性进化的基础。对生存有害的错误会被清除，这就是自然选择的意义。以人类肠道菌群为例，我们都熟知的大肠杆菌就随时都在发生突变，而且这种突变造成的影响也是可以观察到的。科学家估计，大肠杆菌要出现10万次“有害的”突变，才能等来一次“有利的”突变。比例就是这么悬殊！但你要明白，不是所有突变都是有害的，偶尔有些“错误”也能为物种带来新的可能性。

意外的**基因重复**能导致本来只有一个基因就足够的生物体拥有两个基因，为发育带来新的机遇，让生物可以尝试新的可能。就像我们之前提到过的KNOX基因，在发生重复后，很可能就延长了早期陆地植物的二倍体世代。这也是生命历史上最重要的进步之一。再举个陆生脊椎动物的例子。人类体内调控发育的HOX基因，第一个控制大臂发育，第二个控制小臂发育，第三个控制手部发育。这种革新生物发育的基因重复事件，出现的概率可能比大肠杆菌突变的十万分之一还要低，但生命的历史足有上亿年，这么小概率的事件经过积累，最终也推动了生物的进化，形成了一个更加复杂的世界。

发育遗传学的最新研究已经证明了基因重复的重要意义。如前所述，我们人类有三种对光敏感的视蛋白，三种视蛋白之间略有差别，编码这三种视蛋白的基因也有细微差别。正是因为有了这三种基因的结合，我们才能拥有三色视觉。除此之外，还有许多特征都与基因重复相关。比如实验室小鼠，它们体内拥有与嗅觉功能相关的将近1000个基因。对长时间贴近地面生活的动物而言，气味能带来许多重要信息。小鼠靠气味标记领地，与邻居沟通。这么多基因的出现少不了基因重复的过程，同时还要进行修整，给既有的基因赋予新的功能。有趣的是，人类基因组里的嗅觉基因并不比小鼠少，然而我们的大部分嗅觉基因却沉默了！这句话听起来很学术，不过却隐藏着一个重要的事实。因为灵长类动物后来决定离开地面去树上生活，所以我们逐渐失去了祖先对气味的敏感性。在树冠层中，用气味标记领地的功能没那么重要了，更重要的是三维的彩色视觉，因此自然选择就会更加偏向视觉功能，为此就算损失嗅觉也在所不惜。那些仍在我们染色体中存在，却不再发挥功能的"基因化石"，就是这种功能退化的见证者，同时也成为人类悠久历史的佐证。

谈及自然选择推动适应性进化，我们也要记得，遗传机制是严格受控的。DNA中携带的遗传信息，会先在细胞核内被转录进信使RNA（messenger RNA，简称"mRNA"），然后再由mRNA带出细胞核，在细胞内别的地方翻译成蛋白质或调控生理反应。这个过程是不可逆的。蛋白质不能被拆散后重新送回细胞核转化回DNA。不管一个人经历了什么，他的DNA都会被安全地储存在细胞核中，不会因为外部事件发生改变。法国博物学家拉马克的学说是错误的，父母的生活经历并不会给他们的遗传信息增加内容，进而遗传给下一代，石匠的孩子也不会天生就比其他人健壮。如果科学家想要改变基因，就必须将新的DNA片段插入细胞核内的染色体——这就是现代基因工程的做法，插入时使用的载体一般为细菌质粒等。

长久以来，墨菲定律见证了基因的突变、重复，以及遗传信息的变化。经过自然选择的筛选，极少数对生物体发育有利，或能给生物体提供新的生存途径的变异被保留了下来（其实，还有许多基因突变看起来非常"中立"，根本不会给生物体带来什么显著的变化）。正是这些有利的突变、重复、易位，或者其他基因发生的"错误"，持续不断地给生物体提供着变异。与此同时，每一项变异也要受到大自然严格的检阅。有性生殖让一个物种的基因保持流动，这又进一步增强了变异发生的可能性，让自然选择的过程能在种群中持续地进行下去。你也许会认为大自然心狠手辣、不讲情面，但复杂生物正是依靠大自然的选择作用，在上亿年的时光里不断适应着、变化着。

小步创新，调控混乱

基因并不能直接控制我们的身体和生命。活细胞和组织是很复杂的，被许多生化反应调控着。基因只提供最基础的蓝图，但细胞系统则会自我建造、自我控制，这个过程主要受蛋白质的影响。坏的基因编码坏的蛋白质，坏的蛋白质影响细胞功能，更坏的基因，甚至会直接使发育停止，夺走细胞的生命。生物体只有达到内部的和谐统一才能生存、繁殖，最终死亡。一个小小的精子变成一个饱满的受精卵，受精卵再变成一个人，我们每个人都是这样一路走来的。受精卵是所有细胞膜系统的源头，是全部细胞质的发源地，储藏着为一切生命活动供能的线粒体。在每一次细胞分裂时，受精卵的“后代”们都会分裂产生新细胞。在受精卵分裂、发育期间，DNA都在细胞核里被保护着，在每次细胞分裂的同时完成复制，并在需要时提供遗传命令。在细胞中，比DNA拥有更多功能也更“好动”的是RNA，它们负责将DNA中储存的遗传命令带出细胞核外，还会参与多种生化反应。

遗传决定论只能用来解释几种特殊的性状。一般情况下，一种生物的基因型要经过一系列相互影响的生化反应，才能转化为一个成熟个体的外观特征，即表现型。遗传信息的多维网络和控制遗传信息表达的调控因子，使每个细胞的基因表达都能受到灵活调控，但并非所有信息都会被表达出来。比如美国生物学家芭芭拉·麦克林托克发现的“跳跃基因”，即转座子，能够从邻近的基因身边离开，改变这个基因的周围环境，进而影响它的功能。中立的突变也很可能会在一段时间以后，才开始加强某个基因的表达。一种特定的酶在被不同的基因编码时，很有可能产生不同的构型，从而让整个机体得以适应和创新。在每个单独的细胞里，代谢活动都是多样且剧烈的，但由细胞组成的系统必须能够耐受所有的生理反应，而且还要保持**稳态**。稳态就是机体内通过调节达到的动态平衡状态，大到整个生物体，小到单个细胞都有稳态。就说我们人类吧，人体由上万亿个真核细胞组成，不同类型的组织多达220种，但当我们量体温时，通常都会保持在37摄氏度左右。这种自我调控得有多厉害！虽然某些罕见的混乱和错误能推动生物的适应和创新，但对混乱的严格控制（稳态调控）一直以来都是维持生物生命活动的一种必要手段。[①]

关键性创新的出现、重大进化的产生和复杂性的提升，都是标记生物进化史重要阶段的便利方法，特殊的性状能帮我们区分主要的生物类别。生物分类学中的支序分类学就是靠不同类型生物的特殊性状来进行分类的。哺乳动物和其他陆生脊椎动物的不同之处，就在于它们体表被毛、有育幼行为、在耳内有三块听小骨。而被子植物的种子被保护性的子房包覆着，进行双受精以开启种子的发育。正是这些至关重要又独一无二的性状，才将哺乳动物、被子植物与其他类型的动植物区别开来。不过，关键性的进化创新不是一蹴而就的，单次大规模的突变引领生物朝众多新的可能性进化的假想，也就是"大突变"，也许能用来解释一些过于简单的问题，但这种现象几乎是不可能发生的，也不会产生什么"有希望的怪物"。不论是细菌、真核细胞，还是多细胞生物，进化创新都是小步前进的，无法影响生物体内部已经建立的动态平衡。从细胞到组织再到生物个体，各个层级上的稳态都必须得以保全。针对细胞某项功能的基因突变，绝不可以影响细胞其他的重要生化反应。基因的动态网络可以被小幅地调整和改进，但如果网络内其他的部件受到了不利的牵连，那这个新出现的突变就很难传播到后代当中了。自然选择是作用于生物个体的，如果新出现的突变有损个体的正常发育，那它就很难被纳入整个种群的未来规划了。为了让自己被

① 斯考特·特纳认为，稳态是生命历史的核心控制要素之一，参见他的著作《修补匠的同谋：生命本身如何产生设计》。

遗传，“自私的”基因就不能危害“宿主”的生存。在讨论进化时，生物的**表现型**，也就是由**基因型**产生的、生物真正表现出的外在特征，永远是被摆在首位的。也就是说，基因的每次变化一般都很小，才保证了遗传命令网络中的每个部分都能有充足的时间随着生物体的发育去适应和调整。

在进化史上，生物跨过最大、最激进的一步就是鱼类离开水，去适应更新、更有挑战性的陆地环境。鱼类进化成两栖动物这一过程持续了几百万年，其间还产生了无数个细小的进化。上一章我们也讲过，鱼类登陆的进化开始于一种长有叶状前鳍的鱼。它们因为溪流和河口常常被树木堵塞，不得不想办法越过障碍，而这类鱼的鱼鳍基部是叶状的，要比直接联结在体侧的鱼鳍更灵活，这给了它们新的进化机会。它们的叶状前鳍逐渐演化，变为肘关节——灵活度更强了。在越过溪流中的障碍以后，新环境又促使它们在其他方面继续进化和创新：进化出肩膀，让前肢也能配有肌肉；进化出颈部，让头部的移动更自由。这些进化中的鱼类为了填饱肚子，需要“抢购”溪边的猎物，加上环境的压力，又为其催生出了更加灵活的前肢、让头颈部运动更加自由的肩胛带，以及更便于抓取的指节。快节奏的捕猎促使这些鱼给前肢配上了更强大的神经系统、循环系统和肌肉。同时，在陆地上捕猎还要求猎手们拥有更好的视觉、嗅觉和听觉。后来，一种鱼形动物逐渐适应了陆地的环境，身体特征也转变成了陆生四足动物。在漫长的进化历程中，鱼类的解剖学和生理学特征都发生了一系列变化，不过这些饥饿的猎手并未完全进化成陆生动物，它们只是一直沿着海岸线追踪着美味的无脊椎猎物的脚步罢了。

生存是一场战争：红皇后假说

生物学家常把“**适应**”一词挂在嘴边。在达尔文发表进化论这一大胆的思想后，“适者生存”已经成了每个时代的流行语。展开来讲，适应等同于繁殖上的成功。你的基因在种群的全部后代中占比越大，你就会越适应环境。达尔文的反对者则辩称，这种定义让自然选择和适应性陷入了一种定义循环，因为适应环境的个体进化成功（留下后代多），而“适应环境”的定义本身也意味着后代多。但这些反对者没有认识到的是，由繁殖能力定义的适应性是随着时间发展的。随着时间的发展和代际的变化，适应性的提高并不会变成循环。长久以来，生物学家致力于研究生物对环境的适应，但大部分研究针对的都是生物个体和它们的繁殖能力。只要发挥一下想象力，就会发现，其实我们还可以从其他角度来看待这个问题。

芝加哥大学的进化生物学家利·范·瓦伦曾从整个物种而非物种中任一个体的角度出发，提出过一个关于生物适应性的新学说。他认为，**适应性**应该由整个物种在生态系统中使用的能量来衡量。他表示，如果一个物种的适应性随着时间增强，那它在生态系统中消耗的能量也一定在增多。然而任何生态系统的能量都取决于输入太阳能的多少，并且总量严格受限。在这个前提下，范·瓦伦推导出了一个结论：任何物种适应性的增强，势必会对同一个生态系统内的其他物种产生不利影响。借用英国作家刘易斯·卡罗尔小说中红皇后对爱丽丝说的话，范·瓦伦将任何物种的生存状况总结为：“你只有全力奔跑，才能保持在原地。”[①]在日新月异的生态系统中生存，你必须不断地进行适应，既包括对物理环境条件的适应，也包括对不断变化的种间关系的适应。

红皇后假说强调了生活在同一生态系统内不同物种之间激烈的竞争。除此以外，其他研究灭绝的古生物学家还总结道：随机出现的灾害、气候变化，以及其他环境压力，也是进化的关键因素。针对自然环境中无法预知的物理因素变化，科学家又提出了**弹雨场假说**。这一假说认为，突发的灾害能像子弹一样，一下子抹去一个物种存在的痕迹。事实上，“红皇后”

① 但要注意的是，“红皇后假说”也曾用于解释性的维持。

和“弹雨场”都是合理的假说，两者互不相斥。

生物需要“全力奔跑”，并不仅仅源于寄生虫、病原体或捕食者带来的压力，还源于它们和同类需要在食物、领地、交配对象等方面进行竞争。竞争无处不在，竞争关系影响着生态系统的方方面面。除非你能找到一个特殊的角落，把自己隐藏起来，不然就得跟上大部队的脚步。动物“隐藏”自己的一种方式是长出保护色，让捕食者难以找到自己。拟态也是一种隐藏，明明无害的昆虫却长得像会蜇人的黄蜂，蝴蝶合上翅膀就能“变成”一片枯叶，这些都是拟态。动物的保护色和拟态都生动地说明了自然环境的凶险。

经过长时间的发展，许多“创新”的性状让不少生物获得了竞争优势。维管系统的出现让部分陆地植物长得更高，并因此遮住了非维管植物的阳光。花粉让种子植物的栖息地得以扩展到更加干旱的地区。还记得地衣吧？地衣特殊的共生关系让它们能在地球最严酷的环境中茁壮生长。

环境压力和持续不断的竞争，让地球上最艰苦的栖息地中也能有生物存在。这很容易理解。在艰苦的栖息地中，可能外部环境压力会比较大，但相对地，疾病和竞争的压力会小很多。普林斯顿大学的进化生物学家约翰·邦纳称这种现象为**先锋效应**。他指出，正因为有了先锋效应，生物才会筚路蓝缕，进驻压力巨大的栖息环境。邦纳认为，种内和种间的激烈竞争，以及病原体和寄生虫带来的生存压力，是把生物赶往那些最不受欢迎的栖息地的主要原因。回想一下古生菌的例子。它们能在沸水、强酸和强碱中存活，进化出这种能力花费了它们几亿年的光阴，但回报是：它们成了这些栖息地的霸主。

邦纳的学说同时还指出了关于地外生命的一个理论漏洞。有人曾提出，既然细菌能在高温、地下岩缝或者南极冰盖这些地球最严酷的环境中存活，那就能合理地推断生物也可以在宇宙里其他类似的环境中生存。不可能！这个想法的漏洞在于，它忽略了生物最早的发展和进化。地球细菌是经历了30亿年的进化，最终才固定在现在的栖息环境中的，它们绝不可能从一开始就“选择”生活在这些严苛的环境中。

激烈竞争的化石证据

加州大学的古生物学家吉拉特·J.维莫吉一直致力于研究数量巨大的软体动物化石，并提出了**进化升级**的理论。和其他贝类研究者不同的是，维莫吉专门对那些坏掉的、受损的，或者在活着的时候经历过自我修复的标本感兴趣。他自幼双目失明，靠敏感的手指来研究贝壳，并逐渐爱上了贝壳上的各种伤痕。通过研究化石记录中的外壳受损的软体动物，维莫吉发现了软体动物在不同地质时代的进化规律。在其关于进化升级的理论著作中，他提出了诸多假设来验证竞争和捕猎是否是造成进化的重要原因。第一，他假设生物的种内竞争和躲避捕食者的能力是随着时间增强的。第二，他提出，新进化出的个体应该比其早先进化出的祖先更加适应危机四伏的环境。第三，他预言，随着时间的推移，环境的压力会越来越大。维莫吉用多个实例验证了这些推论，只是他的数据来源一直局限于受伤的海洋软体动物化石。几百万年来，随着蟹类的螯越长越大、越长越有力，螃蟹的猎物——海洋软体动物贝壳也越长越厚、越长越硬、越长花纹越复杂了（许多贝壳很薄的贝类和螯没有长大的蟹类也存活了下来，但这并不能否定维莫吉的发现，多种捕猎者和猎物确实在进行着“军备竞赛”）。维莫吉的“进化升级”理论和范·瓦伦的“红皇后假说”是异曲同工的，化石证据也能证明，随着时间的流逝，捕食带来的生存压力越来越大了。

竞争确实是引导进化方向的一个关键因素。人们用来抗击细菌感染的抗生素就是个很好的例子。庆大霉素、链霉素等抗生素化合物最初是从放线菌身上提取出来的。放线菌是一类生活在土壤中的细菌，能靠分解土壤中的有机物为生。它们能分泌强力抗生素的原因很简单：别的细菌也靠同样的有机物生存。毒死竞争对手，不正是保证自己存活的最好方法吗？细菌的“毒药”正好成了人类的**抗生素药品**，拯救了数百万人的生命。

白垩纪-第三纪灭绝事件后哺乳动物数量的激增，人们相信是由于恐龙灭绝后，哺乳动物从巨大的捕食压力中被释放了出来。恐怖的爬行巨兽消失了，哺乳动物就开始爆炸式地发展了。与此同时，栖息地内竞争关系的变化也让本处于食物链底层的小型哺乳动物得到了繁殖的机会。类似的情形大约在300万年前还发生过一次。当时南美洲由于板块运动，与北美洲大陆在巴拿马附近连成了一片。南美洲原本是个岛，在大海中漂浮了5000多万年，其上已经发展出了独特的哺乳动物群系。树懒、食蚁兽、犰狳、新热带猿猴，以及多种小型有袋动物（如负鼠）等，都是南美洲动物群系的成员，已灭绝的成员还包括大地懒、大型有蹄类食草动物和大型犰狳类动物等。由于巴拿马地峡突然闭合，两片大陆上的生物开始有了见面的机会，两个独特的动物群系产生了直接的交流，最终造就了南北美洲的生物大迁徙。大地懒、负鼠、犰狳和南美洲猿猴进入北美洲，进一步丰富了北方的动物群系，但南方就惨了。从北方迁徙而来的动物大都不是“善茬”，狼、熊、大大小小的猫科动物、浣熊、鹿和凶猛的鼠类立刻在南美洲安了家。对不少土生土长的南美洲动物来说，这些新邻居全都是致命的捕食者。在失去地理隔离的保护后，南美许多特有的动物物种就此走向了灭绝。最初，南美洲和北美洲大陆上都有大约26个哺乳动物科，而在洲际动物迁徙开始后，南美洲损失了50%的哺乳动物特有属，北美洲则损失了大约28%（冰期也曾对北美洲的动物灭绝产生影响。但冰期结束后，从约1.2万年前开始，人类捕猎技术的进步也导致了整个美洲多种大型哺乳动物的灭绝）。

再说说新热带界的植物。没有证据表明南、北美洲大陆相连造成了植物物种的灭绝。由此可见，竞争对动物群系的影响更大。这种影响在孤岛上表现得尤为明显。孤岛上缺乏竞争，所以许多独特的动物物种得以存活，比如澳大利亚的有袋目和单孔目动物，或者马达加斯加岛上的狐猴。地理隔离为它们提供了保护。但南、北美洲大陆接壤后，在北方猛兽的捕食压力下，南美洲特有的有蹄类动物都灭绝了。

大大小小的栖息地：竞争发生的竞技场

为什么北美洲的哺乳动物会比南美洲的邻居竞争优势更大？为什么岛屿上的动物会比大陆上的动物弱势？答案似乎是：长久以来，生活在更大的陆地上的动物，面临的竞争压力更大。彼此相连的非洲大陆和欧亚大陆，以及邻近的北美洲大陆为生物提供了一片巨大的“竞技场”，在这个竞技场上，所有相互竞争的生物都能尽情地角力。在近代，这样的例子就更多了。人们把欧亚地区的植物疾病带到了美洲，差点造成美洲栗树的灭绝，给美洲榆树也造成了重创。损失最惨痛的例子莫过于哥伦布发现新大陆后，欧洲移民的到来，让美洲土著大量死亡。移民带来了欧亚大陆和非洲大陆上的疾病，正是这些疾病造成了美洲土著人口的锐减。在发现新大陆前人类进化、发展的1.5万年里，美洲土著没有参与到移民和欧亚、非洲大陆病原体的“军备竞赛”中来，他们没有参加这项竞争，所以体内就缺乏旧世界移民在这段时间里获得的免疫抗体。发现新大陆后区区200年，美洲土著人口就减少了多达80%。美洲植物的死亡和美洲土著人口的减少，道理都是一样的，在连为一体的旧世界大陆上，生物和病原体持续不断的竞争，让这片大陆成了比与世隔绝的小片陆地更恐怖的地方。大陆上的幸存者一旦遇上没见过这种世面的人，取胜自然不在话下。

这些实例背后的道理很浅显：由任何原因产生的竞争，不管是疾病、捕食，还是种群数量的增加，都是带来进化优势的关键因素。大多数新物种的形成都是由于生态分化（详见第二章），这也是竞争带来的直接结果。处于栖息地外围的种群为了避免同种发生竞争，就逐渐进入新的栖息地，适应新的环境条件，进而变成了新的物种。同理，先锋效应让生物走进了越发艰苦的环境当中。竞争带来的结果，就是生物个体的数量不断增加，生存的环境越来越不友好。在这种条件下，有的物种却能“帮助”别的物种生存，比如草地进行群落演替，或昆虫帮助植物传粉。在这些因素影响下，地球的生态系统不断地急速变化着，而且越变越复杂（我们可不是靠眼前的结果，转过头去解释过去才得出这个结论的“事后诸葛亮”)。最后，让我们再来观察一下生物复杂性进化中两个绝对的佼佼者——社会性昆虫和哺乳动物。

复杂性的再次升级：社会性昆虫

在本书第一章中我们曾提到，拥有四阶段生活周期的昆虫，物种的数量冠绝整个动物世界。完全变态昆虫把自己的生活史分成了四段：准备期（卵）、取食/生长期（幼虫）、变形期（蛹）和扩散/繁殖期（成虫），并因此成了地球上数量最多的动物。在下文中，让我们把它们的物种数量放在一边，先来考察一下单一物种的数量。

在第六章中，我们已经见证了许多种间的合作让生物多样性得到进一步提高的例子。不管是无花果树和榕小蜂的互利共生，还是土壤真菌和植物根的相互合作，对双方都有利的共生关系让许多物种得以存活和繁殖。但其实还有一种合作关系我们尚未提到，那就是种内互助。没有狼群的配合，独狼不可能高效地捕捉猎物；一只蚂蚁也不可能和蚁群的实力相当。社会性生物是生物复杂性进化的另一个高峰，其中最令人惊叹的要数**真社会性**动物。它们相聚成群、世代重叠、分工明确。在真社会性群体中，个体会为了群体牺牲自己的利益乃至生命。人类就是一种超级社会性动物，不过人类的话题我们留到最后一章再谈，让我们先看看社会性昆虫吧。

真社会性昆虫的群体内有多个不进行繁殖的阶级，用来完成多种任务。以人类研究最充分的西方蜜蜂为例，它们群体内不育的工蜂负责修建蜂巢、照顾后代、收集食物，但就是不能参与繁殖。新生的工蜂首先要做的工作就是喂养幼虫，直至晚年才能飞出巢外采蜜。在每只工蜂生活史的不同阶段，它的工作都被安排得明明白白——一切为群体的利益服务。整个蜂巢的成员和蜂王共同组成了一个社会性的整体，通常被人们称为**超个体**。其他真社会性昆虫还包括白蚁、部分黄蜂、部分其他种的蜜蜂和多种蚂蚁。

虽然在已知的昆虫中，仅有2%的物种是真社会性的，但研究表明，这些真社会性昆虫的数量占了整个昆虫类生物量的大多数！一项关于亚马孙雨林的调查显示，雨林中可能有75%的昆虫生物量都是真社会性昆虫。

切叶蚁只生活在新热带界的森林中。它们从树上切下叶片，带回地下的蚁穴，然后用叶片来培养真菌，最后以真菌为食。巨大的地下蚁穴能容纳500万—1000万只切叶蚁。它们大摇大摆地在森林里爬来爬去，收集树叶，并能在地面上开辟出一条条狭窄但整洁的通道，从蚁穴直通它们喜欢的树木（有些切叶蚁甚至还会清理通道上的垃圾）。科学家估计，切叶蚁这种养育真菌的行为是在1000万年前，从它们的蚁类祖先身上传下来的。这些数量巨大、行为特殊的小蚂蚁，是新热带界雨林林下层生态系统的重要组成部分。

想象一下，这2%的昆虫物种，却占据了昆虫总生物量的大多数！可以说，严格的社会性分工收到了可观的回报。如英国经济学家亚当·斯密所说："分工带来效能。"在蚂蚁的群体中，好斗的工蚁时刻准备着为保护蚁群牺牲，这是守护群体非常高效的方法。但如果真社会性这么好，为什么又会如此罕见呢？其原因可能在于，真社会性群体的大部分成员，其基因都必须被重新设计，因为它们要为"大局"着想而放弃繁殖的本能——这才是这个问题的难点。[①]从表面上看，真社会性似乎与传统的自然选择观点相悖，因为自然选择会倾向于繁殖能力强的个体。要形成真社会性，物种就要准备好不同于其他生物的一套特殊的行为准则、遗传基因和生活史对策。对真社会性物种来说，个体对环境的适应要让位于群体对环境的适应，自然环境会对其进行**群体选择**，或称**多层选择**。在这种情况下，个体不再是自然选择的基本单位，互助性的群体才是。

对真社会性动物来说，蜂巢或蚁穴的成败都取决于每个内部阶级为群

---

① 群体选择理论曾被错误地排斥了30多年。

体利益共同工作的效率。虽然这些昆虫的大脑都很小，能做的也很有限，但大自然赋予了它们一种“团队思维”，让它们拥有了极强的适应性。虽然种类不多，但事实证明，这些昆虫的生活史对策，即创立高度复杂的内部社会，进行明确的分工，在多种栖息环境中都是极为成功的。也许这种生活方式并没怎么增加它们的物种数，却让它们的个体数量产生了前所未有的猛增。

在热带地区的草原上，白蚁筑造的土丘是一个显眼的景观。白蚁对热带草原的土壤动态十分重要，而且白蚁也占据着当地生物量的相当一部分。真社会性蚂蚁在全球都有分布，而且在各地的生态系统中都举足轻重。从更宏观的视角来看，昆虫社会性的演变也是我们这个世界不断变复杂的一个有力例证。不过，虽然昆虫是所有陆生生物中数量最多的，它们却还不足以变成陆地的主宰。

复杂性的另一个典范：哺乳动物

身体温热、体表被有柔软皮毛的哺乳动物，其进化可谓精妙绝伦、无人可及。现存的哺乳动物约有5500种，即使在最严苛的陆地生态系统中，也能见到它们的影子。这种成功源于多种原因，而其中最明显的原因，就要数哺乳动物体表那层保温用的皮毛了。对小型哺乳动物来说，体表的皮毛尤其重要，因为小型哺乳动物身体表面积和体积的比值更大，散热更快。恒定的体温让哺乳动物能在更大范围的外部气温下活动，新陈代谢的速率更快，对环境变化的反应也更及时。然而，保持更高的恒定体温需要营养的稳定输入，这反过来又催生了哺乳动物牙齿的特化，使它们能够将食物切断、撕裂、磨碎。另外，哺乳动物还进化出了独特的内耳结构。在行动敏捷的食肉恐龙主宰着白天的栖息地时，更好的听力对于昼伏夜出的哺乳动物可能十分重要。哺乳动物的乳腺也很发达，从而让它们能为新生儿提供更高质量的食物。

大约2亿年前，最早的哺乳动物从爬行动物祖先中分化而来，并在随后的1.5亿年里进化出了一系列各有特色的物种。和许多其他类动物一样，在大约8000万年前，开花植物在陆地上繁盛起来之后，哺乳动物的物种也随之增加了。现存最古老的哺乳动物是单孔目哺乳动物，它们会生蛋，前肢和后肢还像爬行动物一样，从身体两侧侧向伸出。更加现代的哺乳动物分为两个主要的类别：有袋类和有胎盘类。有袋类的新生儿很小，还未发育完全，出生后需要爬进母亲身上的育儿袋内继续发育。这些新生儿之所以要在这么小的时候就离开母亲的身体，是因为它们得在母体产生针对胎儿的抗体之前逃出子宫。由于胎儿体内带有父亲的基因，所以严格来说，它们是母亲体内的外来异物，因此母体会分泌出能将它们杀死的抗体。早期发育主要依靠后天哺育这一点，极大地限制了有袋类的发展。现存的有袋类动物或者长得像老鼠，或者形似小狗或小熊，虽然也有长得很大的，还能靠后肢跳来跳去，但总的来说，有袋类动物并没有进化出太高的形态多样性，这源于它们在发育早期就离开了母体。但有胎盘类的哺乳动物就不一样了。

在动物的进化史上，最为高级的发明之一就是**胎盘**。胎盘是一种结构复杂的器官，能将母亲循环系统内的营养和氧气传输至胎儿的循环系统内，同时将胎儿产生的二氧化碳和其他废料排出。正因为有了胎盘，胎儿才能在母亲体内安全地发育，而不会触发母体的排异反应。因此，母象的孕期才能长达22个月。有胎盘类的胎儿能在母亲体内完成全部的胚胎发育，并受到严格的保护，不管需要多长时间都没问题。鲸鱼和海豚的幼崽一出生就能和母亲一起游泳，一起浮上水面换气；羚羊的幼崽出生后不出一小时，就能快速奔跑。恐龙灭绝后，胎盘的存在让有胎盘类的哺乳动物得到了发展的机会，进化出了差异巨大的不同物种。最小的哺乳动物鼩鼱、一些小蝙蝠（重约2克），以及最大的哺乳动物蓝鲸（重达百吨）都属于有胎盘类。在动物界中，再没有其他类别的动物在体形和形态上能有这么高的多样性了。这一切都得感谢胎盘，是胎盘挡住了母亲的免疫系统，让母亲不至于在怀孕期间就把胎儿直接消灭。

哺乳动物另一个卓越的进化是反刍。反刍动物的胃分为四个部分，它们能将吃下的食物逆呕至口腔，然后重新咀嚼，开启新一轮消化。反刍动物的消化道很长，里面生活着多种微生物，因此它们就成了为数不多的几类能消化纤维素的动物之一。虽然所有哺乳动物都会让微生物共生在自己的消化道中帮忙消化食物，但反刍动物还是成了现今数量最庞大的大型食草动物。

说回胎盘。胎盘给哺乳动物带来的最大好处还有一点，就是促进了大脑向更大、更复杂的方向进化。一直以来，许多所谓的“行为学专家”都很贬低动物的智慧，所有试图用形容人类的术语去描述动物的行为，都会被他们嘲笑为拟人论。但即使是连达尔文本人，在研究动物行为和动物情感时都是坚定的拟人论者。不过幸好，最近的无数研究把我们和达尔文拉回了同一战线。这些研究的对象从鹦鹉到猩猩各不相同，我觉得最近有一项研究很有启发性：有家德国人养了一条边境牧羊犬，名叫里科。里科有很多玩具，每个玩具都有名字。当科学家听说里科能识别出200个玩具的名字，并能通过名字找到特定的玩具时，对里科产生了兴趣。在实验中，科学家和里科待在一个房间内，他们发出指令，让里科去另一个房间取来某个特定的玩具，而另一个房间里放着10个不同的玩具。里科的正确率高达95%。更精彩的是，科学家改变了实验方法再次实验。他们让里科去拿一个它没听过名字的玩具，结果里科回来时，拿来的是一个它没见过的玩具。聪明的里科知道自己有什么东西不知道（在我看来它真的非常聪明）！但说到底，哺乳动物为什么要让自己的大脑越进化越大呢？

生物复杂性增强的本质

生物的进化史就是一部生物增殖的历史。偶然出现的变异使群体复杂性提高，给了生物多样性新的发展机会。虽然只有海底沉积物里的化石保存得最完整，但生物的物种数和复杂性无疑是在陆地上达到巅峰的。[①]今天的生物圈活力四射、精彩纷呈，都源于背后这个残酷异常、日新月异的自然环境。自然环境催生自然选择，竞争的压力无处不在。[②]但让生物朝更复杂的方向进化，其背后的动力到底是什么呢？

美国经济学家布莱恩·阿瑟在《论复杂性的进化》一文中，曾提出过驱使生物复杂性增强的三个动因，并认为这三个动因在生物学、经济学和文化研究中都适用。他把第一个动因总结为**协同进化导致的多样性增强**。相互配合的种群能够共同发展，这种种群间的相互作用会促使整个生态系统的多样性增强。种内竞争也能驱使种群内的一部分往种群的外围边远地区迁徙，在那里，这一部分个体就有可能变为新物种，新物种进而又会给其他生物提供新的生态位，这也提高了整个环境系统的复杂性。

第二个动因，阿瑟称之为**结构的深化**，指的是系统中的个体打破了过去的限制，给自己增加了新的功能或者子系统，增强了自己的竞争力或适应能力。可以想见，在昆虫学会飞行后，这项能力在它们眼前展开了多少新的可能性。而人类学会直立行走以后解放了双手，双手又给了我们能力去创造许多前所未见的精彩。阿瑟称，激烈的竞争还能使结构深化的步伐更快、脚印更深。

第三个动因，他认为是**新软件的获取**。这个动因推动着罕见却突然的复杂性进化。比如内共生，不管是线粒体还是叶绿体被细胞捕获，都说明了“捕获”外来“软件”所能带来的新的可能性。还有研究表明，有一种单细胞红藻（真核生物）为了能让自己变为嗜极生物，在极端环境下生存，能从细菌和古生菌身上获取基因片段。再说回我们自己，“语言”软件的习得大大加快了文化的发展和进步。今天，正是科学的方法论指导着技术的不断前进。

① 遗憾的是，绝大多数化石都是海洋生物的，但它们同样给生物多样性的不断增加提供了证据。
② 虽然生物学始终关注生命发展史上负向和竞争性的生物互动，但正向的互动也是存在的。

复杂性的增强是一种很普遍的现象。物理学家迪尔克·K.莫尔曾经在一篇关于超导体的短评中这么写道："激烈的互动催生多样的集体行为，这些集体行为往往又能促使复杂性的出现。"微观如超导体物理也好，宏观如不断扩张的星空也罢，不管从哪个视角来看，我们这个世界总是随着时间越变越复杂的。一个活细胞的复杂性，让它能够维持其生化反应系统的动态平衡，以面对内部和外部的无数挑战。纵观生命进化史，激烈的竞争让生物的生存越发艰难，因此生命都学会了用智慧来应对环境。而就在最近的一个地质时代，有一类动物凭借超群的聪明才智脱颖而出。借助一些共生系统在农业上的帮助，人类演化出了惊人的真社会性，缓解了自然选择施加在我们这个物种身上的压力，还给社会的复杂性发展开启了新的可能。

在最后几章中，我们将会探索关于极致复杂性的两个最经典的案例：第一个是生物学上的，即人类智慧的进化；第二个则是第一个实例产生的直接结果，即人类文化的发展。智慧产生文化，但又和新生的文化有着天壤之别。人类，从原始、简单的部落中发展出拜神的宗教，信仰的力量让个体紧密团结，最终形成复杂的社会，维持着内部的和谐。这种社会性促进了人类的文化和技术有目的性地向前大步发展。

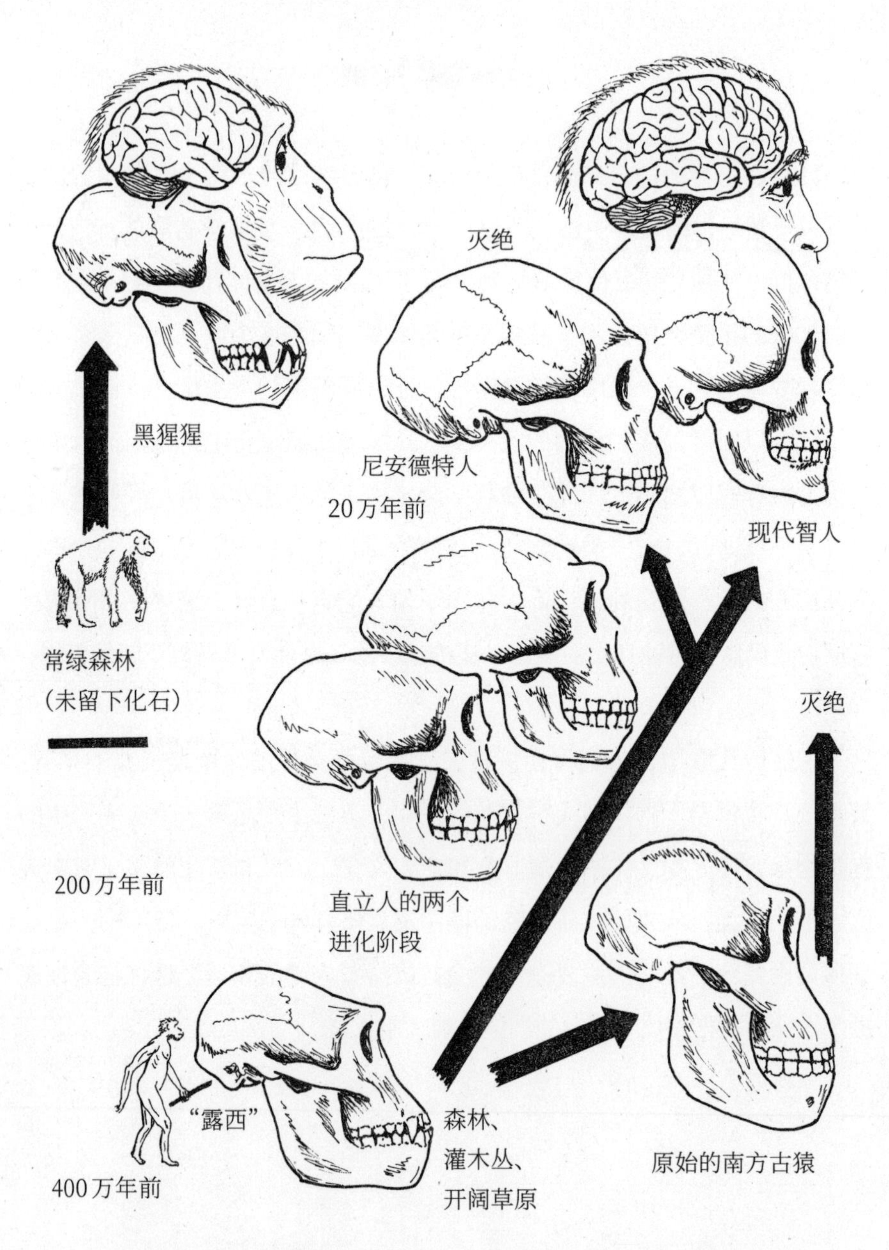

图2.人科动物脑容量的进化。"露西"（阿法南方古猿）的脑容量和黑猩猩相当，约为400毫升。早期直立人的平均脑容量增长到了800毫升，尼安德特人的脑容量甚至高达1500毫升，最后为现代智人，其脑容量为1300—1400毫升。

第九章

生物复杂性的巨大成就：人类思维

地球是宇宙中的一座花园，而人类则是其中绽放的“花朵”。由化学物质堆砌而成，却能够思想，这是多么神奇，又多么有趣的事情。

——戴安·艾克曼

几千年来，人类一直都把地球生物丰富的多样性归功于造物主，认为是造物主设计了生物，并让大自然繁盛了起来。在犹太教和基督教传统中，无不认为是上帝在6000年前创造了整个世界。后来，中世纪的基督教徒认为，人们应该通过探索自然来直接考察上帝的造物，这样才能更好地理解上帝的旨意。如果上帝训诫人类要好好生活，那他很有可能也给大自然设定了法则。事实上，英国物理学家牛顿在1687年就提出了一条简单的数学公式——重力公式，来解释为什么苹果会掉到地上，以及为什么行星会绕着太阳公转。当时以牛顿为首的科学家通过其研究的自然哲学，证明了“上帝的”宇宙是有法可依并且可以被解释的。

和行星运动相比，人类花了更久的时间来探秘更加复杂的生物学和地质学。直到19世纪初，人们才逐渐了解地球的悠久历史。大概在同一时期，生物学家阐明了生物的细胞结构，不过又过了将近100年，人类才了解疾病的本质。1859年，达尔文反驳了教会的观点，提出了生物起源的自然机制，但直到20世纪30年代，他的学说才得到遗传学研究的佐证。1953年，人们认定拥有双螺旋结构的DNA能带着遗传信息进行自我复制，并将信息在代际之间传播。今天，我们已经确知，果蝇、小鼠和人类的遗传信息都拥有相同的物质基础，生物形态学发展的奥秘正被逐渐揭开。科学已经向我们描绘了生命在过去40亿年光阴中进化发展的壮丽图景，这也是一段复杂性不断增强的漫长旅程。

随着时间的推移，地球生态系统的复杂性和丰富度都在不断攀升。今天的陆地生物及其所支持的更高营养级，已经远比过去复杂得多。石炭纪能遗留下来这么多煤炭资源，也说明在那时的热带森林中，分解者远比今天要少。在过去1亿年里，开花植物的数量不断激增，并成了多种动物的食物来源，这也极大地丰富了陆生动植物的物种。

开花植物有一个神奇的特征，就是不像其他类种子植物一样，通常会分泌化学物质用于防御，它们似乎从不在自卫上消耗能量。开花植物不设防带来的好处之一，就是能吸引更多的食草动物。华盛顿大学的古生物学家彼得·沃德声称，地球的总生物量曾在3亿多年前达到最高峰。但我不这么认为，这不可能。看看地球表面这几亿年来发生的一切吧！陆地植被在物种数量、形态结构上进步巨大，为动物提供了更丰富的食物，由植物开创的新环境也给昆虫、哺乳动物和鸟类的发展提供了更有利的条件。在这个基础上，这个“便利”的环境让一类特殊的生物——灵长类动物发生了进一步进化。灵长类动物的大脑开始增大。地球的历史是在不断的进步当中发展的，但仍有许多专家始终认为，生物的进化和环境复杂性的增强是值得怀疑，甚至是带有文化偏见的理念。

大变革的概念

> 自然选择的原理就好像一个无法倒退的齿轮，从随机产生的变异中找到了一条发展之路。
>
> ——尼克·莱恩

古生物学作为一门研究化石及其历史的学科，向人们描述了生命随着时间数量变多、结构变复杂的过程。生物进化和人类文化的发展历程相差无几。一开始，人类因为打猎结成了伙伴，然后开始发展农业，紧接着，建立大型文明。虽然许多城市很快就没落了，但人类知识和技术的发展从未停止。19世纪以来，无数神奇的发明和发现彻底改变了人类的生活，“进化”成了西方人思维方式的基础。随着工业革命的不断深入，古生物学的研究也取得了重大的进展，人们发现，进化从生命初始的一刻起就未曾停止。

然而，在20世纪大部分时间里，生物学界却普遍对“进化”兴味索然。美国古生物学家史蒂芬·杰伊·古尔德就尤其不承认进化的存在。[①]他认为在自然选择过程中，进化根本没有发生任何作用。单看这一句话，他的说法倒也没错，但我们必须考虑到大自然的复杂性是多维度的，个体的繁殖在本质上只是亲代的复制，本身并没有“进化”，但这并不代表进化不能在这个过程中发生。意外的基因重复能给发育带来更多可能，而捕食压力也能让猎物物种产生新的适应。从更宏观的角度来讲，进化似乎成了生物和环境之间在时间和空间上相互作用的必然结局。

围绕生命历史上是否发生过“进化”的学术争论，时至今日依然存在。生物学家丹尼尔·W.麦克西亚曾在论证生物的复杂性会随着时间增强时，就曾指出：“文化向来是能塑造观点的，也有这个能力，我们有理由怀疑生物演化的这种宏观的方向性是否是正确的。”不过麦克西亚自己就曾以鱼进化成人的例子，表明随着时间的推移，脊椎动物的结构越来越复杂了。可他现在竟然又在担心某种简化的趋势会抵消这种复杂性的增强。这不可能。假设有种结构简单的虫子统治了世界，那别的生物在进化过程中，其复杂性的增强就会被无视吗？我觉得不会的。

回顾过去，许多生物的成功都给我们留下了深刻印象，我们似乎很容易就可以从生命的历史中看出许多“方向性”。然而当你展望未来时，这种“方向性”又无从把握了。没人能准确预知未来的成败。更惨的是，所有生物最终都会不可避免地走向灭绝。几个世纪前，自然哲学家曾夸耀，暗藏在自然规律中的上帝旨意，就是让我们人类在生命演化的道路上闪耀着至高无上的光芒，但现代科学界早就全盘否定了这种人类本位的自大观点。长期以来，科学家虽然抛弃了神创论的学说，却也不怎么讨论自然进化的

① 古尔德甚至在其《生命的壮阔》一书中写道，进化“是一种基于社会偏见和主观期待的臆想”。

课题。但如果我们能接受宇宙大爆炸的观点，就不难发现宇宙本身其实也进化了不少。最初的宇宙，只有氢、氦和一点点锂元素，后来，经过研究发现，不断爆炸和发展中的星体推动了重元素的形成，而这些重元素如今已在宇宙中无处不在。今天，元素的数量已经超过100种，从最初的三种元素一路走来，宇宙的复杂性无疑在不断增加。除了宇宙外，还有一些较重的元素存在我们必需的酶中，对维持复杂生物体内的生命活动至关重要。由此可见，不管是宇宙的历史还是生命的变革，都需要不断的进化。自达尔文时代以来，发展与进化，已经被证明是我们理解生物世界的一个基石。

对海洋生物化石的研究也支持了进化的观点。科学家发现，许多海洋生物属的灭绝率其实是随着时间下降的。随着时间的推移，多个属的生物会普遍形成更多物种，而这些物种又都会倾向于覆盖更大的地理面积，占领更广泛的生态位。这种行为能降低灭绝的可能性。换句话说，一个属里的物种若拥有更强的生存能力，这个属灭绝的可能性就会降低，这个属的生物数量就可能增加。在这里，自然选择作用在了比单个物种更高的层次上。

许多学者会将“进化”与“进步”混为一谈，但这是不对的，“进化”一词的生物学意义更加宽泛。虽然在漫长的进化史上，生物身上发生的变化一般确实是朝向“进步”的方向的，但例外也有不少。新物种的形成，有时并不伴随明显的复杂性改变。和已经存在的物种相比，许多新形成的物种其实并没有什么新器官或者新能力。此时，生物多样性的变化是“横向”的，而非“上升”的。[①]另外，自然选择也能让某些生物停止进化，在很长一段时间内，性状不发生明显的变化。童年时，我和几个好友曾去过长岛的大南湾探险，并对当地的马蹄蟹产生了兴趣。马蹄蟹身长可达2英尺（约0.6米），屁股上长着一把长剑。它们的头部结构简单，覆盖着一块

① 华莱士·亚瑟把这种观点比喻为“有鼹鼠洞的草坪”。“草坪”指生物多样性提高的同时，复杂性没有提高，“鼹鼠洞”则指偶尔提高的复杂性。

“U”字形的甲壳，甲壳底下有两只长得说不上好看的眼睛。在沙滩上，我们常常能找到它们脱壳后留下的半透明甲壳。不过我想说的重点是：化石研究表明，马蹄蟹这种动物已经在地球上存在了4亿年，可在这么长的时间里却没出现什么进步。我还能举一个更神奇的例子。我们能将人类的基因接入细菌的基因组，让细菌来合成人类胰岛素。这个例子正好能说明生物的某些生理功能是多么“保守”，从生命产生之初就没发生过什么变化。

还有更复杂的情况呢——有的动物，你既能在它们身上看到“进步的”性状，也能看到“原始的”特征——进步和原始，都集中在同一个体上。鸭嘴兽的尾部有泄殖腔，这是爬行动物的特征。雌性鸭嘴兽能通过泄殖腔产下皮质的卵，这也是爬行动物的特征。然而，鸭嘴兽却又在身体前端长有极端敏感的“雷达扫描器”，这种性状为它们在泥水中寻找猎物提供了高度的便利。而且，雄性鸭嘴兽体内还长有毒腺！这在哺乳动物家族中也可以说是独一无二的。综上所述，生物的进化除了激烈的进步发展，也会有保守而平静的“停滞”。甚至还有不少生物，如寄生类生物，其复杂性随着时间减弱了。寄生虫把宿主当成营养来源，就可以在进化过程中甩掉“没用的包袱”。不过，虽然存在以上这些例外，但发展和进步，可以说仍是生命进化史的主旋律。

英国科学哲学家迈克尔·鲁斯曾经反驳过风行一时的“人类进步”的观点。这种形成于18—19世纪的观点认为，人类的历史就是不断大步向前发展的历史。鲁斯称，这种哲学观点虽然启发了进化生物学，但也贬低了进化生物学。“在观察生物的进步时，复杂性提供不了多少参考，就连古老的生物形式（比如三叶虫），都可能比人类更复杂。”他在著作中这样写道。但是，虽然三叶虫比我们的腿更多，体节也更多一些，但你去看一看它们的神经系统，谁更复杂就显而易见了。而且，生物学中还有一条“柯普法则”，即在过去的5000万年里，动物的体形有越来越大的趋势，这很可能就是因为更大的雄性动物占领了更大的领地，吸引了更多异性，并留下了更多后代。

把时间拉得更长，我们会发现在30亿年的生命发展史中，生物的体形确实是在不断变大的。真核生物出现时，体形比它的细菌祖先更大，这是生命的第一次飞跃。等到多细胞生物出现，生物体形再度变大，第二次飞跃就出现了。再后来，地球空气中的氧分压升高，更大、更复杂的动物就开始在海洋中自由地徜徉了。古生物学研究的证据已经表明：随着时间的推移，地球生物大体上是趋向进步与更复杂的。正如英国生物学家理查德·道金斯所说："如果你让动物们用各自的方式给'进化'这个词下个定义，你会发现，真正有趣的是，这个词几乎意味着'无处不在'。"

虽然地球上的无数生物都发生过不同程度的进化和发展，但只有陆生脊椎动物，尤其是有胎盘的高等哺乳动物，在复杂体内器官的发育上达到了巅峰。虽然我们进化出了肾脏、肝脏等生命活动所必需的复杂器官，但这些器官和我们体内的终极器官相比，还是小巫见大巫了。而这种终极器官，就是我们的大脑。从生命周期的阶段性变化来看，人类也许不如蝴蝶复杂，但在这个星球上，再也没有第二个物种能像人类这样拥有如此巨大的影响力——再也没有了。

建造更大的大脑

大脑拥有数百万个神经元细胞，这些神经元细胞之间能形成数十亿种相互连接，这些特征让大脑成了生物体内最复杂的器官。在最近的几百万年中，不少陆生哺乳动物的大脑都有了长足的进化，体积也有了显著的增大。不过，我们并不能贸然地对各种动物的脑容量数据进行对比。为了让数据更有意义，我们需要借助生物学家哈里·杰里森提出的一个概念，即脑/体质量比（Brain/Body Mass Ratio）。与单纯的大脑容量数据相比，这个比值更能说明问题，尽管大象的大脑体积是人类的3倍，人们也总是倾向于认为体形更大的生物会有更大的大脑，但这并不绝对。杰里森在研究过多种动物的脑/体质量比后得出了以下三个结论：首先，鸟类和哺乳动物的平均脑/体质量比远大于鱼类、两栖动物和爬行动物。其次，灵长类动物的脑/体质量比比其他哺乳动物略高。最后，我们人类的脑/体质量比又在灵长类动物中占有绝对的领先地位。

在历史的长河中，动物脑容量增大的过程不仅被化石记录清楚地保存了下来，甚至可以说是动物身体结构复杂性增强最为显著的实例。但在正式开始讨论化石证据前，让我们先来弄明白何谓智能。大脑的真正功能是处理信息。若要对“智能”下一个实用的定义，你可以说智能是“生物体感知周围环境，且对周围环境做出适应性反应的能力”。“适应性反应”能帮助生物找到食物、躲避捕猎者、识别异性，并应对其他挑战。复杂的高等生物拥有眼睛、耳朵等多种感觉器官，这些感觉器官通过神经网络相连，共同帮助生物感知周围的环境。动物的大脑会收集各个感觉器官输入的信息，并转化为外在的反应进行输出。蜻蜓在捕食蚊子的时候会不停地飞来飞去，这就是眼睛与大脑相互协调，对飞行进行调控的例证，不过，能做到调控这种行为的蜻蜓大脑，却还没有一根大头针的针帽大呢！

然而，谈起高等智能，我们基本上只会以脊椎动物为研究对象。在发展史早期，部分鱼类在神经纤维附近进化出了髓鞘。髓鞘让神经纤维之间的电信号传递更顺畅了，因此也就让这些早期脊椎动物在面对挑战时能反应得更快。不过，和生物多样性的发展趋势一样，大脑的发展也是在生物登上陆地之后才取得的辉煌。聪明的海豚和白鲸也是自陆地发展而来，随后才回到了水中。最聪明的无脊椎动物——章鱼，虽然自始至终都是海洋生物，但它们的种数和个体都很少。有少数鱼类拥有较大的大脑，能在浑浊的水中依靠自身力量产生一个电场来捕捉猎物，并能利用脑力分析它们取得的数据。但除了这些例外，只有鸟类和哺乳动物有较大的大脑。这是为什么呢？

简单来说，建造和维护这么复杂的一个器官需要更多的能量。我们人类在静息时，全身约20%的能量都供给了大脑。如果身体处于缺氧状态，第一个受损的器官就是大脑。这些都是维护上的问题，想建造更大的大脑一样艰难。人类婴儿在出生后的第一年，要把通过食物摄入的一半营养给生长中的大脑。另外，维护更大的大脑，也就意味着你消耗能量的速率更快。哺乳动物所消耗的食物，是同质量爬行动物的5—10倍。同样都是你的宠物，蜥蜴可以1个月不吃不喝，但仓鼠就不行。拥有锋利、功能分化明晰的牙齿，也使哺乳动物能切断、撕咬、咀嚼食物，从而加快消化。哺乳动物和鸟类的肠道都比爬行动物更长，因此消化速度更快，它们还都拥有四个腔的心脏，可以将氧气更高效地运往全身。除此之外，哺乳动物和鸟类还都是恒温动物，能将体温保持在相对较高的水平，加快新陈代谢，也让大脑的工作更有效率。同样精彩的还有一点，即哺乳动物和鸟类在幼崽发育早期都有育幼行为。建造更大的大脑确实是一项巨大的开销，但近5000万年的化石记录都显示，许多哺乳动物物种的相对大脑容量都有了显著的增加。

在埃塞俄比亚发现的阿法南方古猿化石“露西”生活在330万年前，其脑容量大约为400毫升，和黑猩猩相当。经过300多万年的发展，今天的我们已经将脑容量增大到了1400毫升左右——在区区300万年里，增大了整整3倍！这可以说是有化石记录的历史中，最惊人的演化发展实例之一了，而且这项发展还有一段小插曲。我们已经灭绝了的近亲——尼安德特人，是从寒冷季节明显的欧洲和西亚人种中分离出来的物种，他们在地球上生活了大约50万年。而在当时，尼安德特人就已经进化出了较大的大脑！他们的颅骨顶部更突，而我们的颅骨相对更圆。人们通过对尼安德特人新生儿化石的考证发现，他们大脑的发展之路其实和我们并没有什么两样。

除了脑力更强，现代人类还在全球范围内展现出了巨大的多样性，甚至在同一个小村庄里，基因的多样性也很丰富。我们是个具有高度多态性的物种。不过古人类学家在对化石进行分类、命名时，发现我们的祖先——各类原始人类物种的多样性就没有这么高了。古人类学的研究已经辨识出了好几个原始人类物种，据我所知，早期直立人可能已经达到了现代人的多样性水平，他们是现代人在一两百万年前的祖先。2013年在格鲁吉亚的德曼尼西发现的5块直立人颅骨化石（其中一块为保存完整的男性颅骨），也证明了这一观点。不过，最终被科学家认定为我们的直系祖先，并被冠以拉丁语学名的智人，却是约200万年前崛起于非洲的另一个原始人类物种。这种物种的脸部骨形更加纤细，额头更高，下颌没有那么突出，牙齿也更小，还是第一个学会投掷带有石制矛尖标枪的人类物种！

早期智人从非洲出发，逐渐统治了全世界。今天人类携带的大部分基因，都是智人的遗产。[①]然而，就在智人走出非洲、尼安德特人在欧洲开疆拓土时，印度尼西亚的弗洛勒斯岛上却悄然发生了一件大事。在那里，另一个原始人类物种适应了岛屿的特殊环境，演化出了更矮的身材。发现这一物种的科学家为他们取了个昵称，叫作“霍比特人”。他们身材矮小，脑容量也很小，但一直存活到了18000年前才灭绝，并已被认定为一个独立的物种——弗洛勒斯人。这种“小矮人”的故事时刻提醒着我们，人类的进化史其实要远比我们想象的复杂得多。

说回早期人类的两个主要物种——智人和尼安德特人。在过去几百万年里，他们的大脑容量都有惊人的发展。尼安德特人的大脑在与欧洲和西亚地区冰期的抗争中得到了进化，而智人则在非洲老家增大了自己的大脑，并最终走出了非洲。虽然增大大脑无疑会增加个体对食物的需求量、加大繁殖的难度，并降低母亲的生存率，但智人和尼安德特人都分别独立进化出了这一特征。这是科学家通过化石记录发现的显著实例，证明了生物在进化过程中复杂性的增强。而且这种增强还是由两个近亲物种，在两种不同环境中，彼此独立地进化出来的。那么，这种不寻常的进化，到底是怎么开始的呢？

---

① 我敢说，人类“走出非洲”的过程绝非我们通常描述的那么简单。

灵长类动物是怎么变聪明的?

早期哺乳动物的脑/体质量比大概和今天的负鼠或者刺猬差不多，大约是爬行动物平均脑/体质量比的3倍。在恐龙灭绝（6500万年前）后，大多数哺乳动物的脑容量都维持在这个水平。大约5000万年前，马的祖先，即体形和现代犬类差不多的始祖马演化出了和现代负鼠相当的脑容量。随后，始祖马的大脑不断增大，直到2000万年前，终于达到了现代哺乳动物的平均水平。不过，幸运的是，有一类哺乳动物并没有按照这个规律发展下去，那就是我们。

灵长类动物似乎甫一出现，大脑就比其他动物更大。大部分哺乳动物一般会花费5%的新陈代谢用于维持大脑功能，而这个数据在灵长类动物身上起码要达到9%。猴子为什么可以这么聪明呢?最原始的原因可能和它们改掉了昼伏夜出的生活习性有关。它们以前习惯夜间在地面上活动，后来则学会了白天在树冠层摄取营养丰富的食物。随着开花植物的扩张和发展，花果丰富的树木成了多种动物的重要生存资源。早期灵长类动物为了更好地在树冠层取食水果、捕食昆虫，就需要更清晰的三维视觉，以及更高的身体灵活性。经过数百万年的进化后，灵长类动物的吻部缩短，双眼间距也变短了，这就让它们的双眼视野出现了重叠。而在大脑增大后，灵长类动物就能更好地处理双眼收集到的不同影像，以便更准确地判断环境深度。这种三维视觉感知，对它们在树枝间跳跃是至关重要的。除此之外，双目产生的立体视觉还有诸多好处，比如更容易发现隐藏起来的美味昆虫，或者在凶险的黑夜里躲避捕食动物。

灵长类动物的主要栖息地是树木顶端，那里也是花朵和果实的生长部位，因此，它们演化出了更便于捕食昆虫、摘取水果的灵活手臂和手指。修长的后肢和可抓握的脚趾也能帮助它们抓紧树枝。彼此分开的手指、功能强大的大拇指和大脚趾对抓握功能也很重要。爬行动物的爪子演化成了指（趾）甲，用于抓握的手脚表面还出现了粗糙的皮肤，以帮助它们握紧光滑的物体，而我们则拥有了指纹。同时，灵长类动物前肢和肩膀的灵活程度也远优于其他动物。科学家经过仔细观察后发现，用前肢将食物送入口中的进食方式是所有灵长类动物的特点。然而，若没有开花植物的发展，灵长类动物就不可能完成这一系列特征的演化。蕨类植物、苏铁和针叶树都无法提供这么多富含蜜汁的花朵、缤纷可口的水果和营养丰富的种子，正是这些吸引了昆虫的到来，进而催生了最早的食虫灵长类动物。

在视觉进化后，灵长类动物由于失去了大部分后向的视觉，视野就被局限在前方了。因此，它们想出了一个关键的应对之策——组团出行。通过组团，个体之间就能互相照应，观察各个方向，提防鹰、蛇、树栖猫科动物等捕食者。这种社会性的互动又反过来增加了大脑容量。你越能理解同伴的意思，就越能做出正确的反应，让你们的团体更高效地协作。总体来说，团体中能进行有效互动的雌性越多，这一物种个体的大脑新皮层发育就越高级。

> 在妊娠期的各个阶段，灵长类的胎儿几乎都是其他哺乳动物相似大小胎儿脑容量的两倍。换句话说，大脑发育是灵长类动物所持有的特权。
>
> ——罗伯特·马丁

随着灵长类动物的进化，历史上还有两个事件能证明它们的大脑始终在增大。第一个事件是大约2000万年前，原康修尔古猿化石的发现。这种森林古猿作为最早的猿类之一，不仅大脑比同时期的其他猿类更大，还和其他现生猿类（类人猿，包括长臂猿、猩猩、大猩猩、黑猩猩）一样，都没有尾巴。原康修尔古猿直立行走的时间较长，因此下肢和背部也更加强壮。另一个事件更加惊人——猿类逐渐成了唯一能将前肢像风车一样旋转起来的哺乳动物，这使其可以在树冠层悬荡、游走。当然，这也要归功于开花植物的繁盛。很少有其他类的植物，在顶端树冠的部位也能如此枝繁叶茂的。而开花植物不仅可以，还形成了树冠浓密的热带森林。在这些森林中，高等动物攀着枝条，在树与树之间来回悬荡。在这个过程中，我们的祖先长出了更加宽阔的肩膀，纤长、活动范围又大的手臂，灵活的肘关节，以及强有力的双手。开花植物不仅是灵长类动物诞生的摇篮，还一直在默默陪伴着我们进化出了高度灵活的肢体。

直立行走

猿类诞生以后，人类祖先的下一个关键演化步骤，就是离开树木到陆地上生活。现代的大猩猩和黑猩猩也会有大量的时间在陆地上活动，它们在陆地上都进化出了四肢着地、前肢握拳的行动方式。而与之相对，人类的祖先则在约600万年前，开始越来越多地利用后肢进行直立行走。到了距今约300万年前时，我们发现了能更清晰地证明人类直立行走模式的化石证据，那就是“露西”和她的亲戚们。虽然“露西”的脑容量只有黑猩猩的水平，她的骨骼形态却能证明她是利用两足直立行走的。她的前肢十分修长，就像猿类一样，这证明她可能还保有夜间树栖的生活习惯（毕竟在非洲大草原上生活，狮子、猎豹和鬣狗总在周围徘徊游荡，夜里必须多加小心）。

利用两条后肢行走，即**直立行走**，是人科动物演化的关键一环。其实，我们的双脚是人类骨骼中最具有代表性的。脚趾细小，排列于脚掌前方，大脚趾位于其他脚趾侧面，脚跟强壮，还有隆起的足弓，能将冲击力转化为前行的动力——这些特征即便是在灵长类动物中也是独一无二的。直立行走的能力让人类得以拥有更好的视野来观察非洲草原，同时减少了白天在毒辣阳光之下的身体暴晒，还解放了原本用来支撑身体的双手。“露西”古猿的双脚和现代人类类似，可大脑却还处于猿类的水平，这证明人类是先进化出直立的性状，再开始发展大脑的。更进一步的演化则出现在直立人的时代，直立人进化出了更加灵活的颈部，从而能更加迅捷地巡视草原的状况；更长的双腿，方便它们扩展领地。而且，我们的祖先还抛弃了黑猩猩、大猩猩身上肌肉发达的性状，取而代之的，是更加轻捷、灵巧的陆地行动能力。

事实证明，直立行走给人类祖先带来了许多革命性的进步。双手的解放让我们可以携带物品行走、投掷石块，以及打造工具。我们还长有对生拇指，即拇指与其他四指的活动方向相对，这样的拇指和其他手指相互配合，就能让我们“准确而有力”地抓握物体。这种能力为我们带来了方方面面的生活便利，我们不仅能编织竹篮，也能收集碎石，并将它们用作锋利的刀具。同时，拇指对生的生理特征还让我们学会了挥舞木棒和石锤。更厉害的是，直立行走以后，我们的双手空闲了下来，于是我们渐渐学会了用手势和同伴交流，最初只是通过胳膊和双手做动作，后来又加上了声音的配合，人类最高级的能力——语言，就此逐渐形成了。

> 语言是一种让思维自我反省的动力，是一面能反映思维内容的魔镜，是一个将思维转化为工具的助手。
>
> ——凯文·凯利

人类的思维是一个精妙绝伦的系统。我们日复一日地耗费着自己的大脑，似乎已经把大脑内发生的一切都当成了理所当然的小事。比如，人类的视觉看起来简单得很，你只能朝前方一个方向看，但其实视觉非常复杂。大脑对视觉信号的处理开始于眼睛。人的每只眼睛里都有数亿个视锥细胞和视杆细胞，由眼睛接收到的信号，会先由这些细胞进行校准，然后输入“仅有”100万根神经纤维的视神经。投射到视网膜上的图像是上下颠倒的，于是我们的大脑还得负责把它们给正过来。人们曾在家猫和小型猿猴身上做过数年的实验，证明动物要“看见”一个移动的小物体，需要多种神经元和多个脑区的共同协作。还有，多亏了大脑精明能干，你在摇头晃脑的时候，视野里的地面才不会跟着一起摇晃！当外部环境出现异常运动状态时，即便异常运动的东西在周边视野的边缘，我们也能立刻注意到。人类眼睛内部有一个区域称为黄斑，是我们视觉最灵敏的一小块中心区域。黄斑区能不断重复地扫描运动物体，同时让大脑进行分析。没认出捕食者的后果是致命的，但有点风吹草动就过度反应也会浪费宝贵的能量。大脑做决策要本着迅速、经济的原则。辨别清风吹拂和猎手尾随的能力，随着我们大脑的发展，很有可能逐渐演变成了今天我们创造音乐，或者探索数学世界的能力。在大脑逐渐增大体积、增强复杂性的同时，思维的存在也就成了人类最为突出的特征。

娇弱的婴儿给了我们更强的大脑

直立行走的人类祖先在学会投掷石器保护自己，平安度过陆地时光和热带地区的漫漫长夜之后，又迎来了智慧提升的关键一步。当时，我们祖先的自卫手段可能还包括利用荆棘设置路障，将自己的领地包围起来。但直到人科动物学会了结群防卫，雌性们才终于能放心地生下小宝宝了。人科动物的幼崽无法始终依附在母亲身上，他们毫无防御之力。不过结群防卫一经落实，母亲在漫长而危险的夜间就会受到保护。虽然没有化石证据的支持，但科学家普遍认为，利用纤维编织围成的悬带能将幼崽始终控制在母亲身边，这是人类祖先早期的重要发明。即使幼崽毫无自卫之法，一经出生，他们就会给种群带来巨大的危险，但他们同时还有一个重要的特征——颅骨缝尚未闭合。正是由于颅骨缝的存在，人类的婴儿才能在出生后的第一年里，将大脑体积翻1倍！这个小小的特征，再加上人类更长的童年时光，共同为更大的大脑创造了形成条件。

人类大脑是个很“奢侈”的器官，虽然重量只占体重的2%，但需要静息能量的20%来维持运转，比其他任何器官的耗能都多。尽管睡眠能让我们的身体暂时进入一种低耗能状态，但神经细胞的运转是全天无休的，它们在任何时间都不会停止工作。诚然，增强人类智能需要消耗大量资源来构建神经网络和神经连接，但耗费资源还不是这项演化所带来的最大代价。对人类来说，有一件事非常不幸，那就是人类产道的演化速度远没有跟上大脑增大的速度，因此在所有灵长类动物中，人类的分娩过程是最为艰难和危险的。从古至今，分娩都是女性的主要死亡原因之一。即使是在现代社会，也有高达10%的阿富汗女性可能在产中或产后不久死亡。为什么自然选择会在代价这么大的情况下还允许大脑增大呢？这是因为，不论是在经济学还是生物学中，代价都被要求等于收益！那么，人类到底经历了什么样的生存压力，才必须进化出如此“昂贵”的大脑呢？

人类大脑的构建

人类的婴儿不仅娇弱，如果母亲身体健康，他们还可能会被越喂越胖。和其他灵长类动物不同，人类女性的脂肪平均占体重的20%。这些脂肪能帮助她们在食物短缺时继续保证胎儿的发育和对婴儿的哺育。但人类男性正好相反，平均只有7%的体重是脂肪。还有一点和其他灵长类动物不同，人类女性和男性的骨盆结构也差异巨大，这是为了让头部更大的婴儿能通过产道。智人具有严格的**性别二态性**，脂肪更加丰富的女性主要负责生育和育幼，而男性则主要负责守卫领地，[7]利用各种资源维持种群的发展。事实上，艰难的分娩和娇弱的婴儿可能是女性演化出绝经期的原因——高龄的女性因此能从分娩的危险中解脱出来，并能利用生存经验进一步教育孙辈。可以说，母亲的育幼工作是智人所有工作中第二重要的，仅次于觅食。

生物学上一直有一个困扰科学家的难题，那就是大自然是如何进化出人脑这种高度复杂的器官的。这个问题和当初人们好奇高等动物是如何从一个受精卵发育而来差不多，而且这两个问题的答案也很相似。大脑结构复杂，功能十分完备，没有多少基因和发育指令能制造出这样的器官。甚至可以说，人类基因组里就没有足够的基因来构建这么一个器官，内部拥有数十亿个神经元，所有神经元还被各自伸出的数百亿条突触相连接。基因携带的遗传信息是不足以建造这样一个复杂的器官的。很明显，人类的大脑自己构建了自己。在这个过程中，基因可能提供了必要的信息和物质基础框架，但建造起大脑基本结构的是其自身的功能指令和外部环境的刺激。不仅如此，大脑内部神经细胞之间的连接方式还可以改变，这就是“突触可塑性”，这种性质表明，大脑中常被使用的部分区域可以得到进一步的发展，体积也会增大，而未被使用的部分区域则会萎缩。这些结论是生物学家通过一些极其极端的实验得出的。实验人员在小猫的早期发育过程中，将小猫的眼睛蒙住了很长一段时间。他们发现，被蒙住眼睛的小猫永远失去了视力，虽然它们在生理上十分健全，目视的能力却被彻底夺走了。实验证明，在小猫早期发育的特定阶段，视觉信号的输入对大脑中视觉区域的开发是不可或缺的。大脑的视觉系统开发了自己的功能！

同理，在婴儿期缺乏社交互动的人类婴儿，以后也无法再学会使用语言。由此可见，大脑在发育过程中的特定时期，必须接受外部信号的输入来构建自身功能。爱玩是所有高等动物的共性，嬉戏能帮助动物改善行为、练习社交，并让它们从意外和失败中吸取教训，为成年后即将面临的生存挑战做好准备。通过外部环境的信号输入，以及在神经网络中进行一种类似“自然选择”的过程，我们的大脑把自己构建了出来。

但是，为什么人类面对巨大的能量消耗，以及众多母亲死于分娩这种巨大代价，还一定要发展智能呢？对于这个问题，人类学家曾提出过多个猜想和假说。对人类祖先来说，越发复杂化的社交互动肯定是十分重要的，要是没了这种互助性的社会化群体，人类母亲和幼崽将难以存活。人类的幼崽是娇弱的，长大成人又需经历数年，所以我们必须建立一种利他的社会体制才能生存。而且，在所有灵长类动物中，人类是唯一一种在眼睛虹膜周围长有眼白的。这也是人类高度社会性的一个例证。通过这个特征，我们就能轻易看出你在看向谁了。化石证据也证明，早期人类就已经形成了紧密的社会关系，不论同伴是老还是幼，我们都会关心他们的痛苦。另外，人类还有一个和其他灵长类动物不同的特点——人类会关心他人的幼崽！这正是人类祖先平均每三年就能生育一次的原因。同样是靠狩猎和采集生活，大猩猩和黑猩猩的生育间隔期就更长。加州大学的人类学家萨拉·B.赫尔迪称，社交互动活跃的童年对儿童感知周围人的心理状态和意图非常重要。华盛顿大学的心理学家戴维·P.巴拉什则如此解释道："我们的祖先自觉意识越强，就越有能力在其他人心中树立更有利于自己的印象。拥有精确心智理论的人能感知别人的意向，并由此获利。"通过复杂的社会互动、互助育幼，以及成员间共同的生存意向这些关键因素，人类才能增强自己的智能和意识，建立成功的群体。

工具的使用，尤其是捕猎、切割和挖掘工具的制作和使用，过去也曾被认为是另一个驱使人科动物大脑增大的因素。用纤维编织成背带，挂在身上，可以让母亲携带幼崽长距离出行。但令人吃惊的是，几百万年来，虽然人类的大脑在不断增大，我们使用的石器却并未怎么改变。说不定，我们独有的天赋——语言的缓慢发展，才是让人类智能不断深化的根本动力。语言需要舌头、口腔和声带的高度协调和配合，可以想见，人类的语言必定是经历数千代的发展才缓慢形成的。

还有一种说法认为，几次冰期间的气候循环影响了人类智能的升级，但这一说法并无十足的说服力。如果对气候变化的适应让人类变聪明了，那为什么其他社会性的捕猎者，如狮子和狼，没有变聪明呢？更进一步说，两种人科的物种，一种生活在北方寒冷地区，另一种生活在热带和亚热带地区，却各自独立地演化出了更大的大脑，那么气候变化又是如何在这一过程中起作用的呢？上文列举的这些优势，均不能抵消大脑增大带来的能量消耗、生育困难和育幼难题。其实，虽然在人类学的研究中鲜少提及，但人类冒着极大的风险让大脑增大，还能得到一个非常大的进化优势。

群居：栖息地冲突如何让我们更聪明

> 好也好，坏也好，智人就是一种群居动物，这一点无可辩驳。
>
> ——戴维·贝雷比

虽然鲜为人知，但驱使人类智能发展的另一个因素也十分关键。除了病原体和寄生虫以外，种内竞争也让人类的生活环境变得危机四伏。在种群内，进行竞争的不是单个的人，而是人组成的小群体。作为需要高质量食物的狩猎采集者，人类必须集群而居，但由于区域生态系统的环境压力，不管是非洲大草原还是北方针叶林，一片生境都只能维持几十个成年人类个体及其后代的生存。巨大的环境压力让人类祖先在很长一段时间里都只能聚合成小群体。在生存资源得不到保障的环境中长久生存，挑战无处不在。

独立的人类小群体要想生存下去，就必须找到安全的避难所、可供饮用的水源，以及能提供充足营养的生境。若栖息地经历过干旱等灾难，或栖息地上的人类数量越来越多时，对有限资源的竞争就在所难免了。对同一片区域中的人类群体来说，夺取资源丰富的栖息地是填饱肚子的唯一途径，而种内竞争将决定谁能生活在资源丰富的地区，谁又将被驱逐出境，另寻他处。

然而，人类学家却并不喜欢讨论人类之间互相竞争的重要意义。在人类学的教材上，也几乎没有提及人类群体的冲突或战争，这并非我们的臆想。[①]与之形成鲜明对比的是，化石证据大多都见证过人类恐怖的历史。人骨化石与食草动物化石常常混在一起，骨头上遍布屠杀的痕迹，这证明我们的祖先有时候也会互相蚕食。毕竟，那个时候可没有现代的理性，活下去才是第一要务。况且，群体间的竞争也并非人类专属，黑猩猩之间也会

① 人类学家避而不谈人类过去危险、残暴的行为，无疑源于现代的高智商。

有竞争，在另一种高度发达的社会性群居动物蚂蚁中，竞争也很普遍。爱德华·威尔逊曾指出：“蚂蚁最大的敌人就是其他蚂蚁。”这句话放在人类身上也同样适用。

要说人类为什么会一再增强自己的大脑功能，最重要的原因就是，人类被一种智商同样在增加的捕猎者追踪了，这种同样集群而居的捕猎者其实就是我们自己。美国动物学家理查德·D.亚历山大这样写道：“人类之所以能迅速、果决地与之前的物种分离开来，唯一合理的解释就是在自然界中，我们与自己同物种的同胞反目成仇了。”在这种大背景下，你也能看出为什么语言的发展如此重要了吧。在袭击者接近你的同伴时，你能通过清晰的声音信号向其发出预警，这种警告足以决定生死。长久的种内竞争也让人类群体产生了一种独有的特征——父系社会制度。与非洲大猩猩和其他大部分灵长类动物不同，人类群体中的雄性一般很少会离开出生的群体，他们通常都会在群体中形成一种“防卫联盟”（“女儿”可互换，“战士”不出门）。在我们聚合成拥有共同利益的小群体时，人类聪明的大脑最为高效，不论是狩猎、采集，还是出谋划策，人类小群体往往能展现出一种极强的“群体智慧”。从结果来看，在正确的领导下，由雄性个体组成的防卫联盟确实建起了世界上的一个个父权社会，而人类的种内竞争则更加催化了我们演化出利他的生存方式。

> 有些部落中的成员对部落忠诚、对伴侣忠贞，温柔驯良、慷慨勇敢、富于同情，随时准备着向同伴提供援助，也随时准备着为大局牺牲自己。一个集群而居的部落若有许多这样的成员，那它必将战胜其他的部落，这也是自然选择。
>
> ——查尔斯·达尔文

利他的生存方式促进了人类部落在突袭和伏击方面的配合，

这种配合在其他动物群体中是见不到的。正相反，其他动物的“利己主义”是反对他者获利的。而且，随着投掷武器的发展，人类逐渐变成了远距离攻击的专家，这又进一步减少了人类部落出击的成本。

——塞缪尔·鲍尔斯

对同伴无私奉献、对敌人不懈斗争——这就是在冲突中取胜，并保护栖息地安全的不二法门。为了部落的安全，个体有时甚至需要自我奉献、牺牲自己（美国军队在训练新兵的时候也会这么说）。对部落有利的行为会促进正向群体选择的发生，虽然这种正选择的代价有可能是个体的损失。部落之间的冲突越激烈，部落内部的牺牲也就越惨痛。这么说乍一听可能有点奇怪，但道理绝对没错。不参与斗争的雌性往往会成为胜者的战利品，这又进一步推动了部落的健康发展。显然，在斗争过程中，同伴之间快速准确的语言交流，必将对群体的选择大有裨益。不管是早期的尼安德特人还是较为现代的智人，部落间的斗争都是物种大脑增大的一大原因。虽然二者所处的生存环境大不相同，但他们以小部落的形式营群居生活的生活史对策必然是相同的。

和现在的流行趋势相反，智人的群居习惯可以说是天生的，这就和婴儿能够习得语言一样。人类拥有这样的本能，可以去爱，去交朋友，为了自己的群体做出牺牲。不必怀疑，这些都是人类的群居本能带来的优点。几百万年里，人类必须找到能提供足够食物和水的栖息地才能生存。由于这样的栖息地是有限的，竞争不可避免，而在竞争中落败的部落就只能去开垦条件更差的生境。部落间的竞争不仅让人类踏上了每一片大陆，更让我们这个物种成了地球上最聪明，但也是最险恶的生物。

在给自己武装上一个高度复杂的大脑和一个多才多艺的身体后，人类就开始发展自己的社交技能了。语言让人类能进行精确而高效的沟通；使用工具成了人类生存的主要技能，而且易于教授下一代；对火的掌握早在100万年前的南非就已经有所记录了。通过焚烧地面植被，早期人类扩张了草原，同时也获得了更多富含蛋白质的食草动物作为食物来源。在火堆旁休息也能让非洲的漫漫长夜变得更加安全。学会用火来制作熟食，可以让食物更易于咀嚼和消化，这也是人类的一大进步。也许正是因为这一点，我们的牙齿和下颌肌肉才能日渐变小，给增大中的大脑腾出了空间。在学会使用火和捕猎大型动物之后，人类对生物环境的改造就开始了。

人类物种的存活，还有赖于相互之间行之有效的配合。也就是说，人类的雄性和雌性个体需要各自完成其独特但互补的任务。人类雌性在生产、哺育娇弱后代的同时，还能采集食物、纤维等；而雄性则需要通过远距离的捕猎摄取珍贵的蛋白质，为成长中的后代收集必需的资源。两性在特征和行为上都有区别，而两者的配合、分工，却是我们的物种走向成功的基础。个别的父母和孩子在栖息地中难以独活，他们就需要融入一个更大的群体，这样才能守卫领地，互相分享食物，并在父母死亡时，保证其后代还能得到持续的照料。人类需要持续输入高能量的食物，所以必须形成小部落，而联结部落成员之间的纽带就是利他的相互配合。毫无生存之力的人类后代，需要经历好几年的哺育才能长成可用之材，这让我们成了严守道德的物种，虽然这些道德标准基本上只限制每个部落的成员。在论及意义更加广泛的“元道德”（Meta-Morality）时，哈佛大学的哲学家约书亚·格林曾说：“为了应对部落之间的竞争，一个部落的道德观念再次得到了发展，这种道德的发展促进了部落内部的相互配合。”部落之间的竞争从未停止，而不间断的竞争，正是人类最终走上统治地位的一个关键原因。今天，这种竞争还在，只不过改名成了民族主义、宗派斗争、种族冲突而已——看看新闻你就知道了！

新的进化动力——人类文化的发展

化石记录显示，人类的脑容量在过去300万年里扩增了3倍——这在地球长久的生物历史上是绝无仅有的成就。这个过程为陆生生物复杂性的增强奠定了基础，但让人类这一物种成为通才的，绝不仅仅是一颗“巨大”的大脑。人类的身体条件也很出类拔萃——我们能走，能跑，能跳，还能游泳。自由、灵活的双臂让我们不仅能长距离地搬运东西，还能用棍子打斗，或投掷石块自卫。人类进行投掷的手法，其他任何动物都学不来。没有任何一种其他生物能靠投掷长矛捕杀猎物，或将棒球投出每小时超过145千米的速度。人类的胳膊强壮、灵活，一端还长有四只纤细的手指和一根对生的拇指，因此我们能够编织、切削、缝纫，还能使用现代化的工具。最绝妙的是，我们的前臂和双手，还可以用来向同伴传递信息。打手势的能力，配合上无数种意义不同的语音信息——**人类说话的能力**就此诞生！通过语言，我们就能在短距离内向同伴发出警告、在社交活动中彼此交换想法，还能聚在一起制定新的战略。

人类以小群体的形式生活，并很快找到了办法，来决定谁在群体中占主导地位，而谁只能在一旁随从。大约4万年前，智人带着更多样化的技术抵达了东欧大陆。他们骨制的针、鱼钩及其各种各样的野外生存方式，无不与当地的原住民不同。尼安德特人及其祖先曾在这片大陆上挺过好几个冰期，但并无证据表明，他们曾造出一根鱼钩和缝针。结果，在智人入侵5000年以后，欧洲大陆上的尼安德特人就尽数消失了，而且遗留下来的少数化石证据证明，尼安德特人和智人之间鲜少出现基因的交换。不过，现代的DNA分析也表明，强壮的“尼安德特人”和新来的“入侵者”之间的基因交流虽少，却还是存在的。现代欧洲人的白皮肤和红头发很可能就是尼安德特人的性状遗存，这对他们在季相变化明显、有寒冷季节的地区生存至关重要。当你在寒冷、多云的环境中披着兽皮生存时，越白的皮肤就越有助于维生素D的产生。相反，黑皮肤则可以在晴朗、炎热的热带地区阻挡紫外线辐射，避免皮肤癌变。

由于尼安德特人长有沉重的骨骼，面部特征更像原始的直立人，早期学者普遍认为，尽管他们的大脑比我们还大一些，但他们智力较低，也不会说话。不过，如果不会说话，那尼安德特人长那么大的大脑有什么用呢？在德国中部的一片湖泊底部，研究者曾发现过一根30万年前的木质长矛和几根野马的骸骨，这证明尼安德特人其实也是很厉害的猎手。那匹野马很有可能是在冬季冰封的湖面上被宰杀的，春季到来时，野马的骸骨和长矛沉入水中，从此就被封存在了水底。更重要的是，这些古老的长矛没有石质矛尖——尼安德特人后来才学会打造这些工具。科学家首次发现石质矛尖是在意大利北部，矛尖的年代大约为4万年前，还带有智人工具的特征。也是在那个年代，人类祖先物种的牙齿化石上开始有了智人的DNA。智人的社交能力更强，数量也更多，最终完全征服了尼安德特人。亚洲的原始人类也遇上了“走出非洲”的移民，而且也被取代了。不过，遥远的地理距离还是拖慢了物种融合的脚步，就算到了今天，在新几内亚岛和澳大利亚的土著身上，我们偶尔还能找到一些在现在的其他人身上没有的古老基因片段。

资源有限的生存环境让人类部落陷入竞争之中，在这个过程中，人类的社交能力也取得了长足的进步。部落内的合作能为部落间的竞争带来优势。2009年，科学家在南非发现了7万年前的证据，证明了当时的人类就已经完全拥有了现代人的心智。证据还表明，当时的人类已经会用三种材料制造矛尖，还会用一种胶水一样的树脂将矛尖固定在矛柄上。在这种树脂中加入赭石，再加热后，树脂就会固化。这种制造武器的技巧需要代代的传承、专注的学徒和精巧的操作。但如此高超的武器制造技巧也向我们揭开了另一个事实——在过去的5万年里，人类的大脑并未再增大过。

尖端的技术、高度发展的科学和复杂的社交或宗教仪式，是文化演变过程中的产物，这是一个积累的过程，每一代人都会在前人的基础上继续发展，因此这个过程也会让社会的复杂性和功能性发生不可逆的逐步上升。

——肯尼·史密斯 等

不再局限于随机基因突变和基因重复，社交和文化的发展催生出了许多新的行为、技术和可能性。更重要的是，文化上发展的成果不仅可以被后代迅速享有，也可以被竞争者迅速习得——这就像是个为“拉马克进化论”量身定制的实例。法国进化学家拉马克曾假设，若父母习得了某项特殊的技能，那么其后代也将更容易习得此项技能，但这在高等动物身上是不成立的。文化的演变却正相反，亲代获得的新技术是完全可以向后代传播的。[①]人类最早掌握的技能可能是工具的制造，紧接着是食物的获取。而作为人类最重要的天赋，语言让我们能和同胞分享及时而抽象的概念，而我们的另一项本能——模仿，则是人类“保护和传播新发现，让技术得以永远进步”的基础。

尽管在早期，人类的数量还不算多，文化的发展却异常迅速，而且给生态环境带来了极强的冲击。5万年前，人类踏足澳大利亚大陆。4万年前，澳大利亚大陆上所有的大型动物都消失了。4.5万年前，大型食草动物粪便中特有的真菌孢子大量消失，紧随其后的就是频繁发生的野火和澳洲大陆植被的改变。这绝不是“气候变化”的结果，而是人类活动对自然的影响。1.5万年前，人类从亚洲北部首次进入美洲，研究者在美洲发现的最早的石质矛尖大约产生于1.1万年前，制作十分精致。随后，猛犸、乳齿象、大地懒、野马等物种纷纷走向了灭绝……1910年，华莱士曾表示，在冰期末期，大型哺乳动物的灭绝“其实都是人祸”。至于还有一些学者，仍然固执地认

① 实际上，拉马克进化论，又称表观遗传学，这一观点认为，后天的经验能够改变遗传的性状，这在某些细菌级别的生物身上是成立的。目前，科学界也在着力研究表观遗传学与高等真核生物（如人类）之间的关系。

为这些动物的灭绝源于“气候变化”，那是因为他们都对这样一个明显的事实视而不见——这些动物都曾安然度过更早的冰期。显而易见，我们人类这一以小群体的形式在各片大陆上活动的物种，在地球上已经成了分布最广，也最危险的哺乳动物。

然后，从大约1万年前开始，世界上至少有5个相距甚远的人类部落突然同时开启了一项更加超凡的进步。这就是**种植业**和**畜牧业**的发展！因此，我们与周围的生物建立了一种共生的关系，而这种关系将会帮助我们大大增加个体的数量，并带来更多新的可能。随着人类文化和社交的进步，人类这一物种在地球上日益复杂的演化似乎也有了些许目的性——我们要改变地球。

第十章

复杂程度的新层次：人类文化的发展

盖亚是一层薄薄的球形外壳，包裹着地球炽热的内核。盖亚起始于离地表100英里深处、地壳与地核炽热的岩浆相接的地方……我认为盖亚是一个有生命的系统，因为它似乎在无意识中又抱有一种目的，想要调控地球的气候条件和化学构成，使之更适宜生命的存活。

——詹姆斯·洛夫洛克

从太空中看，地球是一颗美丽的星球。蓝色的球体表面白云飘飘，亮眼的沙漠反射着温暖的阳光，绿色的植被点缀着肥沃的土地。除了风景美丽，地球在物理学、气候学、生物学上的变化与发展也很活跃。英国科学家詹姆斯·洛夫洛克曾用大地之母盖亚作为比喻来阐释自己的学说，他认为，地球的物理环境与其上的生物应当是一个相互稳定、自我平衡的整体系统，这就是**盖亚假说**。洛夫洛克提出这个观点时，生态学家刚发现地球环境与生命的平衡，因此盖亚假说迅速得到了学界的拥护。但遗憾的是，那是在20世纪70年代，而现在的情况早已大不相同。

撼动盖亚假说的第一个证据来自格陵兰岛厚厚的冰盖，第二个则来自北大西洋海底的沉积物。从二者中抽取的样本表明，在过去10万年里，曾发生数次较为突然的气候变化。除了几次正常的冰期外，还有几次突然的气候变化甚至是在10年内发生的。这绝不是“盖亚”的常态。或许只是北大西洋的洋流突然掉头改变方向的结果。紧接着，地球又给我们准备了另一个“惊喜”——大气研究显示，南极洲上空的大气层中出现了一个日益扩大的“臭氧空洞”。含氯的人造制冷剂在平流层中被分解，并逐渐污染了上层大气中的臭氧层。更加火上浇油的是，除了以上这些问题，整个地球还在逐渐变暖。

一个多世纪以前，化学家就曾预言，向大气中排放过多的二氧化碳会导致全球变暖。二氧化碳气体有一种特性：它能透过高能的紫外线，却会吸收能量较低的红外线。来自太阳的紫外线穿过大气层，射向地球。被地面反射后，紫外线被转化为红外线，并向外再次放射。温室气体吸收的正是这部分放射的能量，它们利用这些能量将地球的温度保持在适宜的范围内。正常情况下，它们就像地球的一层毛毯，或者植物温室里保温的空气。然而，高浓度的二氧化碳却会让地球的温度持续升高。美国阿拉斯加州的天气变化尤为明显。当地的土著因纽特人因为气候变化，有生以来第一次见到了知更鸟，可他们的语言里连这种鸟的名字都没有！在仔细对比过最近1200年的记录后，人们发现，日本樱花的花期也比往年提前了。我们的家园确实在不断变暖。

“盖亚”的忍耐是有限度的！虽然人类排放的二氧化碳有一半都被海洋、土壤和植物吸收了，但还有整整一半被排进了大气层。同时，农业化肥的使用让现代人类的固氮能力可以和整个地球生物圈相媲美，这也极大地改变了海洋生态系统的面貌。洛夫洛克在年近90岁时，终于对地球环境失去了信心。他称“盖亚”已经变得反复无常。但这一切是如何发生的呢？人类又是如何在这么短时间内、在这么广袤的星球上，变成如此强劲的一股力量的呢？

农业革命

> 如果没有农业，今天的智人就无法拥有高科技，以及主宰甚至改变地球环境的能力。
>
> ——保罗·埃尔利希、安妮·埃尔利希

> 农业的出现绝对是革命性的。农业出现以后，人类与整个生态系统的平衡关系就彻底被改变了。
>
> ——杰弗里·萨克斯

人类最近一次伟大进步——文化的日益复杂，很可能就是应对饥饿这一我们永恒的恐惧的结果。虽然曾靠着狩猎采集挺过好几次冰期，但不论是热带还是温带，人类的数量依旧很少。和其他物种一样，当时人类的生存也是岌岌可危的，他们不得不面对来自长期干旱、异常寒冷或者致命病原体的威胁。获取足够的食物来果腹和繁殖从来都不是易事。然而，突然有一天，人类摸索出了一系列新的共生关系，并帮助我们在很大程度上消除了饥饿！而这些新的共生关系，就被称为**种植业**和**畜牧业**。①

通过仔细遴选可供培育的植物和动物物种，人类给自己找到了更可靠的食物来源。对本就漂泊不定的猎手来说，放牧绵羊和山羊的难度并不大。捕获小动物，并驯养它们，为我们提供了现成的肉和兽皮。而且，由于这些动物本身也习惯于以小群体的形式活动，因此它们很快就适应了新的主人。没用多久，我们就完全习惯于关兽入栏、喂养牲畜、牧羊天边的生活。最棒的一点是，这些动物吃的还都是我们不吃的植物，我们因此可以在草原和荆棘丛中繁衍生息。在世界各地，绵羊、山羊、牛、驴、马、骆驼、牦牛甚至羊驼都成了人类社会中不可或缺的成员。南亚的家鸡和墨西哥的火鸡也被加入了这一联欢。虽然狗在两万年前就已经成了人类的狩猎伙伴，但在许多文化中，以残羹剩饭为食的家犬和家猪，仍被视作人类的美味佳肴。

学会选择合适的植物并种植，也许要比学会牧羊更难。首先，你要找到营养丰富、适宜种植的植物；其次，你需要栽种和除草；然后是仔细收割；最后是脱粒以及留好下一年用来种植的种子，这一过程对当时的人类来说是复杂和崭新的。也许更不寻常的是，这一革命性的进步是由世界上好几个地方的人类各自独立地取得的。北美洲这块新大陆的农业生产就是完全独立于旧世界的。北美洲的第一批移民还没有掌握农业技术，他们还

① 人类学家常常把这次巨大变革称为新石器革命。

需要靠小群体的狩猎生存。可到了大约3000年前，墨西哥和中美洲的农民就已经种出了玉米、西葫芦、番茄、可可、牛油果、木瓜和香荚兰，还有众多当地品种，如辣椒、芸豆和棉花。而占据了从安第斯山脉到亚马孙盆地这一广阔土地的南美洲居民，则首先驯化了马铃薯、木薯、红薯、菠萝、花生和烟草。当然，他们也种了不少南美洲特有的玉米、豆类、辣椒和棉花等品种。

在中东地区，农业的起源似乎比北美大陆更早。在这里，人们种植的作物有小麦、硬粒小麦、大麦、鹰嘴豆、小扁豆、橄榄、葡萄、大枣、无花果等许多种。南亚的人们首先吃上了香蕉、几种香瓜、芒果、茄子等许多水果和蔬菜。多种稻米、粟米和大豆则起源于东亚。新几内亚和西太平洋的居民是第一批收获甘蔗、芋头和椰子的人。西非和北非是高粱、非洲山药、几种粟米、几种瓜、秋葵、油棕、棉花和可乐果的故乡。埃塞俄比亚高原产有世界上最小的谷物——苔麸，还有一种常用来制作淀粉的香蕉近亲——象腿蕉、实用的油料作物——小葵子、提神饮料——咖啡，还有一些特有的高粱、大麦品种。

大约1000年前，北美东部的人们已经开始培植藜科植物、沼生接骨木，以及新品种的向日葵、南瓜和玉米。纵观世界，虽然各个地区种植的植物品种各异，但谷物（属禾本科）和豆类（属豆科）几乎被所有人当成了主食。南美人习惯用块根植物作为淀粉的来源，如安第斯山脉附近的人使用土豆、亚马孙盆地的人使用木薯。亚洲和欧洲的居民由于同处一片超级大陆且纬度相似，所以会有更多相似的农作物和家畜。总而言之，在过去1万年至5000年里，世界上好几个区域的人们都分别发展出了农业，而且农业带来了另一个更大的益处——我们可以为自然条件不好的时节提前贮藏食物，因此，我们才变成了地球历史上最成功的物种。[①]

虽然我们仍然不明白，为什么人类历史上这么重要的进步会发生在这

① 有人认为是冰期的结束促进了农业的兴起。

段特定时期，但其结果是革命性的：农业以更可靠的方式养活了更多人。在农业发展起来后，西欧地区的人类部落面积扩张了10倍，这表明当地人口也增加了近10倍。这是好消息，但农业的发展也有坏处。人类从此定居一处，过上了与家畜为伴的生活，这大大增加了人类滋生疾病的可能性。在拥挤的人类聚居区，居民们常常营养不良，体形也比漂泊的祖先小了很多。但这些负面影响毕竟微乎其微，正是农业的发展，才让人类迅速繁衍壮大，这一现象被历史学家称为**新石器时代人口过渡**。在人类数量激增之后，人类社会也变得更复杂了。

用红皇后假说的观点来看，当时的人类开始比其他任何生物“跑得都快”。农业的发展显著地提高了人类的适应性。地球不断增加的生物多样性是农业发展的基础，不过，在超过26万种已知的开花植物当中，为我们提供了日常所需能量85%以上的却只有25种（这还包括为我们日常食用的动物提供了食物的植物）。还有几千种开花植物为我们提供了重要的香料、油料、调料、纤维和药品。要是没有这些丰富多样的植物，人类是绝不可能实现大规模的人口增长的。最后，我们也不要忘记土壤的贡献。地球的土壤在数百万年的时光中变得异常肥沃，充满有机质，而这正是种植业发展的前提。同样，来自早期生命活动的煤炭、石油和天然气，也为今天工业社会的发展提供了不竭的能量。

喂饱整个部落

随着农业的发展，大量的人类开始聚居，村落随之形成。而在人员密集的村落中，又自然而然地形成了等级和分工。男人捕猎、战斗，女人育幼、采集，这样的生活方式已经持续了上千代，但随着农业的发展和人口的增多，人类村落的运作方式仿佛更像一个“超个体”了。类似于社会性昆虫的巢穴，村落中的某些人很可能只从事食物生产，而其他人则负责制造木质工具、锻造金属，或者上阵杀敌。不过即便如此，生理特征也是决定分工的前提。女性绝对是负责生育和教育后代的主力军，毕竟我们脑容量巨大的大脑需要持续的养护。而拥有更强上身力量的男性，则主要负责下地干活、打造工具、建造住房，以及守卫村落。

农业人口的增加不仅扩大了人类的需求，加剧了村落之间的竞争，还为未来更加快速的发展奠定了基础。正如古生物学家吉拉特·维莫吉所说："最广泛意义上的竞争……普遍存在于包括生命本身在内的所有经济系统中。"无论这里的"经济系统"是靠生物的光合作用来驱动，还是由人类部落长期争斗不断的领土需求所驱使，部落内和部落间的竞争确实重新定义了我们的身份。如今，站在地球食物链顶端的不是别的生物，正是我们人类。我们的田地和牧场是如今地表上最大的陆地生态系统。

由于有了种植业、林业、畜牧业、渔业这些农业生产活动，人类目前能占据地球净初级生产量的30%以上。农业是由工业驱动的人类社会进一步发展的基础，人类及其"农业共生体"生物也已经成了生命史上最具革命性的共生系统之一。我们精心地繁育大米、马铃薯、绵羊、家猪和无数其他生物，最终其实就是为了吃。

农业发达的聚居村落还为人类提供了一个新的平台，加速了文化的发展和技术创新。四处漂泊的猎人也许有更加实用的生存技巧，也能为祖先的故事续写新篇，但他们的数量一直很少。似乎只在转瞬之间，只要傍河而居，精心灌溉，农业就能养活成千上万人。选址成功的村落甚至还会形成城邦，这又是人类发展的一个新机遇。在城市的保护下，人们便可以更加自由地发挥聪明才智，进行更多创造了。

在学会使用火炉烘焙食物，以及烧制劳作用的陶器后，人类很快又掌握了冶炼金属的技术。中东地区率先进入了青铜时代，出现了最早的冶铜工人。当然了，冶金的发展也少不了地球对我们的关键支持——中东地区正是三个地壳板块相接之地。在这里，位于地层深处的熔融金属逐渐凝聚，并随着地质运动而逐渐被带到表层，这就是这一地区能够率先开展金属冶炼的原因。地处欧亚交界的塞浦路斯（Cyprus），其国名就来源于拉丁语的“铜”（Cuprum）一词。中东的铜匠们在炼铜时，会加入赭石（主要成分为三氧化二铁）当作助熔剂。也许只是偶然地，他们从这种泛红的石头中炼出了铁。其实在低氧、高温的条件下，木炭会消耗赭石中的氧，并将金属铁单质提炼出来。再后来，这项技术再辅以更多的木炭，又让我们炼出了钢。后来，农民和士兵对金属韧性、硬度和锋利程度的要求越来越高，而正是钢材让他们能更快地伐木、更高效地犁地，以及发动更残酷的战争。总之，需要精准控制和高温的冶金术，可以说是人类的又一大创举。

城邦的出现促进了劳动分工与技术革新。在季相变化明显的环境中种植作物需要人们对物候有所了解，这促进了天文学的兴起。种类繁多的野生植物都可以作为药物使用，而对它们的正确甄别和合理使用又催生了医学的出现。农作物的交易需要人们进行计算，在人们学会计算后，又很快出现了文字。谷物和豆类易于贮存和运输，不仅能养活大众，还迅速成了军队的主食。军队的职责是保护交通要道、维持公共秩序和抵抗外来入侵，因此在他们保家卫国的同时，也促进了贸易的发展。在人类历史早期的几千年里，石质工具的形态几乎没有什么进步，但就在以农业为基础的村落出现以后，人类的技术进步如飞。

很久以前，作为地球上唯一会对未知的未来产生畏惧情绪的物种，人类创造出了一系列神秘的传统。宗教信仰给人们的生活注入了希望和意义，增强了我们在面对自然灾害和不可预知的未来时的决心。在城邦中，宗教不仅维护了统一，巩固了上层阶级的统治，还催生出了许多不朽的建筑杰作。宗教还让法律有了真正的效力，为拥挤的社会带来了秩序。城邦的统治者常常以神的代言人自居，向臣民许诺正义与稳定。与此同时，多才多艺的人都在城邦中找到了新的发展机遇。在财富和竞争的刺激下，人们遵纪守法，不断提高技能，最终迎来了前所未有的繁荣。

然而，世界各地的文化发展程度是极不均等的。澳大利亚土著以及其他与世隔绝的人类族群，仍然靠狩猎和采集为生。美洲印第安人虽然有了发达的农业传统，社会结构复杂，建筑也非常壮观，却缺乏强壮的役畜，也不会使用铁器和炼钢。相比之下，生活在欧洲、北非和亚洲大陆上的人们因为共享着同一富饶辽阔的大陆，有不断的创新和交流，所以欧亚地区的社会也就更加富裕和复杂。

社会发展的状况也会影响文化的进步。1450年左右，当欧洲人开始探索世界时，中国人却选择了相对封闭的独立发展方式。地中海地区的文明带有更激进、大胆的特征，这大概是商业活跃、战争不断的结果。早在公元前600年，国家钦定货币的首次出现，加速了地中海地区的贸易发展。由于宗教的束缚不严，古希腊的哲学和科学得到了自由发展的机会，甚至还一度实践过民主的政治理念。后来，罗马制定了发达的法典，并以精湛的城建技术开启了一个历时500年的伟大帝国。在罗马帝国灭亡200年后，伊斯兰世界打造了一条西起摩洛哥，东至印度与中国的贸易路线。攻占撒马尔罕后，伊斯兰世界又从中国引进了造纸术。纸是一种完美的介质，可以用于记录过去的知识，并将其全部翻译为阿拉伯人的语言。800—1100年，由于使用新的数学方法，采用印度的编号系统，并潜心研究了视觉和天文学，用阿拉伯语著述的学者极大地推动了科学的发展。但可悲的是，位于巴格达的图书馆于1258年被蒙古入侵者摧毁，处在全盛期的伊斯兰文明随之一蹶不振。大约在同一时期，伊斯兰世界的许多先进知识由阿拉伯语和希腊语被翻译成拉丁语，学术在西欧迎来了复兴。

科学革命

回顾科学史，我们可以明显地发现，人们提出的学说，越来

越多地被证实了。从某种意义上来讲，这些学说已经形成了一个统一的、相互支持的综合知识网络。

——基思·帕森斯

得益于10—14世纪初有利的天气条件，欧洲人口增长，经济一片繁荣。由于被多条山脉分隔，且境内公国众多，欧洲不可能像古代中国一样形成一个统一的大帝国。但欧洲人在宗教活动和学术研究中都使用着同一种语言——拉丁语，因此欧洲的文化气氛始终是开放和创新的。中世纪以来，欧洲的法学家以罗马法为基础，制定出了一套全新且更为实用的民法系统，削弱了宗教法学的影响力，培养了一个更具活力的商业社会。[①]后来，由于有许多可供通航的河流，矿产资源也更丰富，欧洲的发展重心逐渐远离地中海，开始向北方偏移。在接触到由阿拉伯语和希腊语翻译而来的新知识后，欧洲的学者们也踏上了自己的求知之路。中世纪的基督教哲学家认为，对自然更深入的研究有助于我们理解上帝的意图，于是他们便鼓励社会，对上帝的创造进行认真的观察。此时的学者们已经不再拘泥于传统的学说，纷纷开始直面未知的世界。就这样，西欧社会掀起了探索自然世界的热潮。

在欧洲科学发展的过程中，大大小小的灾难从未缺席。随着东西方贸易的增加，一种可怕的病毒悄悄溜进了欧洲大陆。从1347年起，黑死病带走了欧洲将近一半的人口。但就像生命史的其他部分一样，灾难也带来了新的机遇。瘟疫过后，欧洲劳动力的价值提升，土地价格下降，文艺复兴很快拉开了序幕。与此同时，大西洋与地中海之间的海运事业也在如火如荼地进行。从中国进口的船尾舵、指南针和火药加速了欧洲各国海军的发展。经济的发达也扩大了欧洲对热带香料、高级陶瓷和中国丝绸的需求，而对这些需求的满足，让小商贩、出口商和银行家都赚了个盆满钵满。

① 通过制定一套摆脱宗教规定的新的法律体系，欧洲以一种其他社会不曾有过的方式解放了自己。

为了增进贸易，葡萄牙的亨利王子组织船队，沿着非洲西海岸一路向南进发。为了探索未知的海岸，他们制造了轻快、结实的小型帆船。等这些小船回归时，就会为未来的航行带来必要的经验。1497年，这次航行终于达到了目的。葡萄牙航海家达伽马向西南出发，穿过大西洋到达巴西，然而转头向东，借助盛行风的风势绕过非洲，最终抵达了印度的卡利卡特。从此以后，葡萄牙和印度直接联系在一起，使来自东方的珍贵商品运往欧洲的成本降低了。印度海军尽管有心御敌，却无力抵抗葡萄牙舰队的大炮。而早在1492年，意大利航海家哥伦布就坚信自己能找到前往亚洲的近路。他率领船队沿着大西洋向西航行，虽然最终没有抵达亚洲，却发现了一大片“新大陆”，这也证明这个世界还有许多秘密有待发现。

欧洲人的发明，如铁马掌、眼镜、机械钟表、复式记账法等，提高了当地农业和商业的效率。更为根本的是，欧洲拥有自由开放的市场。而相对健全的法律体系和可自由互换的货币是商业繁荣的社会技术保障。14世纪末，造纸术传入意大利，后来，德国人约翰·古腾堡又发明了活字印刷术。字模上的字母雕刻精细，顺序可以调换。利用纸这种用处广泛的介质和自己的活字铸模，古腾堡开始了书籍的印刷。过去那些价格昂贵的手稿、耗时费力的抄本，在印刷本出现之后，突然就不再“身价高贵”了。作为风险投资家的出版商和他们的印刷机随即遍布欧洲，极大地推动了知识的共享。然而，在此后近200年里，中国和伊斯兰世界却都不约而同地忽视了古腾堡带来的技术革命。[①]16世纪，宗教改革家马丁·路德用价格平易的《圣经》和他自己语言平白的译本，要求基督教徒自己研读经文。靠着这种方式，马丁·路德挑战了梵蒂冈教廷的权威，欧洲从此在宗教和政治上陷入了动乱，即便在商业和科学蓬勃发展时也是如此。

① 事实上，北宋庆历年间，中国人毕昇就发明了泥活字，不仅标志着活字印刷术的诞生，还比古腾堡的铅活字印刷术早了大约400年。——编者注

1608年前后，一名荷兰眼镜商发明了史上第一台望远镜，这种新式设备可以让人清楚地看得更远。受此启发，伽利略于1610年设计出了自己的望远镜，并用它一连几周对木星及其四颗卫星进行了观测。在对金星长达数月的观测后，伽利略看到了金星在围绕太阳公转时产生的盈亏现象，而这正和哥白尼当年预测的分毫不差！还是在这个时代，以第谷·布拉赫详细记载的行星观察记录为基础，天文学家开普勒总结出了行星的运动定律。1687年，牛顿又将这些天文学数据与坠落的苹果联系起来，提出了“万有引力”这一优雅的概念，并以之解释星体运动。自然哲学家说得没错，仔细的观察确实揭示了上帝的宇宙是有法可依的。科学的革命开始了。

工业革命

> 工业化改善了人类的健康状况，提高了人类的平均寿命，同时也为普通人提供了他们的祖先想都不敢想的更好的物质福利。
>
> ——帕特里克·艾利特

不断增长的人口、频繁的战争，以及对世界各地商品的需求，让欧洲人消耗了大量的资源。到17世纪末，不列颠群岛的木材已经短缺。建造战舰、日常建设和烧火供暖都需要木材，这些需求吞噬了英国大片的森林。[①]煤也是供暖的有效能源，但在多雨的英国，煤矿经常被淹。利用18世纪中叶发明的蒸汽机，可以将积水从煤矿中抽走，这就将热能转变成了功。到19世纪初，更高效的蒸汽机还能完成将货物沿着钢制铁轨运走的任务。铁路运输是一种最新的技术，铁道、机车、汽车、站台在货运网络中彼此联结。配有蒸汽动力织布机的工厂让棉纺织物的价格大幅下降。另外，随着

① 在不列颠群岛上，木材的价格在1500—1630年间上涨了700%。

经济的增长，欧洲人对糖类的需求大幅提高。而对糖和棉花的需求，让美洲残酷的奴隶贸易开始抬头。与此同时，欧洲农民在应征进入工厂后也不得不面对严酷的工作环境。一直以来，资本家将剩余的利润投入到新的生产和研发之中，加速了资本主义经济的发展。

煤动力蒸汽机开启了人类进步的新篇章。从此以后，**工业革命**不再受限于人力、畜力、风力或者水力，而以化石燃料作为能源。通过这种能量效率更高的古生物馈赠，人类的科技飞速发展，人口数量剧增。在这一时期，科学研究和实验取得了许多可喜的成果。1821年，英国物理学家法拉第发现，转动的磁场能在铜导线中产生电流。几十年后，工程师们以他的发现为基础，就开始了长距离输电。通过微弱可控的爆炸，人们制造出了高效率、可移动的往复活塞式内燃机。1915年，五分之一的美国农场都还需要喂养马匹，可很快，马匹就被燃油拖拉机取代了。美国汽车大亨亨利·福特在参观过芝加哥屠夫们加工牛肉时使用的吊链运输机后得到灵感，创设了更加高效的汽车装配流水线。于是，汽车的价格也开始下降，反过来解放了人力，同时刺激了贸易发展。螺旋桨飞机和喷气式飞机的先后起飞，让我们得以环游世界，将人和珍贵的货物更快捷地进行长距离运输。今天，靠着大量的化石燃料，我们正享受着大大超乎前人想象的生活。

无论是对持续的生命演化历程，还是人类经济的发展，能量消耗都是一个核心问题。在过去超过20亿年里，光合作用给生物世界提供了动力。远古时代的生物经过几百万年的沉积，变成了充满化学能的化石燃料。从工业革命时代人们学会利用煤炭开始，石油、天然气等化石能源催化了技术的发展与革新，让我们的生活质量不断提升。同时，人类在冬天使用暖气，在夏天使用空调，无时无刻不在冰箱中贮存食物，搭乘飞机前往遥远的目的地……这些行为都在不断地消耗更多的能量。现代社会及其技术发展只是地球复杂性发展的最新章节，而生命以太阳为能源进行演化的进程，已经缓慢地经历了数百万年，并创造了十分多样和复杂的生物形态和生态系统。人类诞生后，曾找到无数方法，诸如制造工具、使用火源、发展种植和畜牧等，来提高生活质量。时至今日，现代社会在各种能源的基础上运转，化石能源、核能、水能、风能和太阳能都为我们所用。一直以来，我们都依靠着经过地球数十亿年的风云变幻才形成的矿藏。借助这些能源，人类的技术发展不断提速。不过，在最后一章讨论技术进步的后果之前，让我们先回过头，简洁地回顾一下地球多样性和复杂性发展的漫长历史吧。

第十一章

40亿年的史诗

在英国科学家雅各布·布伦诺斯基广受好评的电视节目《人类的进化》中，他曾注视镜头，沉默片刻，然后向观众发问："化学元素随机组合，能够形成一个人的概率有多少？"他的答案很简单——零。化学物质随机组合，形成小草或是细菌的概率，同样也接近于零。布伦诺斯基的观点很直白：复杂的生命形态都是缓慢发展过程的最终结果，这个过程缓慢到用了30亿年之久，其间所有的变革都是在特定时间里开启的，并成了后续进一步改变的模板和基础。

进化到底是什么？围绕这个问题，进化生物学家争论了好几代。进化产生于一点点逐步积累起来的变化吗？还是产生于突然出现的新性状，并就此成了新物种出现的平台？很明显，碱基序列的少量改变可能只能导致结果的微小改变，整个基因的意外重复却能带来意义更加巨大的新可能性。当然，这两种改变都对生物的演化起到了重要作用。它们的历史也很悠久，在漫长的时光中，一点一点地改变着地球生物，而且，很有可能已经以不同寻常的方式决定了生物的未来。现代人类社会，其实就是生命历史进程中最精彩的产物之一。所有种类的生物，包括我们人类自身，都是这一历史进程的产物。记录在岩石中的历史，我们自身从单个细胞发展而来的过程，以及人类细胞中的基因，都是这一悠长史诗的见证者。[①]接下来，我们就把这一史诗分为十个阶段，来回顾一下生命发展的壮丽时刻。

1. 生命的起源

毫无疑问，生命史诗的开篇一定是原始生物的起源。最早的生物化学结合体没有留下任何存在的痕迹，它们很可能已经被后代吞噬了。在细胞中，包裹在保护性囊泡中的蛋白质复合体开启了新陈代谢的过程，DNA在

① 我们的身体里存在着能追溯到远古祖先的证据，尼尔·舒宾对此做了精彩的阐释，参见《你身体里的鱼：35亿年人体进化史之旅》。

代际间记录着遗传信息，而RNA则负责将信息进行传递和表达。目前，细菌级别的单细胞生物是形态最简单的生命形式，它们能收集并利用能量，能长大、繁殖，还能把一切生命活动的所需信息传达给下一代，而这些也都是所有生物共有的基本特征。

如今，生命只能从已经存在的活细胞中形成。你细胞里的所有膜结构、线粒体，以及其他细胞器，都是从母亲的卵细胞中分裂得来的（来自父亲的精子除了给了你一套染色体外，就没有什么贡献了）。所有生命都源自一个单独的细胞，而且在所有活细胞中，只有两种物质需要从母细胞中继承——细胞膜和DNA，除此之外，其他成分均可重新形成。那么，生命到底是怎么形成的?

生物有一个很不寻常的特点，那就是，虽然DNA是所有生物最基本的信息载体，但细菌构建DNA的方式与古生菌和真核生物完全不同。真核生物既带有细菌DNA一样的蛋白质编码DNA，也带有古生菌DNA中含有的非编码DNA，因此也有些生物学家认为，生命也许并不起源于某一个“最原始的细胞”，而是起源于一个有机的生态系统，即“一些似细胞的个体结合在一起，互相交换基因，共同演化，最终形成了生命的三个域”。在深海一些温度远低于沸点的碱性热液喷口附近，也许就有某些古老的病毒在与这些极早期的生命交换着基因。

有些学者认为，部分有机分子能展现出自我构建的固有特性，而这些特性又让它们自发地形成了可自我复制的结构。这话没错。蛋白质分子能够自发地将自己折叠成复杂的形状，折叠的原则取决于分子链上不同氨基酸分子的排布。而这个演变过程所需的，其实只有一个稳定的液体环境、相互配合的有机分子、闭合的保护性囊泡、用来驱动复制过程的能源，以及几百万年用来试错的时间而已。说实话，如果满足了以上这些条件，再加上充裕的时间，生命在地球上能够形成似乎就成为必然事件了。

2. 获取太阳的能量

细菌在进化出细胞结构和繁殖能力后，便可以利用各种生化反应维持生命和生长了。但此时，生命的新陈代谢反应还会被环境条件严格限制。它们需要特殊的环境，来提供含有能量的基底物质。生命史诗的第二个篇章，就是生物通过获取太阳的能量，来构建复杂的有机分子。紫色光合细菌（Purple Photosynthesizing Bacteria）也许是地球上首先达成这项成就的生命。利用阳光中的能量，它们可以从各种硫化物中获取氢。不幸的是，含氢的硫化基底物质并不多见。针对这一问题，生命找到的解决办法是——进行产氧光合作用，即从水分子中直接获取氢。通过这种办法，生物便可以在地球上几乎任何有阳光的地方生存了。早期，蓝细菌通过**产氧光合作用**将氢从水分子中分解出来，然后将其与二氧化碳结合，生成富含能量的碳水化合物，同时还将游离的氧气释放到大气中。叶绿素等色素是这场“阳光芭蕾”中所有物理、化学变化的核心所在。

等到地球生物都学会分解水分子并制造高能量的物质后，生物进化的脚步就再次向前进发了。产氧光合作用为生命提供了复杂的新陈代谢以及其他生理作用所需的能量，而这些能量也大大增加了生物的复杂性——这是件好事，但也产生了负面效果。蓝细菌学会光合作用后，便开始向大气层排放一种新型污染物——氧气。氧气的化学性质非常活泼，对当时的许多生命来说，都是致命的威胁。直到今天，厌氧的细菌依然存在，但它们只生存在缺少氧气的生态位中。然而，危机和机遇是并存的。有些细菌进化出了一种需要氧气的新陈代谢方式——呼吸。这些细菌可以将碳水化合物分解成二氧化碳，将分解生成的氢和游离的氧气结合。这种呼吸方式可以更高效地为机体提供能量。

3. 更大、更复杂的细胞

生命史的第三个重要篇章，是更大的真核细胞的出现。真核细胞的体积比一个普通细菌大1000倍，其特征是有一个成形的细胞核（染色体会在细胞核内复制并得到保护）。真核细胞的出现，关键就在其获取了一种细菌大小的细胞器——线粒体。线粒体是发生呼吸作用的场所，而呼吸作用能分解碳水化合物，为更大的细胞提供能量。需氧的呼吸作用能产生比一般的糖酵解反应多10倍以上的能量，所以，拥有线粒体这种工作高效的真核细胞，能够存储更多信息，也能变得更加复杂。[①]

在精子与卵细胞结合形成新的后代时，细胞的减数分裂和单倍体配子的形成让遗传信息得到了修复的机会，同时，也让等位基因能够进行随机的重新组合。有性生殖让可遗传的性状不断变异，促进了生物对不断变化的环境和不断进化的病原体的适应。因此，生命也在真核细胞的基础上日益复杂。

和线粒体类似，真核细胞和另一类细菌也产生了一种特殊的“合作关系”，这种“合作”引领生命开始了另一项进步。这次，真核细胞的新伙伴是一种能进行光合作用的蓝细菌。蓝细菌在细胞内部与细胞共生，并逐渐转化成了细胞内的叶绿体。内共生现象产生后，绿藻就有了光合作用的能力。除了绿藻以外，红藻、褐藻和多种其他藻类也都接纳了额外的共生光合细菌。从此，藻类便和蓝细菌一道增加着世界上可进行产氧光合作用的生物量。地球大气中的含氧量慢慢地越来越高，生命可以呼吸了。

4. 多细胞生物

生命史诗的第四章，是更大、更复杂的多细胞生物的形成。有三类

① 我们曾在本书第二章中讲过线粒体的重要性，以及内共生现象对生物复杂性发展的重要意义。

真核生物独立取得了这项进步，因此，最早的多细胞生物也就有了三大类——植物、真菌和动物，每一类都有其独特的多细胞结构。动物细胞的外壁只有一层薄薄的膜结构，所以动物胚胎可以经历复杂的发育过程，其细胞还可进行迁移和自体分解。真菌，比如蘑菇或者地衣，能够通过细长且彼此纠缠的菌丝，组成更大的形态。而藻类和陆地植物则拥有坚韧的纤维素构成的细胞壁，纤维素是世界上最复杂的大分子聚合物之一，能为细胞建造一堵“砖墙”，坚固但很不灵活，所以植物只能待在原地，很难移动。

不管属于哪一类，多细胞生物都需要细胞之间的连接和沟通。不论是对细胞的生长还是细胞结构的稳定性，复杂的胞间沟通系统都很关键。事实上，所有多细胞生物都是由真核细胞构成的。可以看出，真核细胞携带更多信息的能力是构成复杂多细胞生物的必要前提。如果没有被线粒体驱动的真核细胞，以及大气层中高含量的游离氧气，我们的地球上也就不可能出现体形更大、结构更加复杂的多细胞生物了。

5. 动物的出现

我认为，在生命复杂性的发展历程中，第五个重要篇章就是在寒武纪“生命大爆发”的时代，动物的突然涌现。这些动物不仅体形更大，也更活跃。正如在本书第七章中我们曾讨论过的，大约在5.4亿年前，地球的海洋深处突然出现了无数种新式动物，有长得像蠕虫的、长着贝壳的，还有许多条腿的爬虫，它们几乎都在同一时间一齐演化了出来。这些动物中，大部分都长有眼睛，能看到脚下的路；还长有咀嚼式口器，可以用来相互蚕食。从当时留下的少量化石痕迹，诸如蠕虫爬过的痕迹，或动物的脚印来看，早期动物的体形都很小，随后越长越大，活动也越来越剧烈的主要原因，很可能就是空气中氧分压的升高，让呼吸作用能为大型生物和动物世界更频繁的活动提供更多能量。

不过，虽然需氧的呼吸作用为更大、更复杂的动物提供了足够的能量，可这些动物毕竟不是光靠呼吸作用就能进化出来的。动物身体结构复杂性的增加，也要求动物的遗传和发育命令变得更复杂。长久以来，意外的基因重复给生物提供了新变异所需的新基因，而新的变异又产生了越来越多样化的动物群。可以说，在神秘莫测的埃迪卡拉纪过后，突然大规模涌现的寒武纪动物标志着生命史的又一重大进展。

6. 植物占领陆地

生命历史的第六个重要章节，同时对生物多样性来说也是最为关键的一章，就是绿色植物占领陆地。陆地植物在顶芽和茎尖长有分生组织，因而可以形成多种形态，有低矮的野草也有高大的树木，有能产生孢子的也有会开花的。在陆地植物学会使用木质素强化细胞壁，并长出更高效的维管系统后，它们就能长得更高、更复杂了。同时，维管形成层让植物在每个生长季节都能变粗变强，并能加强水分运输，因此木质树木就渐渐形成了茂密的森林。陆地植物的发展为土壤增加了更多的有机物，减少了水土流失，为林下层提供了水分和荫蔽，并养育了树冠以下的陆生动物群系。

植物的另一项巨大成就来自胚珠和花粉的发育，而这种发育会形成种子。被风或传粉动物带走后，花粉粒就能找到附近的胚珠并使其受精。花粉取代了过去在水中游动的植物的精子，让植物能在更干燥的环境中，向更广阔的区域进行传粉。在植物登陆后没多久，动物也开始向陆地进发了。而其中，有一类动物的表现是最为抢眼的。

7. 脊椎动物征服陆地

从人类视角来看，生命演化的第七个重要步骤是陆生脊椎动物的出现。与陆地植物和昆虫类似，四足脊椎动物也起源于淡水环境，它们登陆的时间大约在3.7亿年前。脊椎动物的体形可以长得更大，它们的身体足以抵抗重力，行动灵敏，也有能力构建更复杂的大脑。繁盛的陆地植物养育了大量昆虫、蜘蛛、蠕虫和小型软体动物，给早期登陆的脊椎动物提供了食物来源。从登陆开始，脊椎动物就是陆地上体形最大的动物。最早的时候，脊椎动物的气管和食道并未分开，导致它们非常容易窒息——这一点和我们的鱼类祖先完全一致。至今，我们身上还留有当初脊椎动物登陆时的痕迹。在人类的胚胎期，鳃裂的结构会出现再消失，这就是我们从鱼类进化而来的有力证据。拥有四肢以及分节的脊柱，也证明了我们是四足脊椎动物的后代。

在2.5亿年前的二叠纪-三叠纪灭绝事件中，生态系统遭受重创，然后又在6500万年前的白垩纪-第三纪灭绝事件中遭遇“重新洗牌”。在最后这次大灭绝事件中，频繁的火山活动加上陨石的袭击，直接造成了当时最有代表性的陆生生物群体——恐龙的灭绝。恐龙统治地球将近两亿年，可如此风光的生物，却只有鸟类一支后代幸存至今。但这个事件也带来了好消息：一类毛茸茸的小动物，突然发现这个世界安全了很多。大灭绝之前，体表被毛的哺乳动物已经有了许多物种，而在恐龙灭绝后，其多样性更是呈现爆炸式增长。幸运的是，在最后一次大灭绝事件前夕，大自然已经为生命谱写了下一个重要章节。

8. 花朵、果实、草原

生命史诗的第八个重要章节，就是开花植物（被子植物）的演化。从纤细的浮游杂草、兰花，再到高耸的猴面包树，开花植物的大小和形状千差万别。不论按物种数还是按生物量来计算，开花植物都占据了陆地生物总量的绝大多数，它们极大地丰富了陆地生物的多样性，也为生态系统提供了大量营养。在开花植物对环境一系列绝妙的适应措施中，开出彩色的鲜花，并让动物携带它们的花粉，绝对是一大创举。开花植物不仅利用动物作为传粉工具，还为动物提供含糖的花蜜作为奖赏。此外，开花植物无数美味的果实和营养丰富的种子，也成了许多动物的食物来源。同时，开花植物还学会了将自己的种子包裹在一个特殊的结构中，这样就让它们的种类得到了进一步提升，从谷物到大豆、番茄、南瓜、椰子，无所不包。开花植物，以及为其传粉、传播果实的动物，在过去的一亿年时间里，共同为生物多样性的提升做出了巨大贡献。

生命史上还有一项进步，对干燥的生态环境和人类本身来说都十分重要，那就是草原的扩张。虽然草原在恐龙灭绝前就已经存在了，但这种植被直到最近才变得重要起来。在最近3000万年中，羚羊、鹿、牛和马在草原扩张后，数量都有了增加。由于只要纤细的根系未受损坏就能不断生长，所以草不怕火烧，也不怕被动物啃食。在大约600万年前，随着进行碳四光合作用的草开始出现，易遭火灾的草原也就逐渐在更温暖、更干燥的环境中占据主导地位了。

9. 直立行走的灵长类动物变得更聪明

生命盛大的进化历程还在继续。开花植物的高大乔木促进了猿类的进化，然后，猿类中又出现了习惯在树枝之间攀缘的类人猿。立体视觉和社会化的生活方式让灵长类动物的大脑变得比其他动物都大，而身体更加直立、胸部更平、肩膀更宽、前肢更灵活的类人猿，在脑力上甚至还要更胜一筹。除了人科动物，再没有其他动物能像我们一样灵活地挥舞双臂了。

大约就在猿类进化的同时，在季节性干燥的栖息地中，草原开始扩张，大型食草哺乳动物的数量大幅增加。这些营养丰富的四足食物，反过来又刺激了直立行走的非洲猿类，使其在区区300万年里将脑容量翻了3倍。不知道你们是否看过一则经典的美国广告，一个老太太在广告中对着汉堡大喊："牛肉在哪里？"如果让生态学家来回答这个问题，那答案将非常简单："牛肉就在草原上！"茂密的常绿森林中没有多少牛，但开阔的草原能养育数量可观的畜牧动物。虽然我们的祖先是杂食动物，但他们也知道大型食草动物的肉是最上乘的食物。在学会直立行走以后我们的祖先能够腾出手来投掷石块、打造尖矛，因此就成了效率最高的猎手。

人类很像蚁穴中的蚂蚁，会以一种"全方位合作"的行为方式组成部落，并与其他人类部落竞争食物和水源。群体偏见、民族优越感，以及对"自我"和"他者"的区分，正是这种行为方式演化的结果。人类是群居动物，而在人类的栖息地中，最大的对手是其他的人类群体。这种竞争驱使着我们的大脑进化，同时也让我们的语言能力得以发展。通过语言进行沟通，人类群体中的男性可以更高效地联合起来，保护栖息地和生存资源。人类群体间的竞争不但增强了人类的脑力，还将部分人类驱离热带，赶到了更有挑战性的环境当中。通过精心打造工具和武器、烹制更易消化的食物和使用声音语言进行沟通，人类成了地球上有史以来能力最全面的动物。

有些学者认为，人类的智能是在10万年前突然进化的，但我并不认同。以色列历史学家尤瓦尔·赫拉利曾将这一观点总结为人类的"认知革命"。人类的智慧在300万年里翻了3倍，在我看来，我们的智慧是在这段时间里缓慢提升的，我们缓慢地提高了语言能力，拓展了想象力，发展出了更复杂的社交行为。智人的数量在过去20万年里不断增加其实是一种文化现象，我们的大脑早就发育完成了。

10. 人类文化的飞速发展

人类有三项进步，让我们始终保持着主宰的地位。第一项进步是**直立行走**，解放出双手来抓取、雕刻，或向同伴打手势。从此，我们的双手不再需要支撑身体，变得更加灵活和全能。第二项进步是将手势与声音结合起来，形成了**语言**。语言的出现让快速交换信息和共同做决定成为可能。人类开始群居后，竞争和选举成了生存的关键，这让文化进步的速度更快了。人类历史上的第三项重大进步，是与一系列营养丰富的植物和肉质鲜美的动物形成亲密的共生关系。和语言一样，**农业**作为一种社会技术，极大地促进了人类数量的增加，保证了人类在生态系统中的主导地位。学会发展农业后，人类可以为荒年早做准备，贮存食物，于是又形成了规模更大的聚居村落，村落又刺激了更高级的文化发展。就像复杂的昆虫社会一样，在大型人类村落和城邦中，总会有专门的个体去执行特定的任务，因此，人类社会就逐渐变成了一种依赖个体间合作的超个体。地球是个古老的星球，板块运动形成了无数矿脉。在地下积聚的铁、煤、石油、天然气这些矿藏又成了人类另一项技术的基础——冶金工业。不断增长的知识，以及对自然世界不断深化的认识，让人类开启了科学革命。最后，我们还学会了使用化石能源，这些能源开启了工业革命，让人类的科技日益精进，也让我们的生活变得更加舒适。

合作与进化

给地球带来日益复杂的生态系统，以及使人类文化渐趋复杂的根本原因是什么？其实这是一切发展的基础：能源。产氧光合作用从阳光中获取能量，让生物世界得到了持续不断的能量输入。然而，高等生物还必须不断繁殖，才能在艰难的自然环境中生存下去，而生物繁殖时进行的复制是不可能100%准确的，只要繁殖，生物就必须承担**基因突变**的风险。这些变异在日新月异的环境下进行**自然选择**后，造就了不断进化的生态系统。而在这个系统中，还有一个重要的影响因素。

在其卓有远见的著作《超级合作者》中，哈佛大学的数学生物学家马丁·诺瓦克提出，**合作**是继**基因突变**和**自然选择**之后“驱动生物演化的第三个基本原则”。他宣称，在生命的最早期阶段，相互合作获取能量、稳定自身结构的分子系统战胜了不进行合作的其他分子系统，形成了最早的生命形式，并演化出了可繁殖的细胞。而体积更大的真核细胞，其内部拥有一系列相互合作的细胞器，将生命的演化带上了新的高峰。这些复杂的细胞形成了多细胞生物，在这些多细胞生物体内，成千上万个细胞紧密协作，形成了一个高度自治的个体。最后，有些动物还发展出了社会性的合作模式：在一个群体中，多个个体彼此合作，使整个群体的行动方式看起来就像一个完整的个体一样，这就是超个体。蚂蚁、蜜蜂和人类的社会都是有力的例证。

在计算机模拟的环境中，通过比较昆虫和人类社会在使用自私或合作的行为模式时取得的不同结果，诺瓦克解释了利他主义在昆虫和人类社会中的起源和发展。他表示，合作的行为模式是人类最重要的天赋语言发展的基础。在人与人之间，更顺畅的沟通能带来的最大好处就表现在向其他人类群体发起挑战，以夺取有限的生存资源时。诺瓦克的研究表明，在人类群体互相竞争的大环境下，群体内的合作是人类能成为地球主宰的首要因素。今天，人类的合作则可以表现在不同国家的科学家组成的联合团队上。不同国家的科学家携手，共同研究希格斯玻色子的原理、癌症的治疗和宇宙学的奥秘。通过合作，我们生产出了更多的食物，共同面对疾病，人类数量也早就达到了数十亿。

全新世已经变为人类世

> 从过去的经验来看，人类已经占领了这个星球上的每一个生态位。再也没人能说清楚，自然环境和人类世界的界限在哪里。
>
> ——保罗·韦普纳

在过去260万年里，地球经历了一系列冰期，地质学家将其定义为**更新世**。更新世在大约11700年前被武断地终止，**全新世**随之开始。今天，不少学者都提议将全新世更名为人类世。是啊，为什么不改个名字呢？我们人类的祖先早已创造了一个新的纪元。说实话，11700年前，正好是精致的石质矛尖——克洛维斯文化中的石质工具首次出现在北美洲的考古遗迹中的时间，也正好是许多新世界的大型哺乳动物开始灭绝的时间。这些原因已经足够让人们抛弃掉“全新世”这个名字，代之以“**人类世**”了。

然而，直到1万年前人类开始种植植物、蓄养动物，人类的数量才开始显著增加。对依水而居的早期人类来说，发展农业可以轻松养活成千上万人。在以农业为支柱的人类村庄稳定下来之后，人类的文化创造力就开始以各种方式提升我们的知识和技术了。希腊文明促进了文学、科学和数学的发展，伊斯兰世界的学者聚集到一起，收集并翻译了这些知识，之后仍继续进行研究。来自印度的计数系统促进了数学的发展，而中国则发明了指南针、火药、纸张和印刷术。后来，欧洲有了发达的贸易、普及的宗教和先进的武器，在经济、宗教和武器的支持下，欧洲人开始在全球称霸。化石燃料蕴含的能量支撑着科学的研究和发展，科学和工业革命不断加速着技术的进步。科学和技术的不断发展，又让人们对世界了解得更加深入，对疾病的应对能力越来越强，对自己的给养条件越来越好，人类的总数也因此开始爆炸性地增长。

许多学者都认为人类世始于农业开始发展，或埃及文明和两河文明的开始，另一些学者则声称人类世应开始于工业革命，或者“二战”中原子弹对日本的投放。而在《人类世的冒险》一书中，盖亚·文斯则认为，人类世应自“二战”结束开始。他以全新世和人类世的对比，强调了过去70年里地球发生的巨大变化。基于广泛的研究和丰富的数据，他非常乐观地写道：“人类世可能会成为一个气候变化更加细微的时代，在这个时代，气温和降水都可以根据人类的需要调节，天气可以计划。前景十分广阔。”（然而这在我看来没什么值得称赞的，甚至可以说是不切实际）但不管怎么说，也不论我们如何界定这个时代，人类世确确实实是一个前所未有的新时代！

人类技术的不断进步，以及不断增加的人口数量，共同翻开了生命史诗中最具破坏性的一页。最早生命形式的出现经历了数十亿年，高等动物和陆地植物的进化又花费了几百万年。但与此形成鲜明对比的是，一种直立行走的灵长类动物，只用了区区1万年，就成了霸占全球一半多陆地生态系统的物种。这种物种消耗着越来越多的化石燃料，让大气层中布满了电磁信号，还能通过遥远的星光来探索宇宙。就在2014年，人类为了建造另一座巨大的天文望远镜，还夷平了智利一座山的山顶（看来，科学和工业已经不打算控制自己的胃口了）。在无情地改造地球这一点上，现代社会丝毫没有放慢速度的意思。最后，不断进步的人类技术和爆发式增长的人口数量将我们带向了本书的最终章。

第十二章

数万亿根晶体管：人类不确定的未来

我们生活在一个绝无仅有的时代。在此之前，从来没有任何一个物种能仅靠自己的力量就将地球改造得如此彻底。人类数量目前已超过70亿，而且还在不断增加。为了生存，我们不仅占有了地球温带和热带超过一半的陆地，还将地球“开膛破肚”，一边用钢铁建造高塔和战车，一边燃烧地下的化石燃料。在静寂的黑夜，大大小小的城市中亮起的电灯还会把地球装点得如同珠宝一般。长久以来，人类的技术日益复杂，我们利用技术加速着彼此之间的沟通，改善着人类的健康，探索着关于世界和人类本身的新知。就像漫长的生命历史一样，我们正在给赖以生存的地球增加更大的复杂性。

事实上，我们很可能正在经历地球上多样性发展历史的一个高潮。虽然越来越多的栖息地被人类占用，越来越多的物种正在消失，但地球上绝大部分的生物多样性仍能维持。当人类社会中一些小众的语言和文化正走向衰亡时，我们却在发明越来越复杂的科技。你今天能买到的汽车，早已远非几十年前所能买到的汽车可比。今天的汽车装配有自动变速、电喷发动机、转向助力、巡航定速、安全气囊等无数新功能。而车载电脑和全球卫星定位系统的使用，则让最新型的汽车能把我们带到任何我们想去的地方。数字化的信息系统、覆盖全球的互联网，以及越来越先进的科技，都始终在扩展着我们的能力。

毫无疑问，我们这个物种本身正在极大地增加地球的复杂性。如果人类的思维称得上自然界最复杂的事物之一，那么可以想见，每个月增加的数百万人，必将增强地球整体的复杂性。而且，通过不断创造和发现新的知识，我们还在不停地扩展地球的“信息总量”。和“复杂性”类似，“信息”也是个难以定义的概念，它需要一个发送者、一个接收者和一套用于沟通的共享编码系统。从生命出现之初，信息就在不断增加着，就连一个细菌都需要信息来指导它获取食物、调控新陈代谢，以及执行最关键的生命活动——分裂繁殖，成为两个新细菌。同样，人类社会的发展，靠的也是信息的产生和交换。作为数十亿年生命演化和生态环境选择的产物，人类对最新的世界有了越来越深刻的认知。通过这种方式，我们已经成了生命史上最具意义的生物物种。

人类成为主宰

我们征服了生物圈，又践踏了生物圈，这是其他物种从未达成的成就。在我们一手打造的这个世界中，我们独一无二。

——爱德华·威尔逊

直立行走的特性解放了我们的双手，利用双手做手势帮助我们进化出了语言，部落之间的冲突强化了我们的大脑，农业降低了饥饿带来的威胁，而文化的发展则完成了促使人类物种崛起的其他工作。然而，人类能成为地球的主宰，靠的又绝不仅仅只是我们自身的努力。美国历史学家保罗·康金就曾指出，人类的崛起其实得益于五个非常关键的偶然条件。第一，是过去1万年里**气候的稳定**。从1亿年前至今，格陵兰岛的冰盖和北大西洋的海底沉积物记录过好几次气候的剧突，但我们一次都没有遇上过。第二，经过数百万年的缓慢积累才形成的**肥沃土壤**助力了农业的发展。北美洲高产的中西部玉米带过去是易燃的草原，草原曾经保养了这块土地超过2000万年。第三，人类急速发展的工业社会，在很大程度上是以地球深处的**化石燃料**作为能源基础的。石油、煤、天然气的形成，都源于远古时期的生物遗骸超过5亿年的积累和沉积。如果没有这些能源基础，我们绝不可能拥有今天的发展动力。第四，是过去300年来**人类知识的大量增加**。通过科学的研究方法和化石能源的驱动，人类的科学进步迅速。第五，康金指出，**公共健康和医学的进步**也是人类数量和财富增加的原因。他还在书中提到了地球上惊人的生物多样性，正是这种多样性让人类能在各种自然环境中幸存，并能用多种多样的方式养活自己。

人类的技术加速

在真核细胞出现之前，细菌已经独占了地球20亿年。然后又过了10亿年，动物才开始变得体形更大，也更活泼。脊椎动物大约在3.7亿年前登上陆地，哺乳动物大约在2.2亿年前出现。灵长类动物的崛起大约在6000万年前，类人猿大约进化于2000万年前。人类的祖先大约在600万年前开始直立行走，10000年前开始发展农业，3000年前学会炼钢，500年前开始扩展到全球居住，200年前发明出蒸汽机，100年前开始乘坐飞机飞行，50年前登上月球。

和自然世界历经数个地质时代复杂性日益增加类似，人类的技术也在过去的几千年里变得越来越复杂。如今，继科学革命和工业革命后，人类的技术发展越来越迅猛了。正如美国学者布莱恩·阿瑟所说："和其他任何事物相比，技术都在更加全方位地打造着我们的世界。它为我们创造了财富、经济，还改变着我们的生存方式。"人类技术的进步就像是自然界漫长历史的快进版，在极短的时间跨度里发生着。

一项技术的进步，很快又能为更多的技术进步提供平台。石质工具、纤维织物、木质矛尖可能是人类第一批重要的工艺品，紧接着，沟通的技术——语言，以及联系更密切的人类群体的出现，无不加速着我们的发展。烹饪技术增加了我们的热量吸收，革命性的共生关系——农业的出现为我们提供了更可靠的食物来源。从那以后，通过带有目的性的技术进步，人类迎来了前所未有的变革时代。利用纸张，伊斯兰学者们收集、翻译当时的知识，并对其进行了深入的研究，古腾堡的印刷术让知识得以更广泛地传播。最终，理论科学的研究在技术上得到了应用，再加上化石燃料的驱动，我们人类就成了地球历史上最成功的物种。

数万亿根晶体管

1965年，英特尔公司的创始人戈登·摩尔在一篇文章中预测，能以较低成本安装在集成电路上的晶体管数目，每隔两年就会翻一倍。令人称奇的是，他的预言在之后许多年里真的应验了！通过激光光刻技术，人类已经能利用高能的紫外激光，将晶体管和集成电路板应用到计算机科技当中。自从集成电路在1958年被发明之后，配合上数量巨大的微小晶体管，人类处理信息的能力逐年提高。然而，到2012年左右，受到物理和经济的制约，摩尔预测的晶体管数量的增长速度已经开始放缓，但你也不用担心，网络控制等其他新技术仍会推动人类科技的前进。今天，数字化的集成电路可以搭载数百万个逻辑门和微处理器。就在最近，一个仿照真实的人类神经网络装配的“大脑芯片”已经开发成功，可以用来处理可视化信号了。这个“大脑芯片”配有超过50亿根晶体管，能够识别出“眼前”的物体是狗、人、自行车，还是汽车正在通过十字路口。数字信息革命取得了惊人的进步，但这场革命也是瑕瑜互见的。制造复杂的计算机系统需要多种矿物资源，尤其是稀土资源。人类的许多技术都需要以大量的能量为基础才能运转。最不利的是，许多科技的进步都会减少对人类劳动力的需求。机器人用不着放假，不需要养老，而且，如果编程正确，它们也永远不会罢工。

总之，在数万亿根晶体管的帮助下，我们已经见识到了人类在获取、处理、操控和交换信息等方面的重大革命。20世纪50年代需要一屋子计算机才能完成的计算，今天只要一台笔记本电脑就能胜任。今天的医学影像技术也不必将病人开膛破肚，就能看到人体内部的景象。基因分析技术可以帮我们分析疾病，发现数千种过去闻所未闻的细菌物种。精密的计算机模型可以用来预测天气。只需几秒钟，搜索引擎就能把你需要的信息带到你的眼前。互联网的全球使用人口占比，从1994年的1%一跃升至2014年的35%。2006年，全球人口收发的电子邮件数共有500亿封，可到了2014

年，这个数字已经变为每日1.9亿封。随着科技在我们生活中占据的地位越来越重，人类社会也在时刻发生着改变。更加重要的是，这些改变都不是人为策划的，一直以来，它们就这么自然而然地发生了。

> 技术发展带来的困境也许永远无法解决。技术是一种日益复杂的工具，我们利用不断更新的技术，来改善我们的世界，同时，技术还是一个不断成熟的超个体，我们只是其中的一部分，而且这个超个体的前进方向已经超出了我们的控制。
>
> ——凯文·凯利[①]

在其颇有见地的分析作品中，美国文化学者凯文·凯利提出，技术自有一种内在的驱动力，对于这种驱动力，我们几乎无法控制。不断发展的技术就像一条湍急的河流，将我们的社会推向了一个充满不确定性的未来。虽然在这个过程中也许会出现很多问题，但凯利依然相信，这种发展趋势会将人类带向新的高峰，甚至可能在某些方面达成永生。不过，虽然凯利对技术进步的评估已经十分清晰，但我并不赞同他的乌托邦愿景。凯利并未考虑到，日益发展的技术对能量的需求也在不断增加。而且，工业生产力的提高会造成就业减少，更加复杂、更加相互依赖的未来技术，也更容易受到系统突然故障的影响，这些他也没有探讨过（他还在书中说过“现在我们的基因演化的速度，要比农业出现之前快了100倍”，这也是很荒谬的。事实上，自从农业出现以后，人类的大脑似乎一直在变小）。虽然针对人类的技术发展，凯利也曾讨论过一系列不可预知的负面结果，但他一点也不担心承载着人类技术发展的生物圈。凯利是个乐观主义者，但我不是，我相信，人类的数量和技术始终在损害着地球的生物多样性。我们凭一己之力改变着生物圈，从长远来看，一定也在威胁着自己的生存。但归根结

① 认为人类的基因会跟随现代社会的发展而改变这一想法忽略了这样一个事实，即真正聪明且成功的人，出生率相对较低。

底，凯文·凯利有一个观点很有说服力，那就是：技术自身就带着一股迅猛前进的趋势和力量。

不断增加的能量需求

不论是生命还是技术，进步和演化始终在发生，这似乎与热力学第二定律相悖：一切发展最终都会稳定并停止。从阳光中获取能量，进行光合作用的能力，很长时间以来似乎都是热力学第二定律的反例。而古生物在死亡后被掩埋、沉积几百万年后形成的化石燃料则开启了工业革命，驱动着人类技术更迅速地发展。

我们的生活已经再也离不开电灯、冰箱或者电视了。今天，卫星每时每刻都在向全球传送电视信号和个人通信消息。只要点几下鼠标，你就能在网上找到百科全书和科学文献。查阅信息？直接去搜索引擎就可以（有人计算过，在Google上进行10次搜索耗费的电量，可以将一个60瓦的灯泡点亮28分钟。这是真切的能量，不是魔法）。与此同时，每天还有超过400万人乘飞机环绕地球飞行。一架飞机飞越大西洋需要10万磅燃油，但谁在乎呢？我们对人类技术的依赖，使我们每天都会消耗大约8600万桶石油，而且这一数字还在逐年增长，每天的消耗还可能再多100万桶。在1980—2010年的30年间，人类的煤炭消耗量翻了1倍。我们在2015年烧掉了大约50亿吨煤。如此天文数字的石油、煤炭消耗量，再加上天然气的使用、木材的燃烧、水泥的制造和人口的增长，人类还梦想着减少碳排放，简直就是天方夜谭。

在世界范围内，从2004—2008年，能源的生产总量和二氧化碳的排放总量都上升了大约10%。由于开采沥青砂以炼制石油，加拿大远远没有达到《京都议定书》为其制定的碳排放要求。由于其他国家日益增长的能源需求，尽管欧洲与美国的能源需求略有下降，人类每年仍要排放超过300

亿吨的二氧化碳气体，其中一半会被海洋和生物圈吸收，另一半则直接排进了大气层。要是你以为开辆电动车就能减少碳足迹，那你可就错了。给电动车充电的发电设备使用的能源还是煤炭，最终电动车总的碳排放量和汽油车其实并没有多大差别。与此同时，虽然液压破碎法等新的开采方法帮我们获取了更多过去采不出的石油和天然气，但成本也跟着增加了。

据一项科学的预测，到2050年，地球将成为90亿人共同的家园。不过与此同时，人类对舒适生活的向往和追寻却不会停下。20世纪仅最后一个10年全世界的经济增长量，就足以和1900年全世界的经济总量相媲美。2020年，人类拥有的汽车可能超过20亿辆！对个人自由和贸易发展来说这可能是个好消息，但对地球大气来说绝对是个噩耗。各方面的能量消耗让我们的生活越来越舒适，娱乐越来越丰富，复杂性也越来越高。正如凯文·凯利所说，我们无法减缓技术发展的脚步，甚至也不能控制其发展方向。印度等国家争相建设火电站，这些国家的居民需要电灯、电视和冰箱。我们对知识的探索也要以能量为代价，我们想要治愈所有疾病，想要设计出更多功能的材料，甚至还想着要移民火星。

再来说说美国。每天，美国人要使用大约3800万个一次性塑料瓶和数十亿个塑料袋。在中西部城市，肥沃的良田逐渐让位于郊区的豪宅。这些豪宅状如城堡，室外带有三车车库，室内的装修华丽得像教堂。如此巨大的空间，在夏、冬两季就需要更多的能量来控制室温。富裕的企业家花钱就能买到短途私人飞机，这背后的碳足迹却无人关注。在一篇权威的评论中，诺贝尔奖得主、美国物理学家罗伯特·B.劳克林曾讨论过人类的能源与未来。他写道："现代文明出现的前提，就是地球愿意贡献出巨量的石油、煤炭和天然气。"劳克林相信，化石燃料还能再为我们所用200年，但在文章结尾他又乐观地说道："从化石能源向其他能源的转变，前景大概是光明的，但过程肯定是痛苦的。"大部分人似乎都同意他的观点，他们也相信：如果技术制造了这些问题，那技术也一定可以解决这些问题，一切终将"柳暗花明"。

一个乐观的物种

在人类的演化过程中，乐观主义一直是一个核心要素。这种情绪让我们在捕猎时敢于袭击野生动物，在种植时对种子、土壤、水源和阳光满怀信心。对结果抱有乐观的预期可以说是人类的天性，是人类生物学本能的一部分。

——莱昂内尔·泰格尔

人类的"乐观偏见"时刻存在。乐观偏见可以让人精神放松，同时保护身心健康。

——塔利·沙罗特

乐观主义绝对算得上是人类最显著的特征之一了。而且很明显，乐观也是自然选择的结果。说白了，就是乐观主义者比悲观主义者更容易适应和繁殖。个体也好，群体也好，在每次灾害过后，乐观主义都能帮助我们重新振作起来，摆脱困境，继续朝不确定的未来走去。每个社会都有的一个重要组成部分——**宗教**，其作用就是在面对困境时给人力量，加强人们之间的协作，创造希望。人类在生理上和文化上都是天生乐观的，但这也会产生问题。

问题就在于，**乐观主义**有个亲密的伙伴——**否认情绪**。"事情其实还没那么坏。"我们会这么开解自己，"全球变暖只是又一次我们无能为力的气候循环。不过仔细想一想，在寒冷的天气下，这反而会提高农业产量。"不管是布莱恩·阿瑟还是凯文·凯利，他们书中的论述虽精彩，但都没有提到技术和工业进一步扩张的代价——能量的消耗和环境的牺牲。两位作家，甚至普罗大众基本上都坚信，所有的事情都只会越来越好。

历史上，我们曾带着乐观主义蹒跚前行，并因此成了地球的霸主，时至今日，我们还在以这种乐观为武器前进。我们沉溺于近代取得的成功，大肆改造大气层，开发深海渔场，危害土壤，消耗地下水，不断地开采能源。谁若是担心未来，就会立刻被打上“杞人忧天”的标签。成功的商人更是对这种对未来的消极预测表示鄙夷。商场得意往往就意味着要生气勃勃、要充满活力、要乐观向上，还要拥有好运。这样的社会精英总是坚信一切都是在急速向前发展的。

在技术上，我们确实能对未来做出不少乐观的设想。如果我们能模拟光合作用，将水分子以经济的方式拆开，我们也许就能生活在一个以氢能为动力的经济社会中，这样的话，燃烧产生的废料将只有水！未来的电池也许能让我们更容易地储存电力，解决风能或太阳能尚不稳定的问题。氢元素的核聚变是许多恒星保持“燃烧”的原理，但可惜，半个世纪以来，如何达到核聚变所需的百万摄氏度超高温一直是科学界的难题，而在如此高的温度下，反应容器中还很可能生成放射性同位素。早在20世纪60年代，人们就预测可控核聚变的实现只需要30年，但直到今天，我们离核聚变仍有“30年的距离”。基因改造过的水稻理论上可以引领农业增产，但前提是土壤要得到妥善的维护。对乐观主义者来说，未来确实充满了无限的可能性。

可以说，有充足的历史证据支撑我们对未来的乐观。美国经济学家朱利安·西蒙就曾宣称一切都将越来越好。他和他的研究团队分析了中世纪以来的各种数据，发现人类的健康状况改善了，暴力事件减少了，对住房和物资的所有权增加了，人们也几乎普遍拥有了人身自由。诚然，相比先前几个世纪，工业革命、资本主义市场和现代医学让人类的生活质量变得更好了。但在他的书中，西蒙和他的同事们丝毫没有提及鱼类资源的减产，以及工业活动对地球气候的改变。在其看来，任何对资本主义发展的限制都是对人类自由和未来的阻碍。可惜西蒙未能活到目睹中国发展壮大，或北极气候巨变的那天。在我看来，西蒙除了是人身和经济自由权的专家，更是一个乐观主义者。

在过去，人类必须乐观，因为唯有如此才能应付日常的艰苦劳作，并面对难以把握的未来。牧师在每次布道的最后都要提醒信徒，希望就在痛苦之后；每个提醒民众未来艰难的政客都会“下课”，而换上来的新人总会许诺美好和进步。2006年，美国记者托马斯·L.弗里德曼出版了一本书，副标题为“21世纪简史”。这本书的前200页是对人类社会的精彩论述，其中讲到了信息的传播，以及数字化发展是如何联通并“平坦化”世界经济的。但可惜，作者几乎完全忽略了自然世界，直到结尾才终于提了一句自然环境。这么一本对经济全球化的赞颂之作，却忽略了进入21世纪以来社会的许多重要方面。兴奋不已的作者在结尾如此写道：“往坏里说，我们将要面对的是自然资源的短缺。和历史上任何一个时期相比，我们可能都会更快地消耗我们的星球，更快地使其气温升高，在其表面堆满垃圾。”我不同意作者的话，因为这根本不是“往坏里说”，而就是“实际情况”！

在弗里德曼的《世界是平的》一书中，我们完全看不到任何关于人口爆炸的评述。作为世界上最受人尊敬的记者之一，我认为弗里德曼正是当今新闻界忽视人口问题的一个绝佳例子。公平地说，弗里德曼在其后来的著作《世界又热又平又挤》中倒是提到了上述的许多问题，但他关注的重点仍是能量的需求，而非人口。我想说的问题是，一直以来，记者、经济学家和诸多领域的“专家”们，都对我们这个星球最严峻的困境闭口不谈。

人口爆炸

> 有些科学家、业余天文学家和好莱坞的导演似乎都很担心，有朝一日一颗流星就会让我们的文明走向终结。他们应该多看看自己，我们就是那颗流星。
>
> ——埃里克·罗斯顿

1997年，《纽约时报》刊登了一篇题为《人口爆炸结束了！》的文章。

文章作者引用的数据并没有错，只是他忘记了非洲、伊斯兰世界、亚洲大部分地区和拉丁美洲的存在。和朱利安·西蒙一样，这位作者使用非常“定制化”的数据，讨论了不受限制的个人自由和经济增长。[①]自此以后，在大多数记者眼里，人口爆炸似乎已是“明日黄花”，成了没人再需要担心的东西。还担心它干什么呢？在世界各地，人口的增长率明明都下降了。可是，话虽如此，全球总人口却还在增加。这听起来似乎有点不可思议，但其实是以下三个重要因素在左右着人口的增长：首先，是女性人口数量的增加。虽然今天的人口出生率在下降，但由于女性数量更多，出生人口的总数和女性人口数量低但出生率高的20世纪80年代相当。其次，是大量年轻人，尤其是年轻女性纷纷进入育龄。这时的人口增长趋势称为**人口惯性**。最后，是目前的人口增长率依然远高于生育更替水平。正是这三点因素的共同作用，让全球人口从1999年的60亿增长到了2012年的70亿。

事实上，用“爆炸”这个词来形容过去200年来的人口增长恰如其分。印度次大陆在1750年可能只有1.25亿人，2010年这一数字却达到了11.8亿。墨西哥在1900年有1300万人，2018年却有1.26亿。在过去30年里，中东地区的人口几乎增加了3倍。在许多经济欠发达的国家，人口数量仍然保持着高速增长。生活在索马里、阿富汗、也门和尼日尔的女性，平均每人会生育6个孩子，就算其中两个活不到成年，这些地区的人口也会在25年后翻一倍。饥荒和营养不良也严重威胁着这些地区，但很遗憾，世界上许多类似的欠发达国家未来的生育率也将持续走高。

> 还有什么行为，能比把一个又一个孩子带到这个由于过度开发而变得贫瘠、拥挤的世界上，连过上体面生活的可能性都不能保证，更缺乏人性和漠视人类福祉呢？
>
> ——亚历山大·斯库奇

---

① 数据截至2018年。

就这样，有史以来最精明的物种，却走上了低级生物和早期部落的老路。确实部分国家的人口增长率低于生育更替水平，但这样的国家只是少数。虽然世界各国的人口增长率一直在降低，人口总数却在持续增长。20世纪60年代，我在埃塞俄比亚教书时，那里的人口大约只有2200万，但如今早已超过1亿。2010年，英国记者彼得·吉尔曾走访了一个位于埃塞俄比亚西部的家庭，这个家中有15个孩子。他发现，这样的传统其实很难改变。

人类总体数量的年增长率曾在1963年达到2.19%的峰值，又在2015年回落至1.13%。而年增长人口数在1982年达到最高峰8800万人，2015年也超过了7000万人。可是，虽然有上述诸多数据，在联合国制定的千年发展目标中，却只将在2015年之前消除一半贫穷人口设为了目标，丝毫没有提及人口爆炸问题。同样，很多有关经济或气候变化的专著也未曾考虑日益增长的人口数量。虽然人口增长率逐年下降，但随着全球越来越多的年轻女性步入育龄，每年增长的人口数预计在未来的许多年内都将超过7000万人。

1798年，英国经济学家托马斯·R.马尔萨斯披露了一个可怕的真相：人口若不加以控制，会以几何级数增长，而生存资料只会以算术级数增长（算术级数，即1，2，3，4，5……几何级数，即1，2，4，8，16……）。马尔萨斯向人类发出警告："所有动物都有在生存资料准备不足时不断增加数量的趋势。"根据他的理论，地球的农业生产注定跟不上人口增长，因此饥荒必将降临。不过，由于农用机械的发明、化石燃料的使用、化肥和农药的出现，马尔萨斯的致命预言并没有实现。近代的"绿色革命"推广了更优良的作物品种，以及化肥、农药、灌溉技术的应用，保障了越来越多人的粮食供应。所有接触到这些资源的地区都受益良多，但限于水源不足，非洲未能被纳入其中。

虽然马尔萨斯预测的大饥荒并未出现，但人口增长给我们带来了另一个更加隐形的问题——失业率的上升。巴基斯坦的人口数量在过去30年里增长了50%，大量的年轻人找不到工作。经济学家宣称，我们需要提高生产效率来推动繁荣。但更高的生产效率，难道不就意味着同样多的产品，只需要更少的人力吗？数字化和机械化正在减少对人力的需求。重申一次，现在很多记者都忽视了人口增长带来的问题，就连他们在报道世界各地的社会冲突时也是如此。

> 新闻文化大体上是一种政治文化。它对非政治领域的报道并不友善，事实上，不仅如此，这种文化甚至还带有一种制度性的傲慢。
>
> ——罗斯·格尔布斯潘

即便是在一些生物科学评论的文章中，我也没见过作者们关心地球的人口增长问题。严重的饥荒已被避免，但这并不代表所有问题都解决了。大量年轻人涌入社会，但我们只能提供有限的机会。世界各地不断升高的失业率预示着社会不稳定因素的出现、民族冲突的爆发和移民的产生。虽然出生率有所下降，但2011年一年之内全球就有1.35亿婴儿出生，减去5700万死亡人口，净增长人口数达到了7800万。只这一年，我们就多了7800万张嘴等着喂饱，而在未来几年到几十年里，我们还要为他们准备学校教育的资源和足够多的就业岗位。

而且，就算人口爆炸得到了控制，生物多样性也在不断降低。2011年，两种犀牛亚种宣告灭绝，一种在西非，另一种在越南，很可能都是被猎人杀光的。1980年，非洲大地上大约有76000头狮子，但2014年只剩下了35000头。过去50年间，候鸟的数量已经大幅减少，且未来还有继续减少的趋势。

作为植物学者，我在五大湖区西部观察了40多年的自然景观，但这些年里的观察结果并不乐观。在古老的森林中，许多小空地（一英亩以下）

都遭到了严重的损坏，而这些小空地周围的树木却都完好无损。气象学家管这种造成损坏的现象叫“微暴流”。白蜡树现在成了森林里的垃圾，因为它们最近都被白蜡窄吉丁这种外来的甲壳虫给啃倒了。更惨的是，大草原上的传粉动物越来越少，就连橘黄色的帝王蝶都不常见了。我怀疑这和农业活动中使用的农药有关，就算留下的残余再少，它们也已经开始对生态系统产生了影响。我们的生物圈正因人类的成功而遭受惩罚。

最好的时代，最坏的时代

在复杂性历经漫长的时光逐渐提高到一定程度后，终于有一个物种坐稳了地球霸主的宝座。飞速的演化，再加上文化的进步，让这个物种最终成了拥有多种才能的大师。我们人类就是这个成就惊人的物种。人类已经成功登月，还可以利用行星际探测器去探索太阳系。天文学向我们清晰地揭示了自然的奥秘和宇宙的历史，自此，我们对地球及地球生物的理解更深了一层。支持生命活动的种种生物化学反应逐渐揭开了神秘的面纱，形成人类思维的互联神经网络也不再是未解之谜。随着农业、科学、技术等领域的发展，我们迎来了生活质量最高的时代。

人类，至少是大部分人类，生活从没这么好过。在这个由科技支撑起来的社会中，我们吃得更好，健康状况也提高了，我们也有了更大的活动空间和更丰富的娱乐方式。更好的卫生条件，更清洁的水源，营养更丰富的食物，更多样的疫苗、抗生素，更进步的医疗技术，这些都在提高着我们的平均寿命。如今，婴儿的死亡率已大幅下降，饥荒已被更便利的远距离粮食运输消除。现代农作物从大气中固定的氮，比生物圈中其余所有生物加起来都多，这给不断增加的人类提供了充足的口粮，但同时也彻底改变了全球生态系统的氮循环模式。每一天，各国的飞机会带着超过400万名乘客和无数吨高时效性的货物远走他乡，与此同时，挂在天际的人造卫星也在向全球传送电磁波信号。我们还可以接入互联网，在网上搜集信息、交流和娱乐。我们还可以连看几个小时的电视，前往体育馆观看体育比赛或音乐会。我们人类使用着地球30%的初级生产量，燃烧着不计其数的化石燃料，将生活质量和生活方式提高到了前人根本无法想象的程度。一言以蔽之，我们已经成了这颗星球从未见识过的成功物种。我们身处“最好的时代”。

然而，坏消息是，地球上的许多其他物种正在减少，就连生物圈本身也在萎缩。你甚至可以说，我们就是踩在其他物种的头上发展壮大起来的。当然，也有例外。小麦、玉米、水稻、猪、牛等“人类的朋友”还都活得不错。在野生鸟类数量不断减少的情况下，地球上约200亿只家鸡养活着总共70亿的人口。当初帮助我们走向成功的生物多样性，如今却成了我们成功的牺牲品。

鉴于人类对能源的使用严重影响了我们的大气层，废弃物污染着陆地和海洋，以及人口数量不断增长，生物的第六次大灭绝已然开始酝酿。在过去的5亿年中，生态系统一共遭受过5次“大灭绝事件”，这回的**第六次大灭绝**，我们已经怪不到呛人的火山灰或者撞击地球的陨石头上了，未来的大灭绝，将纯属一种单一生物造成的全生物圈崩溃。美国古生物学家彼得·沃德曾质疑詹姆斯·洛夫洛克的“盖亚假说”。沃德认为，让所有生物发展起来的自然选择机制，最终也将不可避免地导致生命的终结。[①]他说，我们并不生活在一个许多生物合作愉快的家园中，因为每种生物心里都有自己的“算盘”。在小行星撞击地球终结恐龙时代之后，智人借助科技逐步坐上了霸主的交椅。鳄鱼挺过了上一次地球灾难，但还能挺过人类正在创造的生态剧变吗？希望看起来很渺茫。

人类活动的痕迹在地球上随处可见。北美洲中部平原上成片的玉米和大豆，东南亚地区修剪整齐的水稻田，旱季非洲人工引燃的牧场，还有世

① 瓦茨拉夫·斯米尔反对这种观点，甚至写论文称复活节岛的没落源于老鼠入侵，以及接踵涌入的西方传染病。不过，我认为斯米尔的态度反倒成了我们急于否认人类负面意志的又一例证。

界各地的夜幕下被电灯点亮的一个个住宅社区……2012年，人类共生产了4500万吨棕榈油，所使用的原料棕榈树曾是低地热带常绿林的顶梁柱。纵观历史，人类的种种行为和其他任何生物都没什么两样——任何时候，我们都在为自己的扩张而强征各种资源，但其实我们已经生活得很奢侈了。

无论是赤潮、蝗灾，还是微生物病害的爆发，其背后的规律都是大同小异的。当一个物种（任何物种）突然找到可供繁殖的资源后，就一定会大量繁殖，然后，在资源耗尽后，其数量又必然会减少。这个规律没有固定的命名，你可以叫它**繁荣-萧条循环**（Boom-And-Bust），或**超调-崩溃循环**（Overshoot-And-Collapse）。这条规律在自然界很常见，比如，人口呈指数增长，接踵而至的就是资源匮乏，人口锐减。这种循环常常会给环境带来很恶劣的影响：赤潮毒害水体、蝗灾破坏植被……在环境条件有利于发展时，人类文化取得了巨大进步，但随着长久的旱灾和土地肥力的降低，许多早期社会都因为粮食不足而崩溃了。两河文明、玛雅文明、吴哥文明、复活节岛文明等许多早期的小型社会都逃不脱这个命运。

这就是我们，地球上最聪明的物种，却还走在其他生物或早期社会的老路上。如今，少数国家的人口增长率确实低于生育更替水平，但这样的国家只是少数。人口的总数还在增长，随之一起增长的还有我们对舒适与娱乐的无尽欲望。

不断降低的生态资本

> 今天正在消失的物种，很可能预示着某个生物属或某个在生态系统中具有特殊功能的群体的消失，更可怕的是，很可能就是某种自给的网络，或某种营养循环体系的消失。目前人们熟知的生态系统会崩溃，自然界的功能也会紊乱。
>
> ——西蒙·A. 莱文

过往的许多文明都已证明，我们的社会其实不堪一击。看起来，世界范围内的粮食产量似乎正趋于平稳。1950—2015年，大豆的总产量从1600万吨提高到了3亿吨。这些大豆让农民的猪更肥，也让早餐香肠的价格更“亲民”了。不过，随着每家每户对肉类膳食、电灯照明和电冰箱需求的提升，更多的化石燃料将会被消耗。在过去的几十年中，有更多的人脱贫，人类的工业实力大大增强，而这些都需要化石燃料。其结果就是，全球的温室气体排放量越来越多了。然而即便如此，全世界依然还有众多贫困人口亟待解救，因此在未来，人类的能源消耗会只增不减。而且，如今的世界越来越互联互通，这让我们在突发事件面前变得尤其脆弱。想象一下，如果连通世界的电网、经济、油轮出了问题，我们该怎么办？2008年的金融危机就是给世界的一记重创。除此以外，还有数以百万计的战争难民背井离乡，前往更加富裕的国家寻求雇佣，同时也威胁着目的地国家的社会稳定。

资本主义建立在进步的乐观信念上——投资的人都将在美好的未来获得收益。利用万能的货币，我们可以把食物、房地产、劳动力或者机械的价值转化为储蓄、债务，或者其他任何东西。但可惜，今天的全球化资本主义常常让生态系统做出牺牲。很少有人亲眼见过热带雨林的消失，森林资源被用于榨取油料、种植香蕉、制造木材、养殖肉畜。我们一心只想购买低价商品，却从没想过这些商品是怎么被生产出来的。也很少有人知道（甚至没人想知道）我们制造的垃圾最终去了哪里。全世界的渔场都在减产，农业用地逐渐失去了肥力（和采矿类似，不停地种植也会使土壤逐渐失去必需的元素，而产出的作物却都被送到了遥远的城市）。“我们正踩在最后保命的呼吸机上过日子，却还在为我们的漠不关心寻找着各种借口。”美国经济学家杰弗里·萨克斯如此说道。在一篇文章中，他对人类当前的困境进行了全面翔实的分析。不过，尽管面对如此多的难题，萨克斯还是很乐观，他认为我们一定能找到可持续的解决方案。同样乐观的还有瓦茨拉夫·斯米尔。而印度战略分析专家布拉马·查勒尼则坚称，我们目前短缺的还有一种绝对没有替代品的资源——淡水。20世纪，人类数量增长了3.6倍的同时，人类对淡水资源的需求却涨了9倍。发达的社会对牛肉有更高的需求，但生产1磅牛肉所需的淡水是生产1磅小麦的10倍之多。海水固然经过淡化工厂的处理可以变成淡水，但能量消耗更大。说到底，由于我们天性乐观，对未来严重的资源短缺和生态破坏问题感到担忧的人实在是太少了。[①]

当然，我对人类也不是完全失去了信心。虽然环境在恶化，大灭绝事件将来一定会发生，但我仍然相信人类能够幸存。智慧的人类挺过了多次冰期，而且那时的技术还非常落后。和老鼠、蟑螂一样，人类也一定不会灭绝。在我看来，人类由于核战争而灭绝的可能性被过分夸大了。在核战争中，南半球几乎不会受到影响。类似的，人工智能起义或者纳米机器人不再听话什么的，也都是科幻小说的情节而已——这些机器人从哪里获得捣乱的能量呢？人类眼前的危机远没这么离奇，但更加严重。数十亿人的生活靠的全是现代工业技术，这种生存方式并不适宜长期持续。我相信如果有一天现代高能耗的人类文明衰败了，我们这个物种的数量会减少，生活方式会回归原始，但还不至于灭亡。人类在东非的荆棘丛中存活了几千代，在北极边缘熬过了几百代，而在加尔各答的后巷中，又生活着多少代人，我们是足够坚强的物种，很可能会在未来很长时间里一直存在。

不幸的是，以资源为基础、以获取财富为主要目标的高耗能社会，却很难长期保持稳定。就像以前的许多文明一样，人类独特的工业文明可能也会在混乱中终结。但说到底，这些都是非常悲观的观点，鲜少出现在出版物或演讲中。毕竟，我们的大脑天生就被编入了一种程序，这种程序要求我们对明天报以美好的想象，因此极少有人会如此现实地看待未来。

---

① 很遗憾，越来越多的社会进步的结果是非常不可持续的。这也是我对人类技术文化的未来如此悲观的原因。人类价值观的核心需要改变，但这是不太可能的。

相反，乐观的专家坚信新技术会解决现代生活方式带来的一切问题。当然，过去两个世纪以来人类的发展如此迅速，这么断言倒也完全合理，但不管你支持哪种观点，你都无法否认，正在迫近的许多危机，正是我们对美好的向往所带来的直接结果。

美好的向往，糟糕的结果

> 我会先设定一个大前提：一个全球化的社会——人类社会，必须取得越来越多的成长和进步，因为没有这些社会进步，就没有人类的发展，身处贫困的人们就无法改变命运。
>
> ——托马斯·L.弗里德曼

> 人类文明赖以发展壮大的星球早已不复存在。产生文明的稳定性已经消失，宏大的变革已经拉开序幕。从一个需要进步的体系向一个无需进步的体系的转型将会非常痛苦。
>
> ——比尔·麦克基本

现代社会的基础是不断寻求进步的经济体系，这个体系中的一切，都旨在提高我们的生活品质。可惜，老话说得好："好心也会办坏事。"很少有人会去想，我们最珍视的社会价值观可能正在妨害我们的未来。从最早的农业时代起，人类似乎就得到了某种"权利"去砍伐森林、占有土地，获取我们需要的一切资源。现代医学大幅提升了人口数量，每个人都在追求现代技术带来的舒适生活。通过改变生态系统和燃烧化石燃料，人们不断改变着环境对我们的承受能力。1900年，瑞典化学家阿伦尼乌斯就曾警告人类："我们正在把煤矿蒸发到空气中！"数十亿吨的二氧化碳进入大气层，使地球的大气不仅变得更热，还更不稳定了！

全球变暖有许多潜在的后果。山地冰川的融化就是其中之一。在雨季，山地冰川能将淡水以雪的形式储存起来，是下游数十亿人灌溉农业的水源。最糟的是，全球变暖还会导致某些地区迎来更强的暴雨，而另一些地区则会遭受更严重的干旱。几年前，温热的海水改变了太平洋东北部上层大气中的喷流，将西伯利亚寒流向南带到了美国的中部和东部地区，让2013—2014、2014—2015这两年的冬天成了美国有史以来最冷的冬天。不过，这样的天气并未持续到2015—2016年的冬天，因为这一年，南太平洋上出现了严重的厄尔尼诺现象。一直以来，工业社会的“代言人”们总是通过其资助的一小群专家来质疑人为因素造成的气候变化，然后再让媒体借助这些“专家”的观点来驳斥科学界的共识。

最终，爱和仁慈可能会变得比核战争或致命的瘟疫更可怕，因为爱会产出越来越多的婴儿，而仁慈则会帮助他们长大成人。大部分国家的人口增长率确实都在降低，但全世界的总人口数依然在以强劲的势头增长。撒哈拉以南的非洲各国，到现在依然保留着大家庭生活的传统，这一地区每天都有8万人出生。要是有人觉得在人口保持增长的同时，还能减少人类的二氧化碳排放，或者减少不可再生资源的使用，那他一定没有看清事实。

在《2050人类大迁徙》一书中，美国地理学家劳伦斯·C.史密斯也冷静地分析了当前人类面临的困境。他聚焦于四种影响人类未来的重要力量：1. **人口增长**；2. **资源需求增长**；3. **经济全球化**；4. **气候变化**。史密斯指出，夏季海冰的消融是导致北极地区气候剧变最主要的原因。在该书结尾，史密斯诘问读者：“我们到底想要一个什么样的世界？”在我看来，人类的未来取决于他所提出的四种力量的动态变化，而非我们想要的样子。我也同意美国生态作家伊丽莎白·科尔伯特的观点，在其聚焦气候变化的著作结尾，她对我们发出了警告：“一个技术发达的社会似乎是不会选择自我毁灭的，但事实上，我们正在这样做。”

人类不确定的未来

> 《圣经》中最朴素的祝福"多子多孙"，现在听来似乎突然成了一种恐吓。我们以十亿的数量级聚居，集会，四处扩张、纳税、操练、武装，劳作到麻木不仁，在信息中迷茫、在娱乐中沉溺。一切都是过剩的。
>
> ——托马斯·默顿

在30多亿年后，大自然日益复杂的趋势终于达到了高潮——一种能够自行增加食物及能量来源、战胜疾病、发展技术、大量繁殖的物种出现了，但这种物种始终在忽视其所作所为的长期后果。人类和其他物种没什么两样，生存竞争的目的都是繁殖后代，人类的行为模式却好像《圣经》中的蝗灾。也许，一种顶级物种的出现是自然发展趋势不可避免的结果。在过去的30亿年中，一种微妙的力量推动着生物多样性的发展。今天，同样的力量也让我们这个物种进化出了发达的技术，从而将复杂化的趋势大幅加快了。原本能支持几百万个家庭生活的传统农业，如今正在被"工业化农业"大规模替代，而农业人口不得不涌向越来越拥挤的城市。现代技术和人口增长让劳动力成了"世界上最冗余的资源"。由于无可阻挡的自由市场全球化和不断进步的科技，失业问题逐渐波及全球，越来越多的人在经济上无力组建家庭，或创造未来。面对绝望的人们，宗教极端主义者以目标和永生相诱导，也因此助长了全球的恐怖主义。与此同时，乐观主义者坚持认为现代经济能可持续发展，为此他们把所有的负面证据都视为"灾难性的想法"。

我在前文中已经说过，我们人类可能是银河系这个角落中唯一一个拥有无线电通信的物种。你想想，宇宙中虽有千千万万颗行星，但只有在经历过一系列幸运事件后，我们才拥有了一颗稳定的恒星、一颗适宜生命形成的行星、营养丰富的食物、傲人的大脑和高度发达的文化。体积合适且性质稳定的卫星——月球，板块运动让大陆板块漂移，开花植物的扩张，恐龙的灭绝，大面积的草原养育了食草动物……没有其中任何一个条件，我们人类都不会出现，就是这么简单。为什么我会觉得地球的邻居不可能发出可供解读的无线电信号呢？因为高度发达的技术文明都很难持续，而且很快就会消亡。①你也可以这么想，其他文明也曾崛起过，它们所在的星球也围绕着自己的恒星运转。它们不断生长，发展壮大，发明了无线电通信，但随后它们因为破坏环境，几近灭绝。而为数不多的幸存者，如今只能在千疮百孔的家园中艰难度日。旨在搜寻地外文明的“SETI”项目，却在过去几十年里连一条可供解读的信号都没探测到，不过，等到地球上有100亿人吵着要满足自己的基本生存需求时，我们的无线电通信是否还会依然存在呢？

人类正在改变世界，但我们真的准备好应对这些变化了吗？耶鲁大学的社会学家菲利普·史密斯和尼古拉斯·豪用社会学眼光审视了气候变化的问题。他们借用亚里士多德的理论，把气候变化当作社会戏剧来研究。他们指出：“气候问题的因果关系非常复杂，影响又十分广泛，又不好形成有说服力的文化形态，向普通人传达其危险性和紧迫性。”他们希望能上演一出真正有说服力的社会剧来“改变人类的历史”②。但这两位作者也未曾提及人类与生俱来的乐观，或否认负面意志的倾向。和许多专家一样，他们对人口爆炸的事实也完全置若罔闻。他们确实同意气候变化严重地挑战了人类根深蒂固的发展与人权的理念，而且认为为了子孙后代的利益，我们应当减少商品和服务的供应。但做出这些所谓的改变，又有多大可能呢？

① “工业社会的寿命长短”是弗兰克·德雷克著名公式的一个变量，可用于估算银河系中拥有无线电通信的文明有多少。

② 引自菲利普·史密斯、尼古拉斯·豪的专著：《作为社会问题的气候变化：全球变暖在公共领域》。这本书考察了人类社会的许多方面，我也由此相信，任何协调一致的解决方案都不可能实现。

除非保证人类的经济发展始终服从于生态环境的保护，不然我们就是在自我毁灭。

——罗杰·V.肖特

传统经济学鼓吹永恒的增长，然而根本没有什么东西是永恒的，上帝、宇宙可能是个例外，不过人们对宇宙仍然充满了疑问。

——艾伦·韦斯曼

人类的未来是无法预知的。我们生活在一个复杂的宇宙中，没有什么事物能保证不“出错”。然而，就算坏消息频出，大部分人对未来也总能保持乐观。过去3个世纪以来，人们生活质量的巨大改善确实值得高兴，但同时，也有许多环境学者对人类无节制地索取资源感到害怕，担心生态环境受到严重破坏。虽然不同人围绕这个问题莫衷一是，但我相信有一点是无可辩驳的，那就是在地球环境的漫长演化史上，人类近世的成就已经将环境的复杂性推向了顶峰。更确切地说，我们人类，已经成了生物进化树上名副其实的霸主。不论是从对宇宙的理解、生活方式的奢侈程度，还是从对生物圈的影响力来看，人类都是生命史上最具变革性的物种，我们给地球增加的复杂性也是无可估量的。

几十亿只甲壳虫装点着陆地生态系统，几万亿根晶体管推动着技术发展……地球承载的复杂性要远超它在太阳系中的所有邻居之和。丰富的水源、广阔的陆地、不断提升的生物多样性，再加上人类的创造力，这一切都让地球的复杂性不停地增强。回想一下，地球经历过那么多次“幸运的事件”才造就了今天的一切，你有多大可能能在宇宙中找到另一个“身世”类似的天体呢？我猜想，至少在银河系最近的1000光年范围内，是找不到任何能和地球的复杂性比肩的天体了。由此看来，我们真的很独特。

尽管如此，人类活动正威胁着我们生态系统的丰富性与稳定性。很遗憾，我不是乐观主义者，我不认为现代工业社会是可持续的，也不认为人类能缩小生物和文化等许多方面的“胃口”。而且，既然有人的地方就会有麻烦出现，那更多的人势必意味着更多的麻烦。不断增长的人口让人类的未来难以越来越好。诚然，工业革命和其后的进步给我们带来了近乎奇迹的科学技术，彻底地改变了我们的生活乃至我们的星球，但今天的“奇迹”也无法保证就能解决明天的难题。就算我们真的实现了以低成本的方式从水中获取氢元素，或者以可控核聚变的方式将氢转变成氦，不断增长的人口及其对能量的需求也会让人类社会很难实现真正的可持续发展。

不管你对未来抱有什么观点，不管你是怀揣希望的乐观主义者、忠实的宗教信徒，还是忧心忡忡的悲观主义者，我认为有一点是我们都会认同的，就像一个古老的东方诅咒所说：

我们生活在一个有趣的时代！